教育部高等学校计算机类专业教学指导委员会-华为ICT产学合作项目
物联网实践系列教材

华为信息与网络
技术学院指定教材

物联网
可穿戴技术

IoT Wearable Technology

王洋 张娅琳 黄勤劲 易涛◉编著

人 民 邮 电 出 版 社
北 京

图书在版编目（CIP）数据

物联网可穿戴技术 / 王洋等编著. -- 北京 : 人民邮电出版社, 2023.4
物联网实践系列教材
ISBN 978-7-115-20392-2

Ⅰ. ①物… Ⅱ. ①王… Ⅲ. ①移动终端－智能终端－教材 Ⅳ. ①TN87

中国版本图书馆CIP数据核字(2021)第274987号

内 容 提 要

随着物联网的深入发展，我们逐渐进入“万物互联”时代，其中可穿戴设备已经成为物联网产业中具有代表性的产品。本书共 15 章，主要包括可穿戴设备概述、低功耗蓝牙技术、BLE 协议栈、BLE 链路层详解、BLE SoftDevice 协议栈开发、STM8 开发流程入门等章节；还详细介绍了振动马达可穿戴设备开发、加速度可穿戴设备开发、体温可穿戴设备开发、心率可穿戴设备开发、紫外线可穿戴设备开发、蓝牙透传模块开发、华为运动健康三方设备接入开发、微信小程序开发、心率微信小程序开发等 9 个项目。本书结构清晰、知识讲解全面，内容选取和组织满足教学的需求并有利于实施。

本书适合应用型本科及职业院校物联网相关专业的学生，以及想要考取华为认证物联网工程师CHCIA-IoT)、华为认证物联网高级开发工程师(HCIP-IoT Developer)的自学者参考阅读。

◆ 编　　著　王　洋　张娅琳　黄勤劲　易　涛
　责任编辑　桑　珊
　责任印制　焦志炜

◆ 人民邮电出版社出版发行　　北京市丰台区成寿寺路 11 号
　邮编　100164　　电子邮件　315@ptpress.com.cn
　网址　https://www.ptpress.com.cn
　三河市君旺印务有限公司印刷

◆ 开本：787×1092　1/16
　印张：15　　2023 年 4 月第 1 版
　字数：413 千字　　2023 年 4 月河北第 1 次印刷

定价：59.80 元

读者服务热线：(010)81055256　印装质量热线：(010)81055316
反盗版热线：(010)81055315
广告经营许可证：京东市监广登字 20170147 号

前言

可穿戴设备的快速发展依赖于大量新厂商、新设备和终端用户的涌现，比较有代表性的产品包括华为、小米、苹果等品牌的智能手表、手环等。中国作为全球可穿戴设备较大的研发、生产基地，对可穿戴产业技能人才的需求十分迫切。

本书由长期从事物联网领域教学和科研的教师团队编写，内容的选取和组织有利于教学的实施。全书共 15 章，前 6 章为可穿戴设备产业及相关基础知识的介绍，后 9 章设计了 9 个项目，按照项目化课程模式进行编写，分别讲解了基于 STM8 单片机的传感器开发、华为运动健康三方设备接入开发以及微信小程序开发等，从终端、App、云平台全方位介绍了可穿戴设备的开发过程。

本书第 1 章，重点阐述可穿戴设备的发展历程、可穿戴设备产业链、可穿戴设备数据云平台等内容，使读者对可穿戴设备建立整体的认识。本书第 2～5 章，详细讲解用于可穿戴设备与手机 App 交换数据的低功耗蓝牙技术（Bluetooth Low Energy，BLE），包括 BLE 硬件实现方案、BLE 协议栈组成架构及各层的基本功能、BLE 链路层详解、BLE 开发环境的搭建和相关调试工具的使用，以及 BLE UUID 特征任务实现原理，使读者掌握 BLE 技术的基本概念和开发流程。本书第 6 章，讲解 STM8 单片机的软件开发环境、程序调试与下载。本书第 7～15 章，按照项目化课程模式，分别设计振动马达可穿戴设备开发、加速度可穿戴设备开发、体温可穿戴设备开发、心率可穿戴设备开发、紫外线可穿戴设备开发、蓝牙透传模块开发、华为运动健康三方设备接入开发、微信小程序开发、心率微信小程序开发共 9 个项目。通过 9 个项目的学习，读者将对可穿戴设备涉及的传感器开发、云平台接入和微信小程序开发等主要环节建立起全面了解，并具备可穿戴设备传感器驱动开发、华为云平台接入以及基于 BLE 微信小程序开发的全链开发能力。

本书结构清晰、知识讲解全面、实战性强、图文并茂，旨在满足相关专业的教学需求，在智能可穿戴设备产业蓬勃兴起的趋势下，培养具备良好工程实践能力和应用创新能力的高素质人才。本书建议授课学时数为 64 学时。

本书由王洋、张娅琳、黄勤劲、易涛编著，其中第 1 章、第 3 章和第 4 章由张娅琳编写，第 2 章和第 6 章由黄勤劲编写，第 5 章、第 7～15 章由王洋编写，易涛负责书中部分案例的编写和整理。全书由王洋统编。

在本书编写过程中，编者得到了华为技术有限公司的技术支持，尤其是唐妍、冷佳发等的大力协助，在此表示衷心的感谢！

可穿戴设备产业正处在发展阶段，各类新兴技术层出不穷，由于编者水平有限，书中难免存在疏漏，恳请专家和广大读者不吝赐教。

编　者

2022 年 8 月

目录

01

第1章 可穿戴设备概述

可穿戴设备（Wearable Devices）是指直接穿戴在人体上或整合进人的衣物及配饰中的新型穿戴移动智能终端，它通过传感器采集人体生理信息及外部环境信息，然后通过低功耗蓝牙（Bluetooth Low Energy，BLE）、Wi-Fi、近场通信（Near Field Communication，NFC）等近距离无线通信技术进行数据传输和智能人机交互。可穿戴设备的主要特征是移动性、可穿戴、智能、易操作、情景感知、增强现实等，由于具有人机交互等智能特征，可穿戴设备也被称为智能穿戴设备。

随着移动互联网的发展，可穿戴技术的应用逐渐渗透至医疗、运动健身、社交娱乐、远程控制、智慧教育、图书馆信息服务、智能交通、智能电网、特殊用途等多个领域，可穿戴设备呈现多样化发展，其覆盖面也越来越广泛。目前，常见的可穿戴设备有智能手表、智能手环、智能眼镜、智能腰带及智能头盔等。

1.1 可穿戴设备的发展历程

近年来，随着移动互联网技术的快速发展，各式各样的可穿戴设备相继进入大众的视野，被人们所熟悉，掀起了电子消费市场的新热潮。但可穿戴设备并非新生事物，早在20世纪50年代，美国麻省理工学院媒体实验室就率先提出了可穿戴设备的概念并研发出了可穿戴设备的雏形。经过几十年的沉淀，这项技术真正得到广泛应用。

1.1.1 可穿戴设备的发展阶段

1. 可穿戴设备的概念与雏形阶段

可穿戴设备的概念早在20世纪50年代就由美国麻省理工学院教授爱德华·索普(Edward Thorp)提出。1961年，爱德华·索普教授和克劳德·香农(Claude Shannon)教授共同研发了一款可穿戴电子设备，用于提高轮盘类游戏的胜率。该款设备包括可隐藏于鞋子中的计数器、香烟盒大小的微型计算机以及耳机、对讲机。玩家可以运用鞋子中的计数器记录轮盘转速，获得原始数据，然后由微型计算机进行数据处理，得出游戏结果。后来，这款设备经过了很多次演变和进化，但终究因为准确率低且成本高，没有得到进一步的应用。

1975年，汉密尔顿手表公司推出了世界上首款琶莎计算器手表(Pulsar Calculator Watch)，"琶莎"一度成为当时男性时尚的代名词；1977年，史密斯·凯特韦尔(Smith Kettlewell)研究所视觉科学院为盲人制作了一款背心，通过背心自带的摄像头捕捉信号，并在背心上形成触觉意象，帮助盲人感知环境；1979年，索尼公司推出了卡带式随身听Walkman。因为功能有限，这些为实现特定功能而开发的穿戴电子设备并不被认为是真正意义上的可穿戴式计算机设备。

2. 可穿戴设备的初步发展阶段

自20世纪80年代以来，可穿戴设备技术继续发展。可穿戴式计算机设备诞生的基础，是计算机的日渐小型化。随着计算机的应用领域从单一的科研领域逐步扩展到民用、商用领域，人类个体化的需求也开始凸显出来。人与机器之间的连接，依赖于移动互联网的兴起以及人机"零距离接触"的技术支撑。

1981年，还是高中生的史蒂夫·曼(Steve Mann)把一台6502计算机连接到了一个带钢架的背包上，以此来控制摄影装备。这款设备的显示屏是一块连接到头盔上的相机取景器，以实现用穿戴式计算机设备进行文本、图像及多媒体素材的编辑与处理。这正是人类历史上第一套真正的可穿戴式计算机设备，可穿戴眼镜就是由此演变而来的，如图1-1所示。

图1-1 可穿戴眼镜的演变

1989 年，映射科技（Reflection Technology）公司成功开发了一款被命名为“Private Eye”的头戴式显示器，通过它看图像相当于在 18 英寸距离观看 15 英寸显示屏上的图像，这款头戴式显示器及其所使用的显像技术为后续多种可穿戴式计算机设备的研发提供了可能。1994 年，史蒂夫·曼开发出了用于记录生活的可穿戴无线摄像头。

20 世纪 90 年代，掌上电脑（Personal Digital Assistant，PDA）得到了广泛使用。1999 年，日本研发了第一代面向大众市场的集 PDA 与移动电话的功能于一体的手机。PDA 和手机的出现带动了可穿戴设备在消费领域的快速发展。

3. 可穿戴设备的快速发展阶段

2009 年，Fitbit 公司发布了其首款健康追踪器 Fitbit Tracker，它是一个 U 型夹子状的健康追踪器，用于记录运动和睡眠数据，受到了消费者的青睐。在发布不到 3 年的时间里，Fitbit Tracker 在北美掀起了一股运动健康的热潮。顺着这一热潮，Fitbit 公司接连推出了多款智能运动手环，将其产品迅速覆盖到全球 63 个国家和地区的市场。2011 年，卓棒（Jawbone）公司推出了智能手环 Jawbone UP，其三大核心功能就是记录用户步数和运动状况、记录睡眠状况以及记录饮食状况。2012 年，耐克（Nike）公司推出 Nike+FuelBand 智能健身腕带，可记录和测量日常生活中消耗的热量、步数等数据。

2013 年以后，随着系统集成度的不断提高，蓝牙、Wi-Fi、ZigBee 等短距离无线通信技术的发展，以及传感技术、微机电技术、人机交互技术、新型材料科学技术和互联网技术的不断进步和发展，可穿戴技术及其设备迎来了蓬勃发展的时期。谷歌（Google）、三星（Samsung）、苹果（Apple）等公司相继发布智能眼镜和智能手表等可穿戴设备产品，从而打开了互联网时代可穿戴技术及其设备发展的新局面。这些用户体验极佳的可穿戴设备作为互联网与人类之间的接口，将人的个体虚拟为一种智能终端，从而改变了人与人、人与机器以及人与环境的交流模式，真正使可穿戴设备的发展进入了“人—机—环”融合的新阶段。

可穿戴设备的内涵、架构、形态和功能均在不断演进。至此，目前众多企业纷纷进军可穿戴设备的研发领域，争取在新一轮技术革命中“分一杯羹”。2013 年 9 月，三星公司推出智能手表盖乐世（Galaxy）Gear，该款设备拥有一块 1.63 英寸（1 英寸≈2.54cm）的显示屏，支持蓝牙，附带摄像头，可通过连接互联网实现通信、文件处理和娱乐等功能；2013 年 10 月，耐克公司推出了第二代 Nike+ FuelBand 腕带，支持睡眠监测及蓝牙 4.0 等众多新功能；苹果公司也于 2014 年 9 月推出智能手表（Apple Watch），除了强大的产品性能和优异的加工工艺外，苹果公司更是将其标榜为“时尚”产品。

可穿戴设备的快速发展依赖于大量新厂商、新设备和终端用户的涌现。根据国际数据公司 IDC 的预测，可穿戴设备的出货量将从 2020 年的 4.5 亿台增长到 2025 年的近 8 亿台；苹果将继续主导智能手表领域。可穿戴设备已经掀起继智能手机和平板电脑之后新一轮的智能设备热潮。

1.1.2　可穿戴设备的应用领域

目前，可穿戴设备主要应用在运动健身、医疗保健、电子通信等领域。表 1-1 给出了 3 个常见领域的可穿戴设备功能及其代表产品，表 1-2 是常见的可穿戴设备产品及功能。

表 1-1　3 个常见领域的可穿戴设备功能及其代表产品

常见领域	功能	代表产品
运动健身	实现用户运动数据的监测、分析等服务。常见的监测数据有心率、步频、气压、潜水深度、海拔等	智能乐活手环 Fitbit Flex、卓棒智能手环 Jawbone UP、智能健身腕带 Nike+FuelBand、华为手环、小米手环、华为智能手环
医疗保健	以专业化方案提供血压、心率等医疗体征的监测与处理。监测对象包括慢性病患者、孕妇、老年人、残疾人、急症患者等各类人群，应用领域也从急诊救护逐渐发展为以家庭和社区的保健为主	飞利浦（Philips）个人健康管理系统、Cardionet 公司的远程心电监护仪（Mobile Cardiac Outpatient Telemetry，MCOT）、Owlet 公司的可穿戴婴儿袜
电子通信	协助用户实现信息感知与处理能力的提升，可用于休闲娱乐、信息交流	谷歌眼镜（Google Glass）、苹果手表、儿童智能手表电话

表 1-2　常见的可穿戴设备产品及功能

上市时间/年	产品	公司	运动监测	心率/脉搏	GPS	睡眠跟踪	信息通知	医疗级认证
2011	Jawbone UP 智能手环	卓棒	√	×	×	√	×	×
2012	Nike+FuelBand 智能健身腕带	耐克	√	×	×	×	×	×
2012	One 智能夹扣	Fitbit	√	×	×	√	×	×
2012	谷歌眼镜	谷歌	×	×	√	×	√	×
2013	果壳手表	果壳电子	√	√	√	√	×	×
2013	咕咚手环	乐动信息技术	√	×	×	√	×	×
2014	Gear Fit 智能手表	三星	√	×	×	√	√	×
2014	微软腕带（Microsoft Band）	微软	√	√	√	√	√	×
2014	moto 360	摩托罗拉	√	√	×	×	√	×
2014	TalkBand B1	华为	√	×	×	√	√	×
2014	小米手环 1 代	小米	√	×	×	√	×	×
2015	苹果手表 1 代	苹果	√	√	×	√	√	×
2016	佳明智能手表	佳明	√	√	√	√	√	×
2016	Gear S3 智能手表	三星	√	√	√	√	√	×
2017	Forerunner 935 铁人三项运动智能手表	佳明	√	√	√	√	√	×
2018	小米手环 3 代	小米	√	√	×	√	√	×
2018	WATCH GT	华为	√	√	√	√	√	×
2018	苹果手表 4 代	苹果	√	√	√	√	√	√
2019	盖乐世 Watch Active/Fit	三星	√	√	√	√	√	×
2019	Watch GT Active	华为	√	√	√	√	√	×
2019	苹果手表 5 代	苹果	√	√	√	√	√	√
2020	苹果手表 6 代	苹果	√	√	√	√	√	√
2022	HUAWEI Watch 3 Pro new	华为	√	√	√	√	√	√

1.1.3　可穿戴设备的分类

根据应用领域的不同，可穿戴设备可分为通信辅助类、运动健康类、游戏应用类、安全应用类，其特点及代表产品详见表 1-3。

表 1–3　基于应用领域的可穿戴设备类型、特点及代表产品

设备类型	特点及代表产品
通信辅助类	这类设备主要满足信息沟通方面的需要，代表产品有智能眼镜、智能手表，如谷歌眼镜和索尼公司的 Smart Watch 等。智能手表等可穿戴设备相对于手机来说携带更加方便，能够及时地通知用户重要的信息，可以与智能手机相互补充、协同工作，主要用于填补智能手机便携性的不足，完善、补充、升级手机的通信服务
运动健康类	这类设备主要包含运动健身和健康医疗相关设备。通过佩戴在体表的或者在体内布置的能自动采集人体心电、脑电、肌电、体温、血压、血糖、血氧等生命体征参数的传感器或者记录健身步速、距离、能量消耗的计步器等设备，实现实时、方便、全天候的可穿戴健康和生理信息监测。如耐克公司的第二代 Nike+FuelBand 智能健身腕带，卓棒公司的智能手环、智能鞋和智能服装等
游戏应用类	这类设备主要满足人们在游戏娱乐方面的需要。游戏应用类设备包含微软公司的 Kinect 体感设备等，通过体感和生物电流等方式实现对设备的有效控制，为用户提供虚拟环境下的游戏体验
安全应用类	这类设备在对地理位置和周围环境信息的识别的基础上，集成语音和视频通信等功能，便于远程监控。如智能头盔，在建筑工程、抢险救灾、电力巡检、石油钻井、智慧出行等领域有广泛的应用

根据穿戴方式的不同，可穿戴设备分为头戴式可穿戴设备、腕带式可穿戴设备、身穿式可穿戴设备、脚穿式可穿戴设备、佩挂式可穿戴设备等。不同类型可穿戴设备的特点及代表产品见表 1-4。

表 1–4　基于穿戴方式的可穿戴设备类型、特点及代表产品

设备类型	特点及代表产品
头戴式可穿戴设备	头戴式可穿戴设备是以头部作为支撑的，可细分为智能眼镜、智能头盔和智能头环。代表产品有谷歌眼镜、Melon 智能头环、避免疲劳驾驶的 Vigo 耳机等。 谷歌眼镜集智能手机、全球定位系统（Global Positioning System，GPS）、相机于一体，在用户眼前展现实时信息。同时，用户可以用自己的声音控制拍照、视频通话和辨明方向，它的信息反馈及人机交互性较强。 Melon 智能头环内置了 3 个检测脑电波活动的电极，用于记录脑电波的活动情况，用户可以通过手机查看自己的脑电波活动图并通过软件分析来了解自己的思维习惯
腕带式可穿戴设备	腕带式可穿戴设备是以手腕作为支撑的，可分为智能手表和智能手环。智能手表的代表产品有佳明公司 Forerunner 系列、Fenix 系列、Tactix Delta 系列，苹果公司的苹果手表 1/2/3/4/5 代，三星公司的 Gear S2/S3/S4、盖乐世系列等。智能手表一般支持运动追踪、通话、信息通知、地图导航、心率/心跳监测、计步等功能。 智能手环功能相对简单，利用传感器记录用户的运动、脉搏、睡眠等实时数据，并将这些数据与移动终端同步，最终起到通过数据指导用户健康生活的作用。智能手环的代表产品有卓棒系列手环、Fitbit 系列手环、华为手环、小米手环等
身穿式可穿戴设备	身穿式可穿戴设备是指直接穿在身上或整合进用户衣服的设备。如 Ritmo 安全绷带可以检测待产孕妇和胎儿的心跳等体征信息；GPSports 运动背心可实时监测运动员的位置、速度、跑动距离、心率变化、冲击负荷、耐力以及疲劳负荷等信息；ActiveProtective 安全气囊腰带可防止摔伤
脚穿式可穿戴设备	脚穿式可穿戴设备产品大都以鞋袜类形式呈现。Nike+跑鞋通过鞋内置的传感器，获取运动状态信息；Owlet 智能袜可以追踪婴儿的心率和血氧含量等信息来收集婴儿健康数据。脚穿式可穿戴设备产品体积较小，在穿戴过程中并不影响用户的正常工作与生活。这类产品大都以简单的数据收集功能为主，信息反馈功能及人机交互性较弱
佩挂式可穿戴设备	佩挂式可穿戴设备的代表产品有 Lumo Bodytech 公司推出的监控用户姿态的 Lumo Lift，加拿大初创公司推出的环境监测设备 TZOA。 其中，Lumo Lift 仅硬币大小，以磁扣形式吸附在衣领或肩带上使用，它随时监控佩戴者的身体姿态，通过震动提醒的方式让用户保持良好的姿势；TZOA 像一枚徽章，可别在衣服、鞋、包上，通过内置光学传感器检测空气污染情况，如 PM2.5、PM10、紫外线、湿度和温度等环境信息

1.1.4　可穿戴设备关键技术

可穿戴设备主要涉及传感器、无线通信、微控制器（Microcontroller Unit，MCU）及嵌入式芯片、显示、电池管理、安全保密、面向可穿戴设备的操作系统、数据挖掘等关键技术。

1. 传感器技术

传感器技术的基本原理是通过内置传感器，采集人体的运动、生理状态和周围环境的有关信息数据。传感器技术是可穿戴技术发展的重要基础，是后续数据处理、数据挖掘、人机交互和决策服务的基础，其创新与突破可以使可穿戴设备实现功能应用多样化，是可穿戴设备发展的关键技术之一。

传感器是可穿戴设备收集感知数据的基础。目前可穿戴设备的传感器主要有三轴加速度传感器、三轴陀螺仪、三轴磁传感器、GPS、光电心率传感器、高度计、环境光传感器、温度传感器、生物电阻抗传感器、电容传感器等。可穿戴设备通过传感器获取人体运动特征、位置信息、心率特征、环境特征、皮肤状态特征、情绪特征等信息。

传感器作为可穿戴设备的核心器件之一，根据功能大致可以分为运动传感器、生物传感器和环境传感器。

- 运动传感器通常是利用微机械加工技术来制造的新型传感器，包括微机械陀螺仪（角运动检测装置）、微磁传感器以及微加速度计等。运动传感器已广泛应用于运动健身类智能手表、智能手环等可穿戴设备。
- 生物传感器包括检测血压、血糖、脑电波、体温、心率等的传感器等。生物传感器的主要功能是采集人体生理信息，实现健康管理、身体预警、病情监控等，也可辅助医生进行医疗诊断。目前在利用可穿戴设备检测血压、血氧、血糖等重要生理信息方面已经有比较成熟的方案。
- 环境传感器主要包括温度湿度传感器、光照传感器、气体传感器和气压传感器、pH 值传感器等，适用于不同环境下的环境监测。例如，针对当前较为严重的空气污染、水污染、电磁辐射污染等，可以利用环境传感器，实现环境质量监测并提供健康提醒等功能。

如何确保传感器的高采集精度、高灵敏度、高可靠性和低功耗，是可穿戴设备传感器面临的技术难题。如何排除意外因素带来的数据干扰，如运动状况、情绪状况、服药状况、睡眠状况甚至天气异常变化带来的影响，是数据采集和感知的技术难点。

2. 无线通信技术

无线通信技术是可穿戴设备与其他智能设备进行信息交互和互联的技术基础。目前，用于可穿戴设备的无线通信技术主要有 NFC 等超短距离无线通信技术；蓝牙、Wi-Fi、ZigBee 等短距离无线通信技术；4G、5G 蜂窝移动通信等长距离无线通信技术。各种无线通信技术的特点及应用主要如下。

（1）NFC 是一种超短距离高频无线通信技术，工作频率在 13.56 MHz，传输距离在 20 cm 内。NFC 的传输速率有 106 kbit/s、212 kbit/s、424 kbit/s 等。NFC 的传输速率和传输距离低于蓝牙，但 NFC 功耗和成本低，保密性好，广泛集成在可穿戴设备中。

（2）蓝牙具有低功耗、低辐射、抗干扰能力强等特点。其中 BLE 是一种面向移动设备的低功耗移动无线通信技术，已广泛应用在智能手环、智能手表、医疗保健设备等可穿戴设备中。

（3）Wi-Fi 具有覆盖范围广、传输速率高等优点。其传输速率和传输距离相比蓝牙而言有大幅度提升，支持与电脑互联和设备点对点连接。

（4）ZigBee 具有组网便捷、功耗低、传输速率低、可靠性较高、成本低等特点，常用于可穿戴医疗监护系统。

可穿戴设备超短距离和短距离无线通信技术及其特点如表 1-5 所示。

表 1–5　可穿戴设备超短距离和短距离无线通信技术及其特点

特点	通信技术			
	NFC	蓝牙	Wi-Fi	ZigBee
功耗	低	较低	较高	超低
最大传输距离	20 cm	100 m（蓝牙 4.0） 300 m（蓝牙 5.0）	100 m ~ 400 m	10m~75m
最大速率	106 kbit/s（标签 1，2，4） 212 kb/s（标签 3） 424 kb/s（标签 4）	1 Mbit/s（蓝牙 4.0） 2 Mbit/s（蓝牙 5.0）	11 Mbit/s（802.11b） 54 Mbit/s（802.11a,g） 450 Mbit/s（802.11n） 2.4 Gbit/s（802.11ax）	250 kbit/s（2.4 GHz） 40 kbit/s（915 MHz） 20 kbit/s (868 MHz)
信道带宽	14 kHz	2 MHz	20 MHz（802.11a,b,g） 40 MHz（802.11n） 80 MHz（802.11ac） 160 MHz(802.11ax)	5 MHz（2.4 GHz） 2 MHz（925 MHz）
工作频率	13.56 MHz	2.4 GHz	2.4 GHz（802.11b,g） 5 GHz（802.11a, n, ax）	2.4 GHz（全球） 868 MHz（欧洲） 915 MHz（北国）

注：Wi-Fi 标准 802.11a,b,g,n,ac,ax 指的是不同的 Wi-Fi 标准。

当传感器采集的数据被传输到智能手机、平板电脑或计算机后，通过互联网或蜂窝移动通信网，将数据远距离传输到远端云服务器，进行数据备份和同步，以及后续的数据分析。

一款可穿戴设备通常会集成多种无线通信技术，如苹果手表、佳明 Fenix 系列可穿戴智能手表同时支持 Wi-Fi 和蓝牙短距离无线通信技术和蜂窝移动通信技术，华为 WATCH GT2/3、Fitbit Versa、盖乐世运动（Galaxy Sport）等智能手表同时支持 Wi-Fi、蓝牙和 NFC 等无线通信技术和蜂窝移动通信技术。

3. MCU 及嵌入式芯片技术

MCU 将传感器采集的信号转换为电信号，电信号通过放大、滤波等处理转换为模拟信号，再经过模/数（Analog/Digital，A/D）转换将模拟信号转换为数字信号，将数字信号传输至信号处理器进行存储、处理或分析，其结果可以在用户端得到显示或成为处理的依据。可穿戴设备的核心芯片主要包括模拟前端芯片、主控芯片和专用芯片。

（1）模拟前端芯片用于人体生理信息的采集，有低频率、低噪音、低功耗的特点，是实现低负荷、高精度的个人健康信息系统的关键技术之一。模拟前端芯片的低功耗设计非常重要，可有效延长可穿戴设备的连续工作时间。低频率、低噪声、低功耗的专用集成电路芯片组，可实现高共模、强干扰环境下的人体生理信息采集处理，达到系统噪声的最小化。

（2）主控芯片是可穿戴设备的内置芯片，主要包括片上系统（System on a Chip，SoC）、应用处理器（Application Processor，AP）、MCU 等。SoC 主要支持通信功能；AP 支持较为复杂的运算和场景，对特定的应用具有特定的模块支持；MCU 是可穿戴设备中必不可少的一类产品，传感器的管理、数据的传输都要通过 MCU 来实现。常见的模式是在 AP 中加入 MCU，通过 MCU 芯片来管理多个传感器。

（3）专用芯片包括蓝牙、Wi-Fi、GPS、NFC 及基带等的芯片等，可以通过组合各种功能的芯片以适合不同的应用领域。

与传统移动设备的芯片相比，可穿戴设备的芯片对体积和功耗有着更高、更苛刻的要求。可穿戴设备的芯片需要支持长达数周甚至数月的待机和工作时间，并且在面积和体积上都显得更加小巧、轻薄；另外还要支持多种传感器件的工作，这对芯片设计、制造和封装都提出了更高的要求。

可穿戴设备所用芯片型号列举如下。

（1）以现有手机处理器为核心的芯片：如三星盖乐世 Gear 采用的 Exynos 4212、谷歌眼镜采用的 OMAP 4430，其优点是可有效利用已有平台加速开发且功能强大。

（2）基于单片机 MCU 的芯片：如 Pebble 手表、Fitbit One 手环采用的都是基于 ARM Cortex-M 结构的 MCU 芯片。

（3）面向可穿戴设备的芯片：英特尔公司推出的针对可穿戴设备的芯片方案 Edison 是双核芯片，一部分支持 Android 系统，另一部分则支持实时操作系统；高通公司推出的 Toq 处理器，为可穿戴设备专门定制产品，采用 ARM Cortex-M3 架构；博通公司推出的 BCM4771 处理器，集成定位功能；北京君正公司的芯片 JZ4775 集成了中央处理器（Central Processing Unit，CPU）、闪存、Wi-Fi、蓝牙、NFC 和压力传感器、温度湿度传感器等器件。

4. 显示技术

目前应用在可穿戴设备中的常见显示设备主要有薄膜电晶体液晶显示器、主动式矩阵有机发光二极管、有机发光二极管、发光二极管与电子纸等。除此之外，目前主要有 3 种穿戴式显示技术。

（1）微型显示：如硅基液晶，微机电系统/数码光源处理、激光扫描等。

（2）柔性显示：相比传统的显示技术，柔性显示具有众多优点，例如轻薄、可卷曲、可折叠、便携、不易碎等，而且便于进行新型设计。柔性显示技术将革命性地改变可穿戴设备的现有形态，为未来的人机交互方式带来深远的影响。目前，国外方面，日本半导体实验室、苹果、三星、乐金（LG）、飞利浦、诺基亚等公司正积极开发并推进可弯曲的柔性屏幕研究及专利布局；在我国，柔宇科技公司一直致力于开发适用于大规模生产的新型柔性显示技术。

现阶段主流柔性显示技术的研发瓶颈主要聚焦在以下几个方面：①显示技术所用核心光电材料及相关功能材料性能的改进和提高，以及新材料的研发等；②器件封装基板及相关封装材料的研发；③更高的显示参数和效率的显示器件的结构设计和优化；④低功耗、高效率驱动电路的设计和优化；⑤低成本材料、制作工艺研发及产业化等。

（3）透明显示：透明显示已开始应用于公共看板与橱窗等，如果应用于可穿戴设备，须提升穿透率与解析度。

5. 电池管理技术

电池技术是限制智能终端发展的普遍问题。可穿戴设备的电池续航能力受体积等多方面因素的限制，如何研发续航时间长、体积小的电池是可穿戴设备电池技术面临的关键问题。解决电池续航问题需要从“开源”和“节流”两方面进行。

实现电池续航“开源”的技术方案主要有：研发高性能电池技术，借助高性能、高密度的新型电池材料实现电池技术的突破。例如，使用柔性技术以提高电池的空间利用率，或通过快速充电技术减少充电耗时以缩小使用间隙。随着纳米材料在太阳能电池领域的应用，太阳能电池在提高光电转换率和输出功率方面有极大潜力。

实现“节流”的技术方案主要有：设计低功耗传感器、低功耗集成电路，研究降频与降压来降低功耗，设计低功耗无线通信技术等。

无线充电是一种新兴的可穿戴设备充电方式。目前无线充电技术主要有电磁感应式、无线电波式、磁共振式、电场耦合式等 4 种方式。其中，电磁感应式无线充电技术是十分成熟的一种无线充电技术。

（1）电磁感应式无线充电技术是利用电磁感应原理，通过电磁感应在次级线圈中产生一定的电流，从而将能量从传输端转移到接收端。电磁感应式无线充电技术转换效率较高、造价便宜，但传输距离短、容易受摆放位置影响。

（2）无线电波式无线充电技术通过在供电方配置无线电波的发射设备，在受电方配置无线电波的接纳设备，以直流电压输出与输入的方式，进行电力传输，传输速率比较高。目前华为公司的智能眼镜 EyeWear 支持 NFC 无线充电技术。

（3）磁共振式无线充电技术利用共振现象在一定空间内无线传输电能，发送器和接收器线圈以相同的频率振荡（或共振）交换能量。磁共振式无线充电技术的主要优点是能够在相对较长的距离内传输电能，发送器和接收器不需要精确对准。但磁共振式无线充电技术的电路控制复杂，生产成本较高。高通公司的 WiPower 技术是基于近场磁共振的无线充电技术。

（4）电场耦合式无线充电技术通过电场将电能从发送端转移到接收端，适合短距离充电，转换效率高、位置可不固定，但体积较大、功率较小。日立麦克赛尔公司的 AIR VOLTAGE for iPad 2（苹果平板电脑的空气电压）是基于电场耦合的无线充电产品。

6. 安全保密技术

可穿戴设备通过传感器无时无刻不在记录、分析用户的动作、位置、生理状态以及周围环境等信息，从而收集大量的用户隐私数据。记录的数据量越大、可获得的个人隐私越多，信息安全隐患就越大。同时，可穿戴设备可以与其他设备建立通信连接接入互联网，攻击者可利用这一连接对可穿戴设备进行入侵。非法采集、修改、伪造用户的数据，从而威胁用户的个人隐私、财产安全甚至人身安全。此外，可穿戴设备服务器端存储了大量不同用户的数据信息，利用大数据技术对这些数据进行分析，可得到某一国家或地区人们的行为习惯、身体状态等诸多统计分析信息，一旦这些信息被非法利用，就会对国家或地区安全构成威胁。可穿戴设备还可能被用于非法记录他人隐私信息，带来社会安全问题。

如何有效防止用户隐私泄露、保护数据安全是可穿戴设备必须要考虑的问题。安全性的目标是确保用户体征信息的机密性、完整性、容错性及鲁棒性。可穿戴设备中的安全性攻击可以分为以下几种。

（1）对机密性和数据认证的攻击，攻击者采取窃听、欺骗和重放等攻击行为。

（2）对完整性的攻击，攻击者修改信息内容，导致服务器端接收错误信息。

（3）对网络可用性的攻击。

为了对抗攻击，有研究者提出了将时变的人体生理状态信息作为加密算法的输入参数，保证数据传输的安全。

另外，由于传感器节点具有严格的低功耗限制，如果采用复杂的安全加密措施，势必导致能耗过大，并且容易影响传感器节点的正常通信，进而影响相关数据的采集。IEEE 802.15.6 体域网标准定义了多层次安全级别（级别为0～2）的通信，每种安全级别对应不同的保护级别与帧格式。

（1）级别0：不安全的通信，通信过程中不对数据进行认证，也没有完整性保护。

（2）级别1：只认证，数据传输在安全认证模式下进行，但数据不加密。

（3）级别2：认证并且加密，这是最高安全级别的通信模式。

轻量级的安全性加密机制可以有效保证隐私数据的安全传输，同时具有低复杂度。可穿戴设备在采用合适的安全性加密机制之前，必须理解其不同应用类型的需求及复杂度，另外还要考虑相关法律法规的限制。

7. 面向可穿戴设备的操作系统技术

可穿戴设备的操作系统已呈多元化发展，各自形成不同生态体系。目前主要的操作系统有Linux、Android、Android Wear、苹果公司的watchOS、三星公司的Tizen等。

可穿戴设备的操作系统通常有以下3种不同的技术路线。

（1）采用成熟的嵌入式操作系统。此类操作系统主要面向功能相对简单的可穿戴设备，通常采用成熟的嵌入式实时操作系统（Real Time Operating System，RTOS），具有功耗低和任务相对单一的特点，主要被 Pebble 智能手表和一些智能手环类可穿戴设备产品使用。

（2）基于已有智能手机操作系统进行裁减。此类操作系统针对手机操作系统耗电量大、视频加速和3D等特色功能占用大量系统资源等进行裁减、优化，以最终适应可穿戴设备的轻量化需求，如市面上大多的智能手表都通过对Android进行裁减，而后进行应用适配来实现使用。

（3）针对可穿戴设备进行的专有操作系统开发。此类操作系统主要针对可穿戴设备的应用场景需求提供功能支持，例如全新的交互界面、运动与健康的特色接口等。谷歌公司的Wear OS就属于此类，其针对多屏交互和应用生态进行修订，可提供便捷的信息交互与服务、运动与健康特色接口，可对地理位置和数据进行分析。

8. 数据挖掘技术

可穿戴设备对人体及周围环境信息进行采集、传输、存储和显示。精确的数据采集是健康状况判断的前提，但如果缺乏云端专业的病理诊断和个性化处理方案，我们就不能有效监控自己的健康状况，从而无法给生活带来便利。

可穿戴设备数据挖掘主要包括数据收集、数据预处理、数据挖掘和结果分析等4个步骤。

（1）数据收集，除了收集直接的人体生理数据外，还应收集空气、温度等外部环境数据。

（2）数据在被分析前要接受预处理，包括数据清洗、标准化、属性选择等，此步骤较为烦琐。

（3）数据挖掘要确定具体的模型算法和评价方法，并对数据进行调整和优化。

（4）最后对模型计算出的结果进行分析和解释。

可穿戴设备不仅给人们带来了便利，而且它的健康监测功能可以发现人体异常状况。2018年，苹果公司苹果手表4代的两项新功能获得了美国食品与药品管理局（Food and Drug Administration，FDA）的许可。其中一项是被称为心电图（Electrocardiography，ECG）的心脏监测功能，另一项则是能够检测到用户不规则心律并告知用户的功能。但目前大多数可穿戴设备的生理数据还缺乏专业的病理分析。

传统的数据挖掘技术有预测、聚类分析、回归分析、相关分析、因子分析等算法，但在大数据时代，健康数据规模超大且增长快速，传统的算法效率难以满足需求，借助人工智能系统的新兴算法使可穿戴设备应用范围更为广阔。

1.2　可穿戴设备产业链

可穿戴设备产业链是指为实现可穿戴设备实际应用而参与到产业链条中的技术供应者。如 1.1 节中介绍的，可穿戴设备的关键技术主要涉及传感器、无线通信、MCU 及嵌入式芯片、电池管理、显示、安全保密、面向可穿戴设备的操作系统、数据挖掘等。这些技术需要不同的厂商进行专门研发，为可穿戴设备提供合适的组件。以智能手表为例，图 1-2 介绍了智能手表的组件。

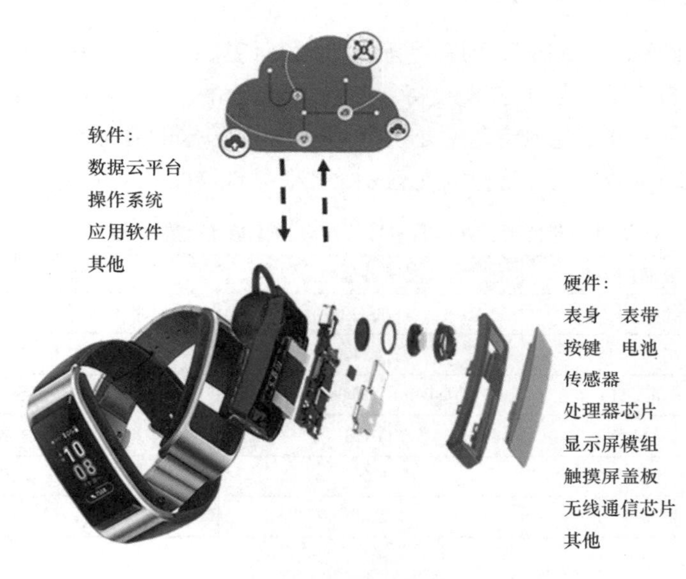

图 1-2　智能手表的组件

这些在不同领域提供所需组件的众多厂商构成了可穿戴设备的产业链，我们对产业链的划分有不同的方式。可穿戴设备产业链通常包括上游——关键组件、中游——操作系统和交互技术、下游——实际产品。也有人认为，可穿戴设备产业链由硬件链和软件链组成，硬件链包括上游关键组件、下游终端设备公司，软件链包括上游操作系统及核心算法、下游服务及应用软件。下面按照常见的产业链划分方式进行介绍。可穿戴设备产业链划分为上游、中游、下游 3 个部分，如图 1-3 所示。

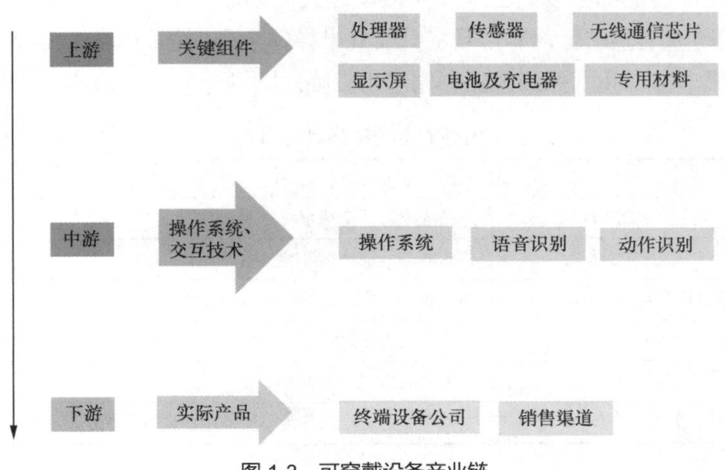

图 1-3　可穿戴设备产业链

1.2.1 可穿戴设备上游产业链

上游产业链是整个产业链的源头，提供原材料或生产关键组件。可穿戴设备上游产业链特指提供智能可穿戴设备关键组件的相关厂商。

智能可穿戴设备关键组件主要包括处理器、传感器、无线通信芯片、显示屏、电池及充电器、专用材料等。

1. 处理器

处理器是可穿戴设备的“大脑”，为实现智能化提供计算能力支持，用于可穿戴设备的处理器既要功耗低又要有足够的计算能力。可穿戴设备常用处理器包括两类，一类是通用型处理器，比如 ARM 公司的 Cortex 系列；另一类是定制专用型处理器，比如高通公司的骁龙系列、联发科（MTK）公司的 Aster SoC 系列。表 1-6 列举了一些主流处理器公司、处理器型号及对应的智能可穿戴设备产品。

表 1–6　主流处理器公司、处理器型号及对应的智能可穿戴设备产品

区域	公司	处理器型号	智能可穿戴设备产品
国外	意法半导体（ST）	STM32	咕咚手环、Fitbit Flex、利尔达智能手环
	高通	骁龙 400	乐金 G Watch、Gear Live
	德州仪器（TI）	MSP430、OMAP4430	谷歌眼镜
国内	联发科	MT6381	荣耀智能手表 Watch Magic
	君正	M200S	小米手表
	华为	Cortex M4	华为手环 B5

2. 传感器

传感器是可穿戴设备上游产业链的源头。它能感知相关数据，为各种应用提供基础。没有传感器进行信息采集，性能再好的处理器也是“巧妇难为无米之炊”。

可穿戴设备对传感器有两大要求，一是小体积，二是低功耗。芯片制造工艺与机械、生物、化学等学科融合催生的微机电系统（Micro Electromagnetic System，MEMS）传感器，能够很好地满足可穿戴设备对传感器的要求。

可穿戴设备使用的传感器主要有三大类：运动位置传感器、生理医学传感器和环境传感器。由于 MEMS 技术会和制造工艺结合得非常紧密，而且半导体生产工艺门槛高，国外的传感器公司发展早、技术强、产品线丰富，我国的传感器公司起步较晚。国内外的主流传感器公司见表 1-7。

表 1–7　国内外的主流传感器公司

区域	公司	特点
国外	博世（BOSCH）	产品线丰富，全球市场份额第一
	意法半导体	传感器与处理器组合能力强
	亚德诺半导体（ADI）	模拟芯片巨头，生理医学传感器竞争力强
国内	歌尔声学	以麦克风传感器为主，结合气压、光学、心率等传感器产品
	瑞声声学	以麦克风传感器为主
	美新半导体	主要产品是运动位置传感器，主要获取如加速度、地磁、倾角等信息

3. 无线通信芯片

无线通信是可穿戴设备与智能手机、平板电脑及计算机进行信号传输的主要传输方式，因为有线通信设备不便移动，给用户带来很大不便。无线通信及通信芯片的产生推动了可穿戴设备的发展。

以通信技术分类，用于可穿戴设备的无线通信芯片类型有蓝牙、Wi-Fi、NFC。表 1-8 展示了不同通信技术的应用特点和主流芯片举例。

表 1–8　不同通信技术的应用特点和主流芯片举例

技术	应用特点	主流芯片举例
蓝牙	低功耗、低辐射、抗干扰能力强、一对一通信	德州仪器公司的 CC2564 + BLE
Wi-Fi	覆盖范围广、传输速率高，多对多通信	博通公司的 BCM4325
NFC	近距离、私密性、方便性（无须配对）	意法半导体公司的 ST25 NFC/RFID 标签

4. 显示屏

可穿戴设备以人体作为主要承载体，其外形设计应符合人体曲线要求。它对显示屏的要求是轻薄、柔软、可弯曲变形，所以弯曲屏、柔性屏就应运而生了。

用于手机或可穿戴设备的显示屏目前从液晶显示器（Liquid Crystal Display，LCD）阶段发展到了有机发光二极管（Organic Light-Emitting Diode，OLED）阶段。更进一步，柔性有源矩阵有机发光二极管（Active-Matrix Organic Light-Emitting Diode，AMOLED）可能将成为可弯曲的手机、智能手表、手环的显示屏。柔性 AMOLED 技术主要掌握在韩国企业，如三星、LG 公司手中。中国公司也在奋起直追，既有老牌大厂，如京东方、华星光电，也有创业公司，如柔宇科技。图 1-4 为柔宇科技公司推出的柔性屏时尚套装（世界杯限量版，含上衣及礼帽）。

图 1-4　柔宇科技公司推出的柔性屏时尚套装

5. 电池及充电器

电池提供可穿戴设备工作所需的能量。常用的便携无线设备通常采用两种供电方式：一种是传统一次性供电，如纽扣电池；另一种是可充电式供电，如可充电锂离子电池、太阳能电池。因为可穿戴设备要求轻便、长续航，所以电池通常需要采用可充电锂离子电池供电方式。可穿戴设备的充电方式在不断创新，无线充电式、太阳能充电式设备开始走入人们生活，甚至人体动能充电方式也在研发中。国外主流电池公司有松下、LG 化学、三星、索尼等，我国主流电池公司有亿纬锂能、德赛电池、欣旺达等。

6. 专用材料

根据使用场景和组成部分不同，可穿戴设备采用的专有材料有合金、硅胶、玻璃和塑料等。因为可穿戴设备使用频繁、穿戴在外甚至要接触皮肤，所以它对外壳的材料要求较多，如抗划伤、轻便、对皮肤亲和等。选择可穿戴设备的材料，除了考虑其使用的外部环境等外部因素，还要考虑外观、声音、重量与性能平衡等内部因素。

1.2.2 可穿戴设备中游产业链

中游产业链处于上游产业链与下游产业链之间，它既不提供原材料也不提供整机，但它提供了必需的过渡组件。

可穿戴设备所需的主要智能软件和数据计算处理算法分别是操作系统和交互技术，其中交互技术又包括语音识别技术与动作识别技术。

1. 操作系统

可穿戴设备的操作系统有两大类，一类是开发人员自己研发的定制嵌入式系统，另一类是操作系统公司提供的主流系统，如 WearOS、watchOS。表 1-9 为不同操作系统的特点。

表 1-9 不同操作系统的特点

操作系统	简介	优点	缺点
定制嵌入式系统	开发者自己研发	专用、小型、安全	封闭、生态圈小、耗费大量研发人力
FreeRTOS	开源 RTOS	源码公开、可移植、可裁减、调度策略灵活	代码规模较大、开发人员学习路线长、存在代码 bug 风险
Wear OS	谷歌公司推出，其前身是 Android Wear	Android 手机生态圈广	更新换代慢
watchOS 5/6/7	苹果公司推出，针对苹果手表的操作系统	用户体验好，苹果公司持续更新升级	封闭，只有苹果手机能使用
Tizen	三星公司推出，针对物联网设备的开源软件平台	开源	发展时间短、普及面窄
LiteOS	华为公司推出	轻量级	发展时间短、普及面窄

2. 交互技术

交互技术为可穿戴设备提供了重要的技术支撑。智能交互技术分为语音识别和动作识别两大类。

语音识别的关键技术包括麦克风传感器、语义理解算法和软件两部分。同理，动作识别的关键技术包括动作传感器、动作理解算法和软件两部分。

表 1-10 列举了一些我国研究语音识别和动作识别的公司及其特点。

表 1–10　一些我国研究语音识别和动作识别的公司及其特点

公司	特点
歌尔声学	主要从事声光电、传感器、等精密零组件研发
科大讯飞	专业从事智能语音及语言技术研究、软件及芯片产品开发
舜宇光学	是我国领先的综合光学产品制造商，手机摄像镜头与手机摄像模组市场占有率为全球第二
商汤科技	初创于香港中文大学多媒体实验室，成立于 2014 年，主要业务是计算机视觉技术以及深度学习算法，是计算机视觉和深度学习领域的算法提供商

1.2.3　可穿戴设备下游产业链

下游产业链处于产业链尾端，直接面对消费者。它主要是整合原材料和关键组件，为消费者提供产品。可穿戴设备的下游产业链主要包括终端设备公司与销售渠道。

1. 终端设备公司

终端设备公司为消费者设计、生产产品。国内外终端设备公司众多，国外有谷歌、三星、苹果、Fitbit 等公司，我国有华为、百度、小米等公司。下面介绍一些主流公司的知名产品。

（1）谷歌眼镜。谷歌公司在 2012 年发布了一款虚拟现实人工智能（Artificial Intelligence，AI）眼镜，可以通过声音控制拍照、视频通话，以及辨明方向、上网、处理文字信息和电子邮件等。因为在消费者领域反应“冷淡”，2015 年 1 月 19 日，谷歌公司停止了谷歌眼镜的“探索者”项目。然而，谷歌眼镜并没有“死”。实际上，它在消费电子市场“折戟”之后，又在企业级市场“复活”了。2017 年，谷歌眼镜以企业版本（Glass Enterprise Edition）回归，主要面向企业客户，涉及农业机械、制造业、医疗、物流等领域，如今在一些公司使用谷歌眼镜已经是像制作 PPT 一样的必备技能。在几年以前，农业机械公司爱科（AGCO）的工作人员需要使用平板电脑穿梭在不同设备之间进行检查和记录，谷歌眼镜则解放了他们的双手，工作人员可以用谷歌眼镜的语音识别和头部动作追踪功能输入和传输数据，平板电脑被逐渐抛弃。在换班的时候，工作人员只要点击眼镜的一侧说出“OK Glass”，就能用语音留言交代工作交接的内容。图 1-5 所示为谷歌眼镜在消费电子市场和企业级市场的应用场景。在 2019 年 11 月 1 日，谷歌母公司 Alphabet 收购了可穿戴设备技术公司 Fitbit。

图 1-5　谷歌眼镜在消费电子市场和企业级市场的应用场景

智能眼镜在消费电子市场不成功，却在企业级市场中重获新生，很大原因在于价格，去年推出的魔法跳跃 1（Magic Leap One）创造者版本起售价为 2295 美元，而全息光透镜（HoloLens）的开发者版本售价为 3000 美元，大多数个人用户比较难接受这样的价格，但企业更容易负担。

（2）苹果手表。苹果公司推出的智能手表，已经从 1 代产品发展到了 2021 年发布的 7 代产品，它是智能手表市场的“领头羊”。苹果手表主打时尚和运动健康，如图 1-6 所示。Strategy Analytics 报告称，在 2018 年底，全球对智能手表的需求大幅增长，苹果公司不但占据了多数市场份额，而且遥遥领先其主要竞争对手。目前，苹果手表的出货量远远领先三星和 Fitbit 的智能手表，2018 年第 4 季度苹果手表出货量为 920 万只，三星的智能手表为 240 万只，Fitbit 的智能手表为 230 万只，佳明的智能手表以 110 万只的出货量排在第 4 位。值得注意的是，所有这些公司的智能手表出货量都明显高于一年前。苹果手表的总出货量同比增长 56%，单是苹果手表，2018 年第 4 季度的出货量就增长了 18%，2018 年的出货量比 2017 年增长了 27%，总出货量为 2250 万只。2018 年，全行业共出货 4500 万只智能手表。2021 年第 2 季度，全球智能手表出货量达到 1800 万只，比 2020 年同期增长了 47%。苹果手表以 52%的市场份额保持第一，三星位居第二，佳明位居第三。从 2018 年至 2021 年，苹果手表一直占据市场的半壁江山，是行业领头羊。

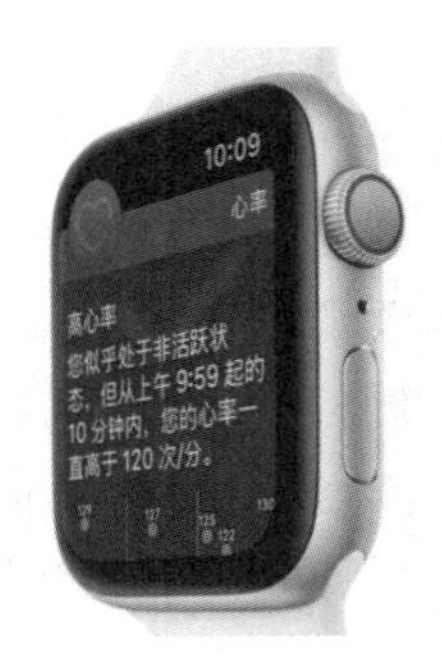

图 1-6　苹果手表

（3）华为手环。华为的 TalkBand 是一个主打商务应用的手环系列，TalkBand B1 在 2014 年的世界移动通信大会（Mobile World Congress，MWC）上收获了非常高的评价。在 2018 年 7 月推出了全新的华为手环 B5，它拥有两种形态的穿戴方式，手环和蓝牙耳机呈二合一形态，如图 1-7 所示。来电时从手腕上取出蓝牙耳机即可接听，放回即可挂断。华为手环主打商务和健康的理念，它搭载了华为 TruSeen 2.0 心率监测技术。在 2019 年 MWC 上，华为 TruSeen 3.0 心率监测技术获得 2019 年 MWC 最佳可穿戴移动技术大奖提名。WATCH GT2 是华为新推出的一款智能手表，在 2019 年 11 月 1 日预售，11 日正式开售，开售期间 45s 销售了一万只。当然对于华为 WATCH GT2 来说，亮点就是长达两个星期的超长续航时间。

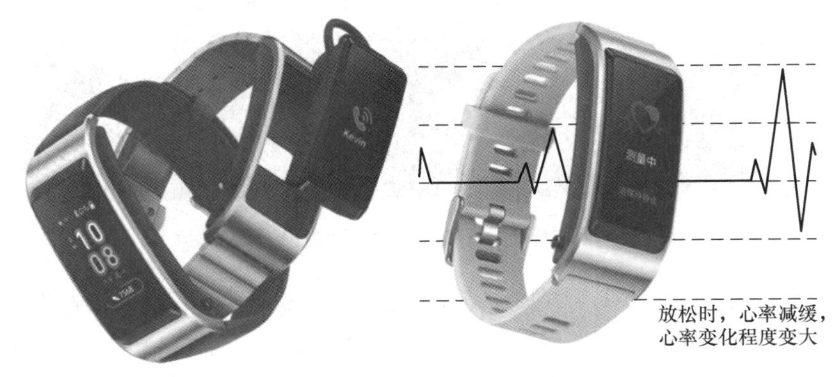

图 1-7　华为手环 B5

2. 销售渠道

可穿戴设备的销售渠道有 3 种，第 1 种是电子商务（电商）平台，第 2 种是自有销售渠道，第 3 种是实体店。

（1）网络购物的便捷性，尤其是可穿戴设备的用户群多为数码设备及互联网爱好人士，使得电商平台成为可穿戴设备的主流销售渠道。我国的电商平台主要有淘宝、京东、苏宁易购等。

（2）自有销售渠道包括终端设备公司的线上商务网站、线下门店，比如苹果商城（Apple Store）、华为商城、小米之家等。

（3）实体店销售是指传统的商店门店销售模式。虽然电商平台挤占了实体店的销售份额，不过与线上销售方式相比，在实体店消费者能够近距离体验可穿戴设备，这种方式仍是销售市场不可或缺的组成部分。

1.3　可穿戴设备数据云平台

可穿戴设备收集到的数据通常需要上传到云平台，云平台为用户提供数据存储、运动记录、健康管理等功能。目前，我国可穿戴设备主要通过华为运动健康云、腾讯云、阿里云、百度云、小米健康云，以及企业自己的云平台进行数据存储和管理。

本书以华为运动健康云为例介绍可穿戴设备运动健康云平台架构及接入。华为运动健康提供运动记录、减脂塑型训练、科学睡眠和健康管理等功能。同时，运动健康也是一个数据接入和服务汇聚的开放平台，通过引入三方接口（包括标准蓝牙协议和非标准蓝牙协议），为三方设备提供测量和上传数据的接口，构建可持续发展的生态环境，为用户提供丰富的运动健康服务，详见第 13 章。

1.4　本章小结

本章首先介绍了可穿戴设备的发展历程、代表产品，以及可穿戴设备分类及功能；然后介绍了可穿戴设备的关键技术，主要包括传感器、无线通信、MCU 及嵌入式芯片、电池管理等技术；接着介绍了可穿戴设备产业链，包括上游提供智能可穿戴设备组件的相关厂商及相关技术，中游提供智能软件与数据计算处理算法的相关公司及相关技术，下游提供终端设备与销售渠道的相关公司及相关渠道；最后介绍了可穿戴设备数据云平台。

02 第2章　低功耗蓝牙技术

在可穿戴设备中，无线通信技术是不可或缺的核心技术。因为使用无线通信技术能让可穿戴设备摆脱连接线的束缚，实现自由、舒适的用户体验。目前，市场上的智能手表、智能手环等可穿戴设备通常采用蓝牙技术进行无线通信。本章主要介绍蓝牙技术的发展历程，单/双模蓝牙技术，BLE 技术的定义、实现方案及相应的 SoC 芯片。

2.1　蓝牙技术介绍

蓝牙技术是无线通信技术领域最重要的技术之一。本节主要介绍蓝牙技术的发展历程和单/双模蓝牙技术。

2.1.1　蓝牙技术发展历程

蓝牙技术在 1994 年诞生于爱立信公司，该技术是研究移动电子设备和其他配件间进行低功耗、低成本无线通信连接的方法。研发者希望为设备间的无线通信创造一组统一的规则（标准化协议），以解决用户间互不兼容的移动电子设备的通信问题，用于替代 RS-232 串口通信标准。

1998 年 5 月 20 日，爱立信联合国际商业机器（International Business Machines，IBM）、英特尔、诺基亚及东芝等 5 家著名公司成立“特别兴趣小组”（Special Interest Group，SIG），即蓝牙技术联盟的前身，目标是开发一个成本低、效益高、可以在短距离范围内无线连接的蓝牙技术标准。

蓝牙（Bluetooth）名称的想法来自英特尔公司的吉姆·卡尔达克（Jim Kardach）。因为“Bluetooth”是哈拉尔国王的名字，而哈拉尔国王以统一了分裂的挪威与丹麦被人们铭记。国王的成就与吉姆·卡尔达克的理念不谋而合，他希望蓝牙也可以成为统一的通用传输标准，将所有分散的设备与内容互联互通。

蓝牙技术的发展从 1998 年开始，至今历时 20 余年，经历了 5 代技术更新。图 2-1 介绍了蓝牙技术迭代升级的路线以及每一代的核心特点。

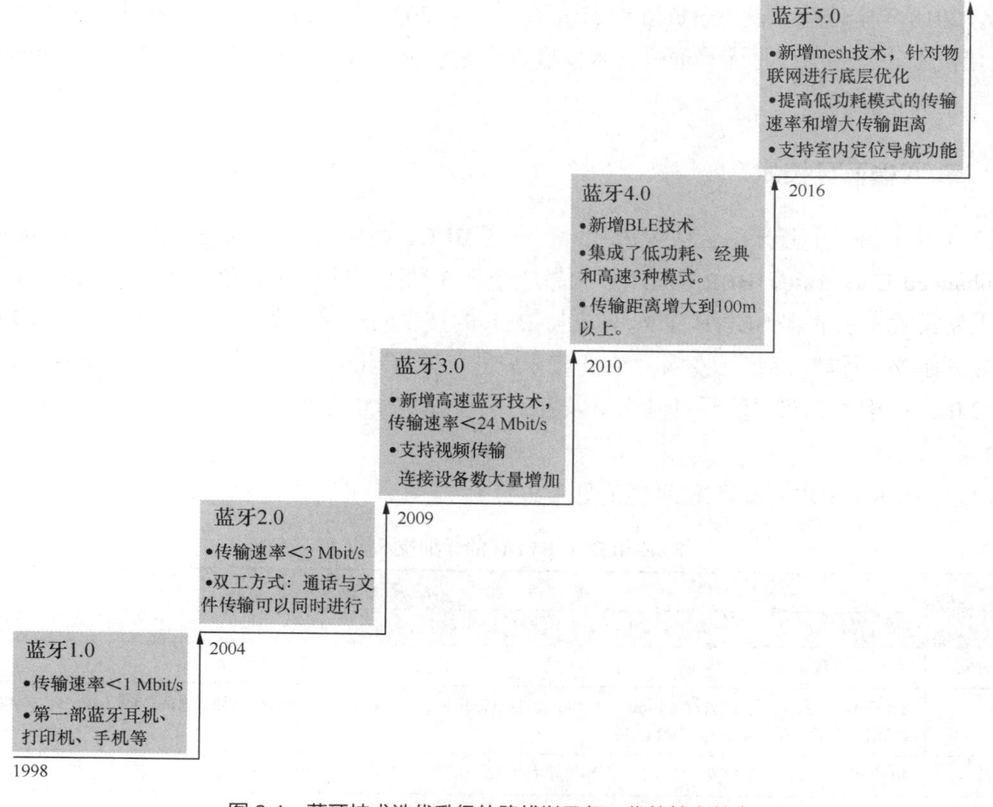

图 2-1　蓝牙技术迭代升级的路线以及每一代的核心特点

蓝牙技术的发展历程是一段在传输速率、功耗、应用和设备数量上全面升级的历程。

（1）在蓝牙技术发展历程中，传输速率不断提高，功耗不断降低。蓝牙 1.0 的额定最高速率是 1 Mbit/s，实际传输速率约在 748～810 kbit/s。为了扩宽蓝牙的应用层面和提高传输速率，SIG 推出了 2.0 版，接着增加了增强速率（Enhanced Data Rate，EDR）技术，将最大传输速率提高到 3 Mbit/s。随后，蓝牙 3.0 新增了可选的 High speed 技术，使最大传输速率可达 24 Mbit/s。从蓝牙 1.0 到 2.0 延续下来的配置流程复杂和设备功耗较大的问题依然存在。蓝牙 3.0 实现了更高的数据传输速率，但功耗很大。为节省功耗，引入了增强电源控制功能，使得实际空闲功耗明显降低，蓝牙 4.0 推出了 BLE 标准，使得 4.0 低功耗版本的功耗降为原有的 1%～50%。

（2）在蓝牙技术发展历程中，应用功能不断升级。蓝牙 1.0 实现了蓝牙耳机和手机通信，但还只能单工工作，通话时不能传输文件。蓝牙 2.0 升级工作模式，支持双工方式（可以一边通信，一边传输文件）。蓝牙 3.0 能轻松实现录像机至高清电视、PC 至 PMP、UMPC 至打印机之间的资料传输。蓝牙 4.0 是第一个蓝牙综合协议规范，将低功耗、经典和高速 3 种模式集成在一起。蓝牙 5.0 新增 mesh 技术，针对物联网进行了底层优化，还支持室内定位导航功能。

（3）在蓝牙技术发展历程中，蓝牙组织成员和蓝牙设备数量不断增加。1998 年，5 家公司成立 SIG；1998 年年底，SIG 成员达到了 4000 家公司；到了 2013 年，SIG 成员数量增长到 20426 家；2018 年则增长到 34465 家。在 2013—2018 年的 5 年里，SIG 成员数量增长率接近 70%。2000 年，采用蓝牙技术的耳机和手机面世，开始供货；2002 年，合格的蓝牙无线产品数量达到 500 个；2004 年，蓝牙安装设备数增加到 2 亿 5000 万个，且每周蓝牙设备出货量达 300 万个。市调机构 ABI Research 数据显示，2018 年全球蓝牙设备出货量约 37 亿台，而到 2023 年，这一数据将增长到 54 亿台。

蓝牙技术的发展历程是无线通信技术发展进步的缩影。蓝牙技术的发展为可穿戴设备的广泛应用打下了坚实的基础。

2.1.2 单/双模蓝牙技术

蓝牙 4.0 是第一个蓝牙综合协议规范，包含了 BLE、经典蓝牙/增强速率蓝牙（Bluetooth Basic Rate/Enhanced Data Rate，BBR/BEDR）和高速蓝牙 3 种蓝牙的模式规范。蓝牙 4.0 新增了 BLE 协议，其工作模式无法兼容 BBR/BEDR。只支持 BLE 的技术叫作单模蓝牙技术，同时支持 BBR/BEDR 和 BLE 的技术叫作双模蓝牙技术。单模蓝牙只能与蓝牙 4.0 互相传输，无法向下兼容，与蓝牙 3.0/2.1/2.0 无法相通。双模蓝牙可以向下兼容，可与蓝牙 4.0 互相传输，也可与蓝牙 3.0/2.1/2.0 互相传输。

BLE 和 BBR/BEDR 的详细技术规范见表 2-1。

表 2-1　BLE 和 BBR/BEDR 的详细技术规范

技术指标	技术规范	
	BLE	BBR/BEDR
优化对象	突发短小数据传输	连续数据流
频带	2.4 GHz 工业、科学、医疗（Industrial Scientific Medical，ISM）免费频段（使用了 2.402～2.480 GHz）	2.4 GHz ISM 免费频段（使用了 2.402～2.480 GHz）
信道	40 个频率通道（3 个广播通道、37 个数据通道），频道间隔为 2 MHz	79 个频率通道，频道间隔为 1 MHz

续表

技术指标	技术规范	
	BLE	BBR/BEDR
信道使用机制	跳频技术（Frequency-Hopping Spread Spectrum，FHSS）	跳频技术
调制方式	高斯频移键控（Gaussian Frequency-Shift keying，GFSK）	GFSK、π/4 四相相对相移键控（π/4 Differential Quadrature Phase Shift Keying，π/4 DQPSK）、8 差分相移键控（8 Differential Phase Shift Keying，8 DPSK）
功耗	参考值的 0.01 ~ 0.5 倍（取决于应用场景）	1（参考值）
数据率	LE 2M PHY 类型：2 Mbit/s LE 1M PHY 类型：1 Mbit/s LE Coded PHY（S=2）类型：500 kbit/s LE Coded PHY（S=8）类型：125 kbit/s	EDR PHY（8DPSK）类型：3 Mbit/s EDR PHY（π/4 DQPSK）类型：2 Mbit/s BR PHY（GFSK）类型：1 Mbit/s
最大发射功率	级别 1：100 mW（+20 dBm） 级别 1.5：10 mW（+10 dbm） 级别 2：2.5 mW（+4 dBm） 级别 3：1 mW（0 dBm）	级别 1：100 mW（+20 dBm） 级别 2：2.5 mW（+4 dBm） 级别 3：1 mW（0 dBm）

2.2 BLE 技术介绍

BLE 技术是蓝牙 4.0 及以上版本的重要组成部分。本节主要介绍 BLE 技术的定义和实现方案。

2.2.1 BLE 技术的定义

BLE 技术是在 Wibree 标准上发展起来的，是低功耗、低成本、短距离的无线通信技术。为了实现极低的功耗，BLE 技术协议规定在不需要通信时彻底将通信通路关断，在需要的时候快速建立通信连接。比如在最低功耗关断模式下，BLE 设备仅消耗 0.15 μA，并在几微秒内唤醒。在实际应用中，使用 BLE 技术的单模芯片只用单节 3 V 纽扣电池或一对 AAA 电池就可以工作几个月至几年。BLE 技术定位为超低功耗无线技术，利用许多智能手段最大限度地降低功耗。主要技术定义如下。

（1）BLE 设备只能与 BLE 设备通信，适用于低功耗且仅传输少量数据的设备（如智能传感器、可穿戴设备等）。单模蓝牙低功耗设备与现有 BBR/BEDR 设备不能兼容，仅能与支持 BLE 技术的设备相连接。一般而言，智能手机、平板电脑、个人计算机等设备将会安装双模蓝牙芯片，以便与蓝牙低功耗设备及 BBR/BEDR 设备进行互操作。

（2）BLE 工作在免许可 2.4 GHz ISM 频段。该频段的优势是在全世界都可以免许可、自由地使用。由于不用缴纳昂贵的“频段许可租金”，因此能够降低成本。

（3）BLE 的信道跳频数是 40 通道，采用自适应跳频技术。因为免费的 2.4 GHz 频段内用户很多，非常拥挤，所以需要采用自适应跳频技术来避免阻塞。

（4）降低待机功耗、传输功耗、峰值功耗。BLE 通过采用更少的广播通道、更低的峰值功耗、更短的射频开启时间、更多的深度睡眠状态等方法来实现低功耗。例如仅有 3 个广播通道，开启时间降低为 0.6 ~ 1.2 ms。

（5）高速连接的实现。允许正在扫描的设备连接正在进行广播的设备，可在 3 ms 内建立连接。

BLE 从以下 4 个方面进行优化以实现低功耗。

（1）降低待机功耗。首先，降低广播功耗。BBR/BEDR 技术采用了 16～32 个通道进行广播，而 BLE 只使用了 3 个广播通道，而且每次广播的射频开启时间也由 22 ms 降低到 0.6～1.2 ms。也就是说，BLE 用更少的通道数、更短的开启时间降低了广播功耗。其次，降低空闲功耗。BBR/BEDR 的空闲状态仍消耗较多功耗，而 BLE 采用深度睡眠状态来代替空闲状态，并且采用先进的嗅探性（Sniff-Subrating）功能模式，大大降低了空闲功耗。

（2）缩短连接建立时间。传统的蓝牙协议比较复杂，单建立链路层连接都需要 100 ms。低功耗通过改善连接机制，能在 3 ms 内建立连接，快速地完成数据传输后立即关闭连接，极短的连接建立与数据传输时间降低了功耗。

（3）在物理层强化低功耗设计。首先，BLE 通过在物理层的低功耗优化设计，在发射和接收时实现了比 BBR/BEDR 更低的峰值电流。其次，优化调制系数。虽然 BBR/BEDR 和 BLE 都采用了 GFSK 调制，但 BLE 的调制系数为 0.5，而 BBR/BEDR 的为 0.35，所以 BLE 的功耗更低、通信距离更长。

（4）采用更高效率的编码方式。高效率的编码方式可以用更少的时间发送同等数量的数据。与 BBR/BEDR 相比，BLE 支持超短数据包（8～27 Byte），这使得发送时所需的时间更少。

BLE 技术的定义和实现方案涉及的术语定义如下。

- 频段：无线电波有对应频率，频率的组合或区域就被称作一个频段。
- 跳频：两个设备之间使用多个频率信道通信，这些频率信道按照一定顺序依次使用。
- 自适应跳频：一种智能使用某频率子集以避免信道堵塞导致丢包等情况的技术。
- 主设备：一台主动控制、协调与其他设备连接通信的复杂设备。
- 从设备：与主设备一起工作的简单设备，一般是用途单一的设备。

2.2.2 BLE 实现方案

BLE 实现方案采用图 2-2 所示的系统结构。该 BLE 实现方案的系统结构包含三大组成部分：控制器、主机协议栈和应用程序。控制器能够发射和接收无线电信号，它实现了将携带信息的数据包翻译成无线电信号来与外界通信的功能。主机协议栈管理两台或多台设备之间的通信情况、指定无线模块提供不同的服务。应用程序是用户使用的软件，它通过主机协议栈连接控制器以实现用户实例。

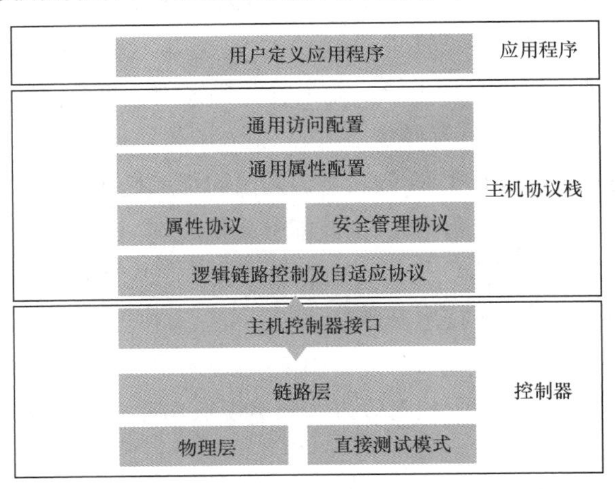

图 2-2 BLE 实现方案的系统结构

1. 控制器

蓝牙控制器包含了物理层和直接测试模式、链路层、主机控制器接口。

（1）物理层包含射频器件、天线。它通过天线与外界相连，工作在 2.4 GHz 频率下。它采用了 GFSK 的调制方式。GFSK 的滤波器波形与高斯曲线一致，比 BBR/BEDR 的滤波器要求宽松，频率成分更分散。

（2）直接测试模式是规范物理层测试的新方法。它对物理层定义了统一的测试标准，允许测试者让控制器的物理层发射和接收一系列的测试数据包。

（3）链路层是蓝牙系统中最复杂的部分，因为它负责广播、扫描、建立和维护连接，还要对数据包进行编码、加密和校验。

（4）主机控制器接口为主机提供了一个与控制器通信的标准接口。它允许主机将命令和数据发送到控制器，也允许控制器将时间和数据发送到主机。它由两部分组成：物理接口和逻辑接口。

2. 主机协议栈

主机协议栈简称主机。它包含了多种协议以实现不同的接口、属性控制等功能。

（1）与主机控制器接口相连的是逻辑链路控制及自适应协议（Logical Link Control and Adaptation Protocal，L2CAP），它是 BLE 的复用层，定义了 L2CAP 信道和 L2CAP 信令。

（2）安全管理协议定义了一个简单的配对和密钥分发协议。配对通常采取认证的方式实现，以获得对方设备的信任。

（3）属性协议定义了客户端设备上数据的一组规则。属性服务器存储了数据，可供属性客户端执行读写操作。

（4）通用属性配置位于属性协议之上，定义了属性的类型和使用方法。通用属性协议引入了一些概念和规程，比如特性、服务以及服务之间的包含关系、特性描述符等。

（5）通用访问配置定义了设备如何发现、连接设备以及为用户提供有用的信息，规定了设备如何使用规程以发现其他设备、连接到其他设备、读取它们的设备名以及绑定对应设备。

3. 应用程序

应用程序在控制器和主机协议栈的上层，它定义了 3 种类型：特性、服务和规范。特性是采用已知格式，以通用唯一标识码（Universally Unique Identifier，UUID）作为标记的一小块数据，它是计算机可读格式，而非自然语言格式。服务是用自然语言表述的一组特征及其相关的行为规范。它只定义了服务器上的特性的行为，而不定义客户端的行为。规范是用例或应用的最终体现，它说明了两个或多个设备所提供的服务，并且描述了如何发现并连接设备，从而为每台设备确定相应的拓扑结构。

2.3 BLE SoC 介绍

BLE SoC 是蓝牙技术实现的物理基础。它主要包括无线电单元、存储器和微处理器。市面上的 BLE SoC 较多，主流产品有 nRF51822、CC2540、DA14580 和 TLSR8266，分别对应的公司是 Nordic Semiconductor、德州仪器、Dialog 和泰凌微电子（上海）。本节以 nRF51822 为实例介绍其系统结构、模块详解和实际应用举例等。

2.3.1 nRF51822 SoC 概述

nRF51822 是功能强大、高灵活性的多协议 SoC，非常适用于 BLE 和 2.4 GHz 超低功耗无线应用。nRF51822 基于配备 256 KB 闪存和 16KB 随机存储器（Random Access Memory，RAM）的 32 bit ARM Cortex M0 CPU 而构建。嵌入式 2.4 GHz 收发器支持 BLE 及 2.4 GHz 操作，其中 2.4 GHz 模式与 Nordic Semiconductor 的 nRF24L 系列产品兼容。

nRF51822 还具备丰富的模拟和数字周边产品，可以在无须 CPU 参与的情况下通过可编程周边产品互联（Programmable Peripheral Interconnect，PPI）系统进行互动。灵活的 31 个引脚通用输入/输出（General-Purpose Input/Output，GPIO）映射方案可使 I/O（如串行接口、脉宽调制和正弦解调器）根据印制电路板（Printed-Circuit Board，PCB）需求指示映射到任何设备引脚，这可实现引脚位置和功能的灵活映射。

nRF51822 支持 S110 蓝牙低功耗协议堆栈及 2.4 GHz 协议堆栈（包括 Gazell），这两种协议堆栈在 nRF51822 软件开发套件中均免费提供。nRF51822 需要单独供电，如果供电范围在 1.8～3.6 V，用户可选择使用芯片上的线性整流器；如果供电范围在 2.1～3.6 V，可以选择直流 1.8 V 模式和芯片上的 DC/DC 变压器。DC/DC 变压器的使用可在工作期间动态控制，并使在 3 V 供电情况下 nRF51822 工作的射频峰值电流低于 10 mA。nRF51822 具有 6 mm×6 mm、48 引脚的方形扁平无引脚（Quad Flat No-leads，QFN）封装和 3.5 mm×3.8 mm、64 球形晶片级芯片规模封装（Wafer Level Chip Scale Packaging，WLCSP）。

2.3.2 系统结构

nRF51822 的系统结构如图 2-3 所示。

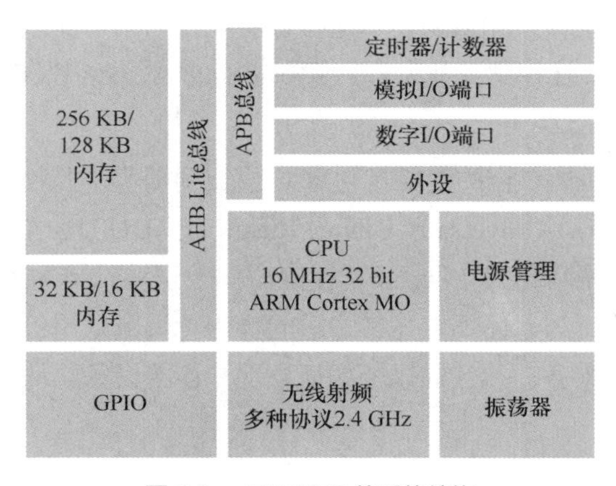

图 2-3 nRF51822 的系统结构

2.3.3 模块详解

下面介绍芯片 nRF51822 内部各模块的具体规格。

1. CPU

nRF51822 使用了 32 bit ARM Cortex M0。

2. 存储单元

nRF51822 使用的闪存和内存的规格如下：

- 256 KB/128 KB 闪存；
- 32 KB/16 KB RAM。

3. 外设

nRF51822 使用的定时器等外设的规格如下：

- 两个 16 bit 和一个 32 bit 带计数器模式的定时器；
- 16 通道 PPI 系统；
- 加密的 128 bit AES/ECB/CCM/AAR 协处理器；
- 随机数发生器（Random Numeral Generatory，RNG）；
- 实时时钟（Real-Time Clock，RTC）；
- 温度传感器。

4. GPIO

nRF51822 使用的 GPIO 端口的规格如下：

- 可随意映射的 GPIO 引脚配置；
- 31 个可用 GPIO；
- 4 路脉宽调制（Pulse Width Modulation，PWM）。

5. 数字通信接口

nRF51822 使用的数字通信接口的规格如下：

- 串行外设接口（Serial Peripheral Interface，SPI），支持主设备/从设备两种模式；
- IIC 串行通信总线；
- 通用异步收发传输器（Universal Asynchronous Receiver/Transmitter，UART）；
- 正交解码器：正交解码器用于正交编码器的输出，正交解码器感应对象（鼠标、轨迹球、自动控制轴等）的当前位置、轨迹、速度和方向。此外，正交解码器还用于精确测量点机转子的速度、加速度和位置，并结合旋钮确定用户的输入。

6. 模拟外设模块

nRF51822 使用的外设模块的规格如下：

- 8 个通道的可配置 8/9/10 bit ADC；
- 低功耗的比较器。

7. 振荡器

nRF51822 使用的振荡器的规格如下：

- 16MHz 外部晶振（XO）；
- 16MHz 内部 RC 振荡器（RCOSC）；
- 32MHz XO；
- 32kHz XO；
- 32kHz RCOSC。

8. 供电电源

nRF51822 使用的电源管理模块的规格如下：

- 宽电压范围（1.8 ~ 3.6 V）;
- 灵活的电源管理组合；
- 内置 DC/DC 转换器；
- 600 nA @ 3V 关闭模式（Off Mode）;
- 2.6 μA @ 3V 启动模式（On Mode），所有模块处于空闲状态；
- 1.2 μA @ 3V 关闭模式且保留一个 RAM。

2.3.4 实际应用举例

nRF51822 是 BLE 技术的代表，在短距离无线通信领域应用广泛。实际应用举例如下。

- 运动和健身传感器（手环、电子秤）。
- 智能医疗器械（血糖仪、数字血压计、血气计、数字脉搏/心率监视器、数字体温计、耳温枪、皮肤水分计等）。
- 智能家用电器。
- 计算机外围设备。
- 玩具、计算机游戏控制器。
- 身份识别与定位。
- 工业控制和数据采集。

使用 nRF51822 的多生理信号监测系统的系统框架如图 2-4 所示。一个信号节点可以采集心电信号、呼吸信号、脉搏信号、体温信号等生理信号。其中，nRF51822 是信号采集的核心处理单元，它汇聚采集到的生理信号后，通过蓝牙发送给手机或其他无线接收设备。

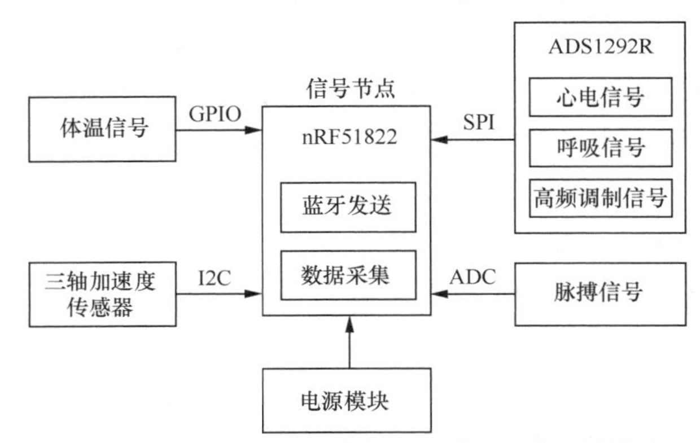

图 2-4 使用 nRF51822 的多生理信号监测系统的系统框架

2.3.5 参考电路

Nordic Semiconductor 公司为 nRF51822 提供了应用参考电路。图 2-5 是使用 1.8 V 电源为 nRF51822 供电的应用电路原理图。

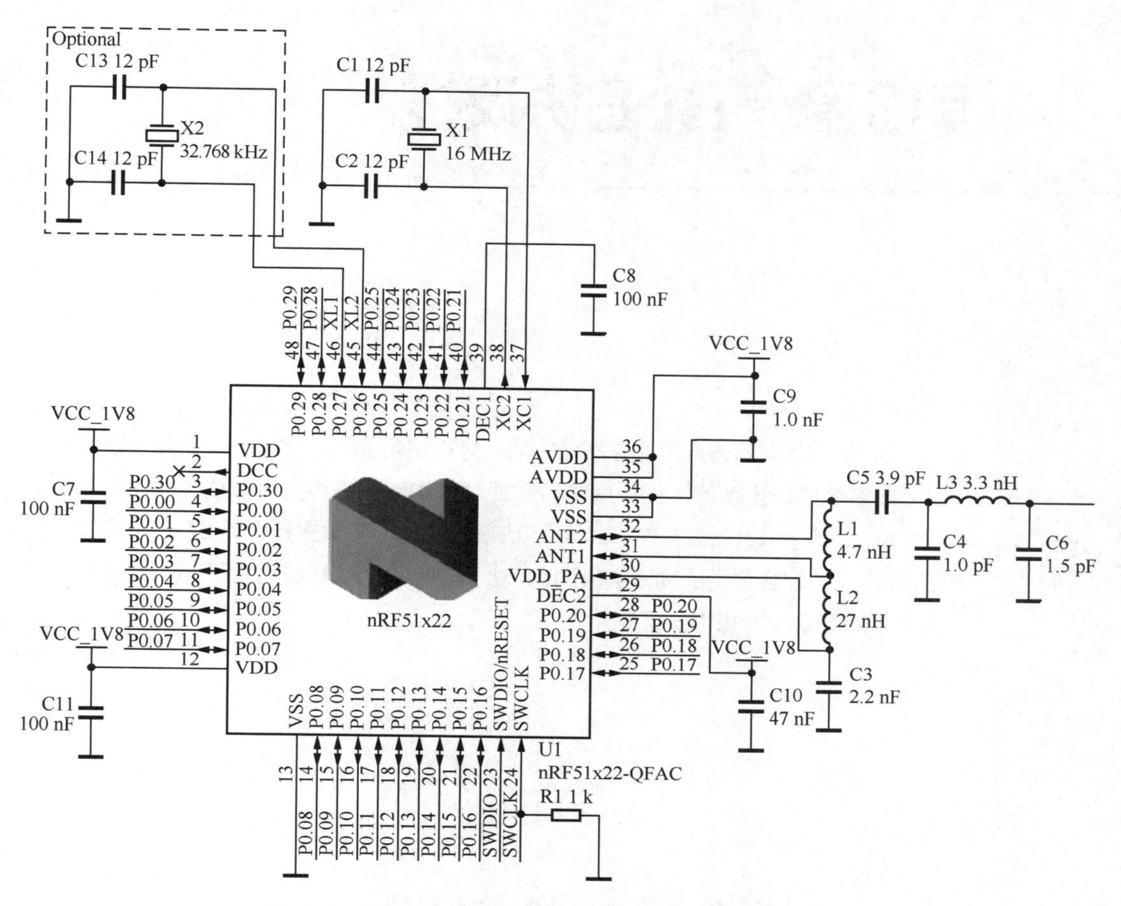

图 2-5　使用 1.8V 电源为 nRF51822 供电的应用电路原理图

2.4　本章小结

本章从蓝牙技术的发展历程、BLE 技术实现方案和 BLE SoC 芯片等方面介绍了 BLE 技术。蓝牙技术前身始于 1994 年，至今经历了 5 代演变。蓝牙 5.0 集成了低功耗、经典和高速 3 种模式。其中 BLE 从 4 个方面着手实现比 BBR/BEDR 技术更低的功耗：一是降低待机功耗，二是缩短连接建立时间，三是在物理层强化低功耗设计，四是采用更高效率的编码方式。最后以 nRF51822 为实例对 BLE SoC 进行了介绍。

03 第3章 BLE协议栈

BLE 设备在双方连接建立成功之后，才能进行通信，这是一个需要按照协议完成多个通信步骤的过程。通常，实现协议的代码被称为协议栈（Protocol Stack），BLE 协议栈就是实现 BLE 协议的代码。本章主要介绍 BLE 协议栈框架，以及协议栈包括的物理层（Physical Layer，PHY）、链路层（Link Layer，LL）等的基本功能和协议规范。

3.1 BLE 协议栈框架

要实现一个 BLE 应用，首先需要一个支持 BLE 射频的硬件设备，然后还需要提供一个与此硬件设备芯片配套的 BLE 协议栈，最后在协议栈的基础上开发自己的应用。BLE 协议栈是连接硬件设备和应用的桥梁，是实现整个 BLE 应用的关键。BLE 协议栈主要用于对应用数据进行层层封包，把应用数据包裹在一系列的帧头（Header）和帧尾（Tail）中，以生成一个满足 BLE 协议的空中数据包。

在深入了解 BLE 协议栈各层协议之前，我们先了解 BLE 协议的组成，如图 3-1 所示。

BLE 协议规定了两个层次的协议，分别为协议栈和蓝牙应用（Bluetooth Application）层协议。协议栈又称为蓝牙核心（Bluetooth Core）协议，是对蓝牙核心技术的描述和规范。协议栈只提供基础的机制，并不关心如何使用这些机制；蓝牙应用层协议位于 BLE 协议的最高层，是在协议栈的基础上，根据具体的应用需求，定义出各种各样的策略，如文件传送协议（File Transfer Protocol，FTP）、局域网等。

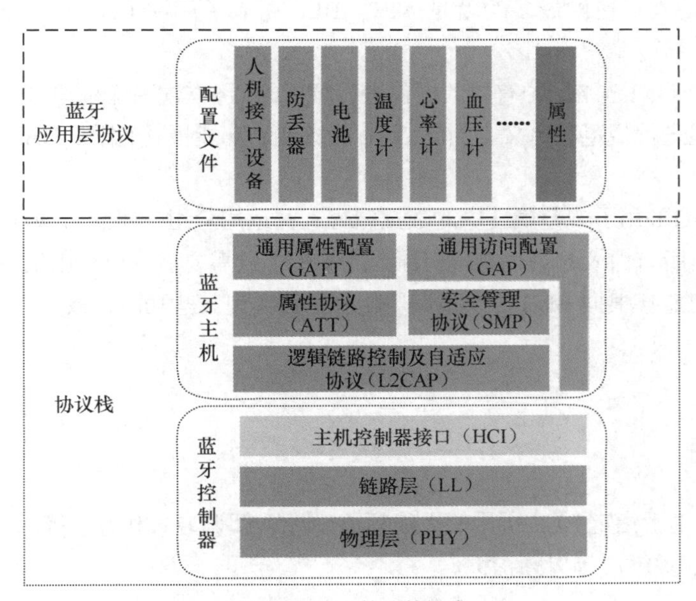

图 3-1 BLE 协议的组成

如图 3-1 所示，协议栈即蓝牙核心协议，包含蓝牙控制器（Controller）和蓝牙主机（Host）两部分。蓝牙控制器实现射频相关的模拟和数字部分，完成基本的数据发送和接收；蓝牙控制器对外接口是天线，对内接口是主机控制器接口（Host Controller Interface，HCI）；蓝牙控制器包含 PHY、LL 以及 HCI。蓝牙主机包括 L2CAP、属性协议（Attribute Protocol，ATT）、通用属性配置（Generic Attribute Profile，GATT）、通用访问配置（Generic Attribute Profile，GAP）和安全管理协议（Security Manager Protocol，SMP）。蓝牙主机主要负责在逻辑链路的基础上进行更为友好的封装，这样就可以屏蔽蓝牙技术的细节，让蓝牙应用层协议更为方便地使用协议栈。

（1）PHY：PHY 使用了 1 Mbit/s 自适应跳频的 GFSK 射频，工作于免许可证的 2.4 GHz ISM 频段。

（2）LL：LL 是整个 BLE 协议栈的核心，也是 BLE 协议栈的难点和重点。LL 负责的事情非常多，比如选择哪个射频通道进行通信、怎么识别空中数据包、具体在哪个时间点把数据包发送出去、怎么保证数据的完整性、肯定应答（Acknowledge，ACK）如何接收、如何进行重传以及如何对链路进行管理和控制等。链路层只负责把数据发出去或者收回来，对数据进行怎样的解析则交给上层的 GAP 或者 ATT。

（3）HCI：HCI 是可选的，HCI 主要用于利用两个芯片实现 BLE 协议栈的场合，用于规范两个芯片之间的通信协议和通信命令等。

（4）L2CAP：L2CAP 对 LL 进行了简单的封装，LL 只关心传输的数据本身，L2CAP 就要区分传输通道是加密通道还是普通通道，同时还要对连接间隔进行管理。

（5）SMP：SMP 用于管理 BLE 连接的加密和安全。如何保证连接的安全，同时不影响用户的体验，是 SMP 要处理的问题。

（6）ATT：ATT 用于定义用户命令及命令操作的数据，比如读取某个数据或者写入某个数据。BLE 协议栈中，开发人员接触最多的就是 ATT。BLE 引入了属性（Attribute）概念，其用于描述数据。

（7）GAP：GAP 是对链路层的有效数据包进行解析的两种方式中较简单的一种。GAP 简单地对链路层的有效数据包进行规范和定义，因此 GAP 能实现的功能极其有限。GAP 目前主要用于广播、扫描和发起连接等。

（8）GATT：GATT 用于规范属性中的数据内容，并运用分组的概念对属性进行分类管理。

开发人员不必对所有协议的具体实现有深入的了解，只需要掌握与应用相关的 ATT、GATT，以及一些配置文件，应能够根据 BLE 协议栈调用相应函数实现某些功能，或者自定义函数实现某些特定功能。

3.2 物理层

物理层（PHY）用于指定 BLE 所用的无线频段、调制/解调方式和方法等内容。PHY 直接决定整个 BLE 芯片的功耗、灵敏度等射频指标。

3.2.1 BLE 的工作信道

BLE 工作在 2.4 GHz 全球通用的免许可 ISM 频段。此频段主要开放给工业、科学、医学这 3 个领域使用，无须授权许可，只需要遵守一定的发射功率规定，并且不要对其他频段造成干扰。

BLE 具体工作频段为 2400 MHz～2483.5 MHz，共 40 个信道，信道间隔为 2 MHz。如图 3-2 所示，BLE PHY 工作信道的中心频率计算公式为：

$$f=2402+2\times k \text{ MHz} \qquad k=0, \cdots, 39 \qquad (3\text{-}1)$$

其中，k 表示信道序号，f 表示信道对应的中心频率。

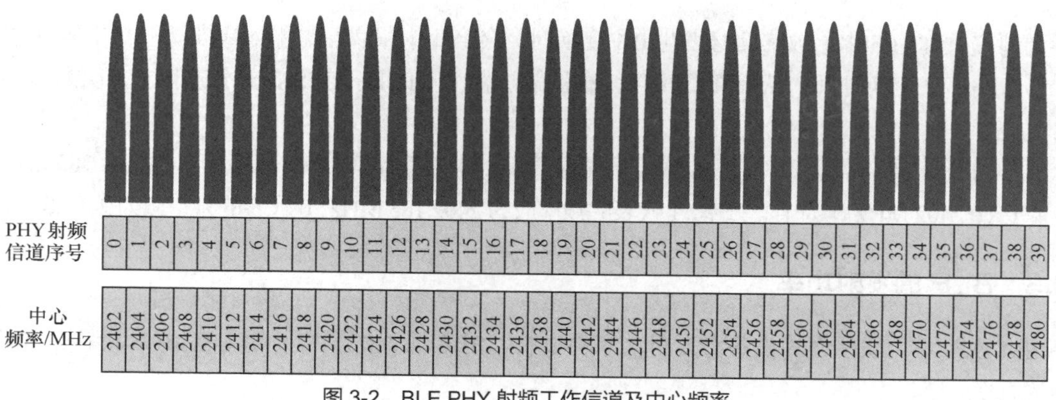

图 3-2 BLE PHY 射频工作信道及中心频率

如图 3-3 所示，从 LL 上看，BLE 有两种类型的信道：广播信道和数据信道。在 40 个信道中，有 3 个广播信道（37 号、38 号、39 号），有 37 个数据信道（注意 PHY 射频工作信道与 LL 工作信道的区别）。

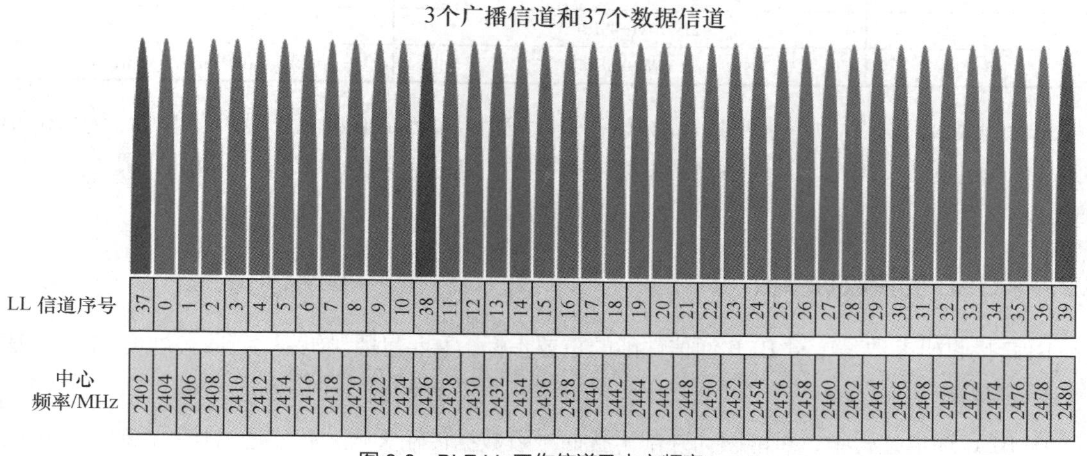

图 3-3 BLE LL 工作信道及中心频率

3 个固定的广播信道避开了 802.11 协议接口的信道，37 个动态自适应数据信道采用跳频机制对抗外界干扰。在 BLE 设备中，两个设备如果想通信，就必须在同一时间切换到相同的物理信道，一个设备作为发送端，另一个设备作为接收端。例如，一个设备发送广播信号，另一个设备扫描广播信号。

BLE 工作在 2.4 GHz ISM 免费频段。目前蓝牙、Wi-Fi、ZigBee、无线键盘、无线玩具、微波炉等都工作在这个频段，当空间和频段内同时运行着多个无线设备时，存在互相干扰的问题，BLE 采用跳频技术解决同频干扰和信道拥挤的问题：如果某个信道拥挤，则避开该信道，选择其他可用信道进行通信。

3.2.2 BLE 的 GFSK 调制方式

BLE 采用 GFSK 调制。频移键控（Frequency Shift Keying，FSK）调制示例（其中 t 表示时间，纵坐标表示振幅）如图 3-4 所示，其通过改变载波频率来携带调制输入符号。

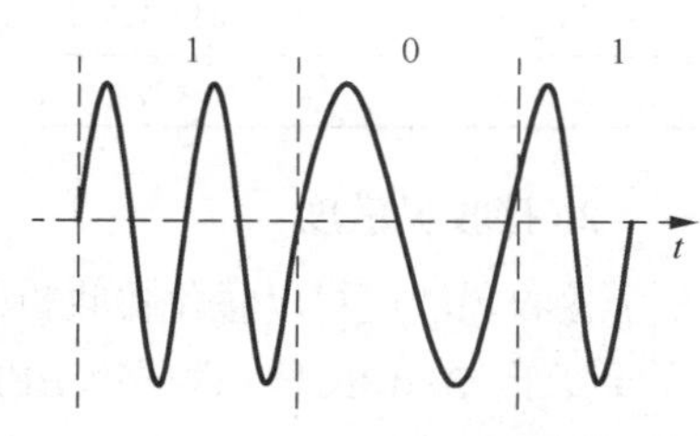

图 3-4 FSK 调制示例

在调制时，可以定义载波频率正向偏移为 1，负向偏移为 0，这种调制方式称为 FSK。数字信号发生 0/1 变换时，会产生大量噪声，引入高斯滤波器能够通过延展正、负向偏移来变换时间，从而降低噪声，这种做法称为 GFSK。GFSK 技术成熟、实现简单，满足 BLE 的需求。

BLE 协议规定，中心频率正向偏移大于或等于 185 kHz 视为 1，负向偏移大于或等于 185 kHz 视为 0。如果选择 2402 MHz 作为中心频率，1 代表的频率应为 2402.185 MHz，0 代表的频率应为 2401.815 MHz。

3.2.3　BLE 的发射功率

ISM 规范对无须授权的设备有发射功率的限制。BLE 协议按照发射功率将 BLE 设备分成表 3-1 所示的几类。

表 3-1　BLE 设备按发射功率分类

发射功率等级	最大发射功率	最小发射功率
1	100 mW(+20 dBm)	10 mW(+10 dBm)
1.5	10 mW(+10 dBm)	0.01 mW(–20 dBm)
2	2.5 mW(+4 dBm)	0.01 mW(–20 dBm)
3	1 mW(0 dBm)	0.01 mW(–20 dBm)

如果设备属于发射功率等级 1，那么设备最大发射功率为+20 dBm，最小发射功率为+10 dBm。BLE 4.0 规范更新了规定，若设备属于发射功率等级，则最大发射功率为+10 dBm，最小发射功率为–20 dBm。

3.2.4　BLE 的接收机参数

BLE 接收机参数是衡量 BLE 通信性能的重要指标，主要包括误码率、接收灵敏度、路径损耗等。

1. 误码率

在 BLE 通信过程中，可能因为外部干扰而导致数据传输失败，我们通常使用误码率（Bit Error Rate，BER）表征数据传输失败的概率。

误码率过高会影响通信效果，BLE 协议规定了传输不同最大有效载荷长度的误码率阈值，如表 3-2 所示。

表 3-2　传输不同最大有效载荷长度的误码率阈值

最大有效载荷长度/octet 字节	BER 阈值/%
≤ 37	0.1
38 ~ 63	0.064
64 ~ 127	0.034
≥ 128	0.017

2. 接收灵敏度

接收灵敏度可以量化接收机的接收能力，通常以 dBm 为单位。BLE 4.0 规定接收机的接收灵敏度要高于–70 dBm（在误码率 BER=0.1%的情况下），即在接收到 1×10^{-7} mW 的无线信号强度下能够正常工作。一般 BLE 的控制器的接收灵敏度都可大于–90 dBm。

3. 路径损耗

为了计算 BLE 的通信距离，需要确定链路预算，链路预算包括天线、匹配电路的增益和路径损耗。假设在天线和匹配电路差别不大的情况下，链路预算的主要来源是路径损耗。路径损耗（*pathloss*）是发射机天线到接收机天线的能量消耗，可以近似为：

$$pathloss = 40 + 25\lg(d) \tag{3-2}$$

其中，*pathloss* 表示路径损耗，*d* 表示发射机到接收机的距离。由式（3-2）可得路径损耗与距离的关系，如表 3-3 所示。

表 3–3　　路径损耗与距离的关系

路径损耗/dB	距离/m
50	2.5
60	6.3
70	16
80	40
90	100
100	250
110	630

因此，我们可以根据发射功率和接收灵敏度确定距离。例如，当发射功率为 1 mW，即 0 dBm 时，发射机输出的信号经过一段路径到达接收机，功率衰减到–70 dBm（1×10^{-10}W），这个路径损耗是 70 dB，对应通信距离约为 16 m。

3.3　链路层

链路层的主要功能是发送和接收数据及控制信息。链路层定义了链路状态机，协议数据单元（Protocol Data Unit，PDU）比特序（低字节优先），设备地址，广播事件、类型、间隔，链路参数，扫描连接过程等内容。链路层有 5 种工作状态，如表 3-4 所示。

表 3–4　　链路层工作状态

状态名	描述
就绪态（Standby）	系统不做任何广播和扫描动作，可以维持低功耗
广播态（Advertising）	系统对外发出广播数据（包括扫描响应数据）。扫描响应数据也是一种广播数据，由扫描设备发出扫描请求，广播包设备返回扫描响应数据
扫描态（Scanning）	监听外部广播数据，扫描态并不能直接进入连接态
发起态（Initiating）	监听外部广播数据，它可以发起连接请求，然后进入待机态或者连接态
连接态（Connection）	两个设备建立连接，进行通信

如图 3-5 所示，BLE 链路层使用状态机，根据不同事件的发生来转换到不同的状态。

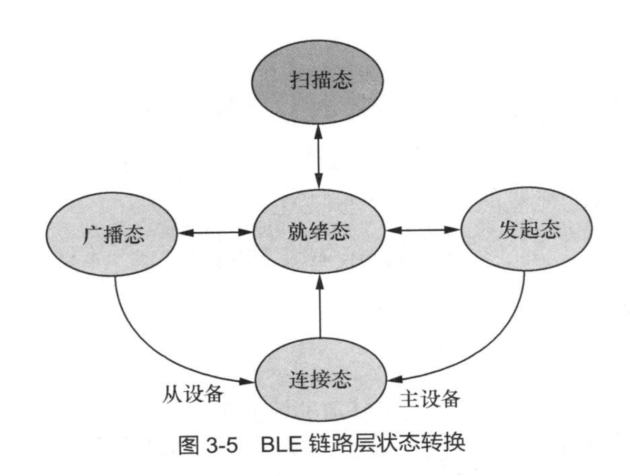

图 3-5 BLE 链路层状态转换

在同一时间内，蓝牙设备只允许处于就绪态、广播态、扫描态、发起态、连接态这 5 种状态中的一种。其中，广播态和扫描态是不可或缺的，其他状态是可选的。扫描态、广播态和发起态只能由就绪态进入。

BLE 设备从广播态进入连接态时，作为从设备（Slave）；从发起态进入连接态时，作为主设备（Master）。

链路层是 BLE 协议栈的核心，链路层的报文格式、广播与扫描过程等相关内容详见本书第 4 章。

3.4 主机控制接口

主机控制接口（HCI）是介于主机和控制器之间的通信接口，完成主机和控制器之间的命令、数据和事件的交换。

HCI 通过包来传送命令、数据和事件，所有在主机和控制器之间的通信都以包的形式进行。HCI 包有命令、数据、同步和事件 4 种类型，如表 3-5 所示。

表 3–5 HCI 包类型

HCI 包类型	HCI 包指示值
HCI 命令包	0x01
HCI ACL 数据包	0x02
HCI 同步数据包	0x03
HCI 事件包	0x04

如图 3-6 所示，HCI 命令包只能从主机发往控制器，而 HCI 事件包始终是从控制器发向主机。主机发出的大多数 HCI 命令包都会触发控制器以产生相应的 HCI 事件包作为响应。主机给控制器发数据时，采用 HCI 异步无连接链路（Asynchronous Connectionless Link，ACL）数据包。在 BLE 中，HCI 同步数据包未被使用，可忽略。

简单来看，HCI 是为 BLE 的射频测试提供通信接口的。BLE 手册提供一套 HCI 指令，来测试设备自动收发处理，无须人工干预。HCI 具体指令详见 BLE 手册。

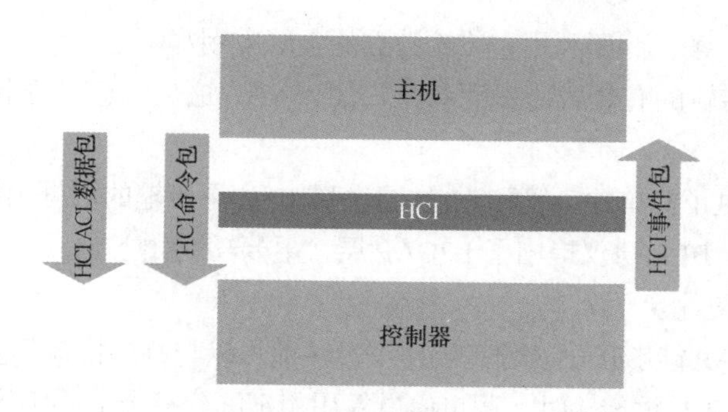

图 3-6　HCI 包及传递方向

3.5　逻辑链路控制及自适应协议层

逻辑链路与适配协议层（L2CAP）支持高层协议多路复用、数据分段和重组，并且支持传送服务质量信息。

1. L2CAP 层次结构

如图 3-7 所示，L2CAP 包括以下两个子模块。其中，服务数据包（Service Date Unit，SDU）表示 L2CAP 和上层交换的数据单元，不包含任何 L2CAP 的协议信息；协议数据单元（Protocal Date Unit）PDU 包含 L2CAP 协议信息、控制信息和上层的数据信息等。

（1）信道管理器，主要负责创建、管理、释放 L2CAP 信道。

（2）资源管理器，负责统一管理、调度 L2CAP 信道上传递的 PDU，以确保那些高服务质量（Quality of Service，QoS）的数据包可以获得对物理信道的控制权。

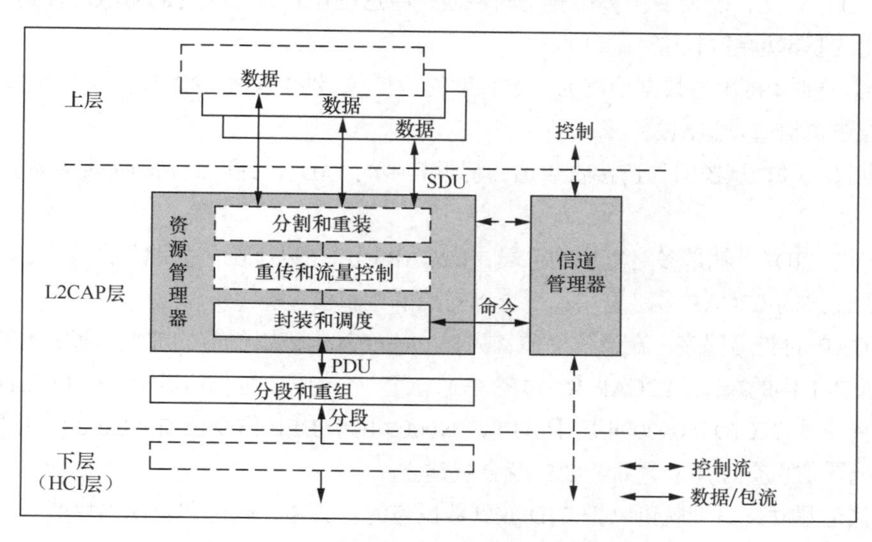

图 3-7　L2CAP 层次结构

2. L2CAP 功能简介

经过链路层的抽象之后，两个 BLE 设备之间存在两条逻辑上的数据信道：一条是无连接的广播信道；另一条是基于连接的数据信道，也是一条点对点的逻辑信道。而在实际中，会面临如下问题。

（1）逻辑信道只有一条，而要利用它传输数据的上层应用却不止一个。

（2）逻辑信道所能传输的有效载荷长度最大只有 251 B，这是否意味着上层应用每次只能传输小于这个长度的数据?

（3）逻辑信道仅提供了简单的应答和流量控制机制，如果传输的数据出错怎么办?

为了解决上述问题，BLE 协议提出了 L2CAP 层，主要功能如下。

（1）协议/逻辑信道复用。

- 协议复用：L2CAP 能够正确区分高层协议，从而可以与高层协议建立正确的信道连接。
- 逻辑信道复用：在数据传输时，逻辑信道复用用于区分多个上层实体，可能存在多个上层实体使用相同的协议的情况。

（2）分割和重装（针对上层）。

将 L2CAP 服务数据单元（Service Data Units，SDU）分割和重装，生成 L2CAP PDU，以满足用户数据传输对延时的要求，便于后续的重传、流量控制等机制的实现。

分割和重装仅用于增强型重传模式、流模式和流量控制模式，不用于基本 L2CAP 模式。

（3）分段和重组（针对下层）。

- 分段：将 PDU 分割为更适合传递给下层的数据单元。
- 重组：将已分割的 PDU 重组为更适合传递给下层的数据单元。

（4）服务质量。

服务质量包括基于单个 L2CAP 信道的流量控制、差错控制和重传、支持流媒体、支持 QoS 等。

3. 多路复用

由于可用于传输用户数据的逻辑信道只有一条，而 L2CAP 需要服务的上层配置文件和应用程序的数目远大于 1，因此，需要使用多路复用的手段，将这些用户数据映射到有限的信道资源上去。

多路复用的基本思路如下。

（1）数据发送时，将用户数据分割为一定长度的数据包，即 L2CAP PDU，加上一个包含特定“ID”的头后，通过逻辑信道发送出去。

（2）数据接收时，从逻辑信道接收数据，解析其中的“ID”，并以此判断需要将数据转发给哪个应用程序。

这里所说的“ID”，就是多路复用的手段，L2CAP 提供了以下两种多路复用手段。

（1）基于连接的 L2CAP 多路复用：一个点对点的逻辑信道。

基于 L2CAP 的应用程序，在通信之前，先建立一个基于逻辑信道的虚拟信道，称作 L2CAP 信道，类似于 TCP/IP 中的端口。L2CAP 会为这个信道分配一个编号，称作信道标识符（Channel Identifier，CID）。BLE 支持 3 个 CID：0x0004 用于 ATT，0x0005 用于 BLE 信令信道，0x0006 用于安全管理。在 HCI 层的配置信息交互完成之后，CID 就会被建立。

L2CAP 信道建立之后，就可以把 CID 放到数据包的包头中，以达到复用的目的。这些基于 CID 实现的多路复用，就称作基于连接的多路复用。

（2）无连接的方法：为了提高数据传输的效率，方便广播通信等应用场景，L2CAP 在提供基于连接的通信机制之外，也提供了无连接的数据传输方法。无连接的方法下不存在 CID，取而代之的是一个称作协议/服务复用（Protocol/Service Multiplexer，PSM）的字段。无连接的 PSM 只允许在 BBR/BEDR 控制器中使用，本书不详细介绍。

4. L2CAP 数据包

每个 L2CAP 数据包都包含一个 4 B 的包头。假设使用分割和重装，那么数据包的长度信息必须包含在包头中，以便判断数据包的结束。使用分割和重装机制需要为每个通过 HCI 的数据包添加标记，将其分为开始数据包和延续数据包。

L2CAP 数据包格式如图 3-8 所示。

图 3-8 L2CAP 数据包格式

（1）“PDU 长度” 字段解析。

“PDU 长度” 字段表示包头后的信息载荷字节数。在所有 BLE 信道上，信息载荷有一个 23 B 大小的最大传输单元（Maximum Transmission Unit，MTU）。MTU 表示在一个 L2CAP 信道中信息载荷的最大字节数。这意味着，所有 BLE 设备必须支持在空间传输 27 B 大小的数据包——4 B 大小的包头+23 B 大小的信息载荷。

（2）“CID” 字段解析。

L2CAP 传输是基于信道的概念，信道是点对点的，每个信道都有一个独立的 CID。在 HCI 的配置信息交互完成之后，CID 就会被建立。安全管理指令和 ATT 指令将分别在 3.6 节和 3.7 节介绍，本节只介绍信令信道指令。

（3）“信息载荷” 字段解析。

CID 等于 0x0005 表示当前所用信道为 BLE 信令通道，它一般传输控制信息，比如改变对方的连接参数等。控制信息位于 L2CAP 报文的信息载荷部分，如图 3–9 所示。

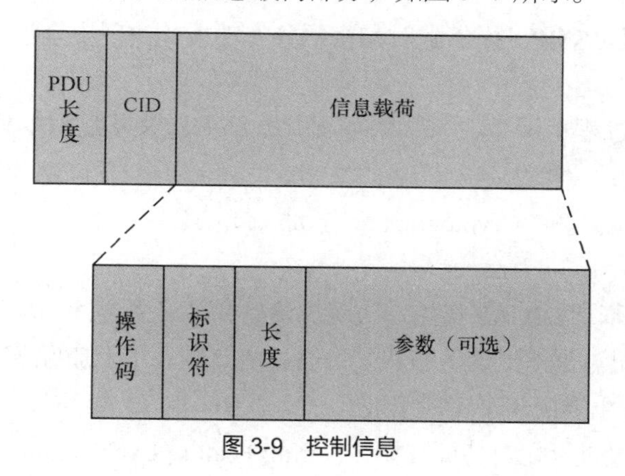

图 3-9 控制信息

“信息载荷” 字段包含 “操作码” 字段、“标识符” 字段、“长度” 字段和 “参数” 字段。

BLE 信令信道支持的命令操作码如表 3–6 所示。

表 3–6 BLE 信令信道支持的命令操作码

操作码	说明
0x00	保留
0x01	命令拒绝
0x12	连接参数更新请求
0x13	连接参数更新响应

操作码=0x01 表示“命令拒绝”，主要有以下 3 种情况。

（1）用于拒绝设备收到的不支持的数据包，该操作码的功能与 BBR/BEDR 中的命令拒绝完全一样，它包含一个原因代码以及相关的信息，原因代码就是表达拒绝的原因。

（2）“命令不理解”：标识设备收到了不支持的命令。

（3）“信令 MTU 溢出”：表示设备接收到的命令的大小大于 23 B。

操作码=0x12 和 0x13，分别表示连接参数更新请求和响应，用于从设备更新链路层的连接参数，这些参数包括连接事件间隔（从设备希望主设备允许从设备发送数据包的频率）、从设备延迟、监控超时等。

要注意的是，连接参数更新请求命令仅用于从设备向主设备发送，因为主设备随时都能启动链路层连接参数更新。其次，从设备可以在任何时候发送该命令，收到该命令的主设备可以修改连接参数，然后返回对应的响应。主设备也可以不同意从设备的请求参数，然后发送结果代码为拒绝的连接参数更新响应，此时从设备要么接受正在使用的连接参数，要么终止连接。

“标识符”字段的大小为 1 B，用于匹配请求和响应。如更新请求命令的标识符为 0x35，则响应该更新请求命令的数据包也必须使用 0x35 作为标识符。

“长度”字段表示命令的长度，“参数”字段（可选）表示数据载荷。

3.6 安全管理协议层

蓝牙的安全管理协议（SMP）提供配对和密钥分发功能，实现安全连接和数据交换。它定义了如下几类规范。

- 定义了一个配对过程，即生成密钥的过程，并详细定义了配对的概念、操作步骤、实现细节等。
- 定义了一个密码工具箱（Cryptographic Toolbox），其中包含了配对、加密等过程中所需的各种加密算法。
- 定义了 SMP，可基于 L2CAP 连接，实现主设备和从设备之间的配对、密码传输等操作。

在 SMP 的规范中，配对是指主设备和从设备通过协商确立用于加/解密的密钥的过程，如图 3-10 所示，安全管理配对过程主要由 3 个阶段组成。

- 第一阶段：该阶段进行配对特征交换（Pairing Feature Exchange），用于交换双方有关鉴权的需求（Authentication Requirement），以及双方具有的输入/输出交互能力（I/O Capability）。
- 第二阶段：密钥产生。

对 LE 传统配对，产生短期密钥（Short Term Key，STK）。

对 LE 安全连接，长期密钥（产生 Long Term Key，LTK）。

- 第三阶段（可选）：密钥分发（Key Distribution）。加密连接建立后，可以互相传送一些私密的信息，例如加密信息（Encryption Information）、身份信息（Identity Information）、身份地址信息（Identity Address Information）等。

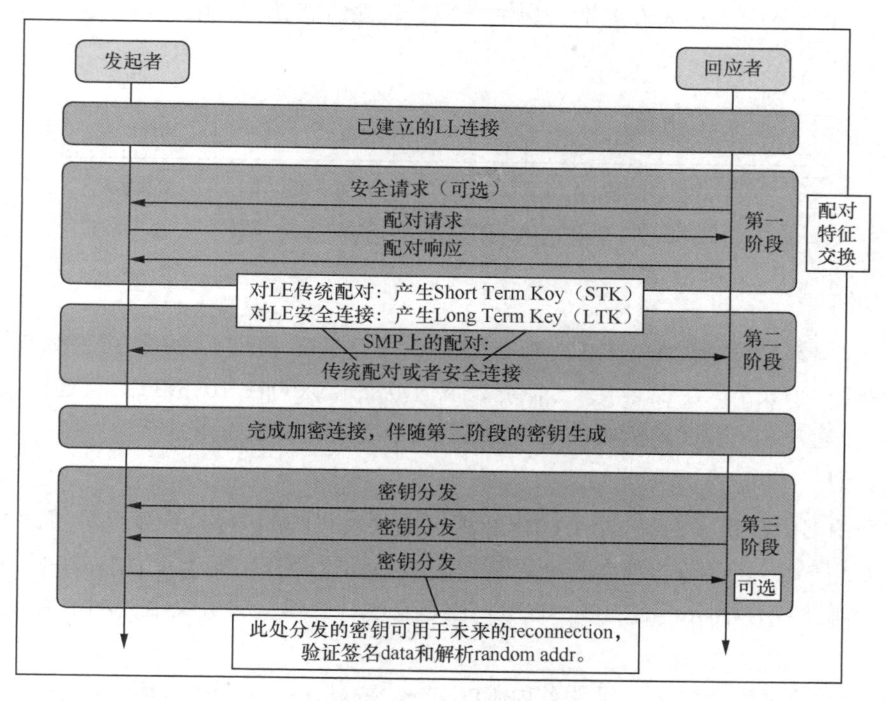

图 3-10 SMP 配对过程

配对的过程总是以配对请求和配对响应的协议交互开始的，通过这两个命令，配对的发起者（作为主设备）和配对的回应者（作为从设备）可以交换足够的信息，以决定使用哪种配对方法和鉴权方式等。

SMP 使用固定的 L2CAP 信道（CID 为 0x0006）传输安全相关命令，主要定义如下特性。

（1）规定 L2CAP 信道的特性，MTU、QoS 等。

（2）规定安全管理命令格式。

（3）定义配对相关的命令，主要包括配对请求、配对响应、配对确认、随机配对、配对失败、配对公钥等。

（4）定义鉴权、配对、密码交互等各个过程。

3.7 属性协议层

ATT（Attribute Protocol）属性是 GATT 和 GAP 的基础，它定义了 BLE 协议栈上层的数据结构和组织方式。

蓝牙的属性协议缩写为 ATT，属性是属性协议（ATT）的核心。ATT 定义了属性的内容，规定了访问属性的方法和权限。

BLE 协议将数据以“属性”的形式抽象出来，并提供一些方法，供远端设备读取、修改这些属性值。从程序设计角度看，属性是一种数据结构，它包括了数据类型和数据值，就如同 C 语言中的结构体，开发人员可以设计独特的结构，来描述外部世界实体。

属性由 4 个部分组成：属性句柄、属性类型、属性值和属性权限。属性逻辑结构如图 3-11 所示。

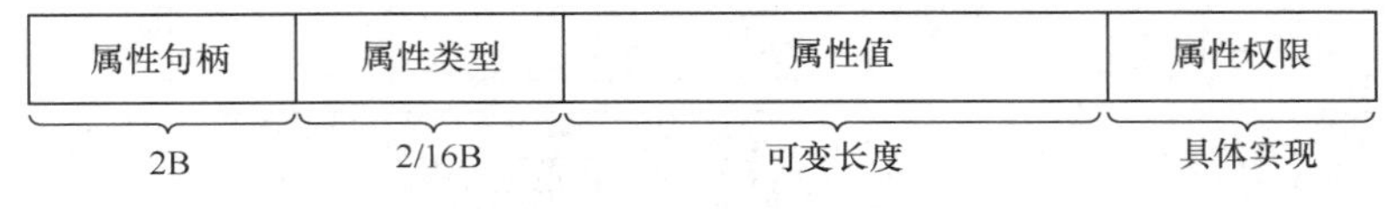

图 3-11　属性逻辑结构

1. 属性句柄

属性句柄是对某一特定属性的索引。在 ATT 中，属性是可寻址的，每个属性都有唯一的属性句柄。属性句柄是一个大小为 2 B 的十六进制码，取值范围是 0x0001 ~ 0xFFFF，其通过增加属性句柄值来排序属性。客户端用属性句柄来寻址一个唯一的、期望的属性。

2. 属性类型

属性类型由 UUID 定义，每一个 UUID 标识属性代表不同的内容。为了区分不同的属性类型，GATT 中定义了一串 16 字节的数字来标识属性的类型，这个数字即 UUID。在一个 BLE 设备中可能存在多个属性具有相同的 UUID。UUID 定义在 GATT 和上层协议中，ATT 并没有定义任何 UUID。

BLE 的属性类型有四大类：首要服务项（Primary Service）、次要服务项（Secondary Service）、包含服务项（Include）、特征值（Characteristic）。

3. 属性值

属性值用于存放数据。如果数据是服务或者特征值声明，该数据为 UUID 等信息；如果数据是普通的特征值，则该数据是用户的数据。属性值由客户端进行读/写，长度可变，最长为 512 B。

4. 属性权限

属性权限是访问权限、加密权限、认证权限和授权权限的组合，ATT 属性权限类型如表 3-7 所示。属性权限由 GATT、更高层配置确定，并由服务器确定是否允许对给定属性进行读或写访问。

表 3-7　　ATT 属性权限类型

权限类型	说明
访问权限	可读/可写/可读写
加密权限	需加密/无须加密
认证权限	需验证/无须验证
授权权限	需授权/无须授权

3.8　通用访问配置层

通用访问配置（GAP）负责处理设备访问模式，包括设备发现、建立连接、终止连接、初始化安全管理和设备配置。从编程视角来看，GAP 中的内容就像是一个配置文件，BLE 协议栈其他层的工作都要从 GAP 中获取初始化参数和配置信息。GAP 中定义了一系列模式和规程，二者相互配合，完成广播和连接的工作。GAP 定义内容如下。

1. 定义 GAP 中的角色

- 广播者：定期发送广播包的设备，是不可连接的设备。
- 观察者：监听广播包的设备，可扫描广播设备，但广播者和观察者不能建立连接。
- 外围设备：广播发送者，是可连接的设备（对应链路层的从设备）。
- 中心设备：扫描广播，启动连接的设备（对应链路层的主设备）。它可以扫描广播设备并发起连接，在单个链路层或多个链路层中作为主机。外围设备和中心设备可以进行配对、连接、数据通信。

GAP 是所有其他应用模型的基础，它定义了在 BLE 设备间建立基带链路的通用方法，还定义了一些通用的操作，这些操作可供引用 GAP 的应用模型以及实施多个应用模型的设备使用。

2. 定义 GAP 层用于实现各种通信的操作模式和过程

这些操作模式和过程包括：

- 广播模式以及对应的观察解析过程，实现单向、无连接的通信方式；
- 发现模式以及对应的发现过程，实现蓝牙设备的发现操作；
- 连接模式以及对应的连接过程，实现蓝牙设备的连接操作；
- 配对模式以及对应的配对过程，实现蓝牙设备的配对操作。

3. 定义用户界面有关的蓝牙参数

这些参数包括：

- 蓝牙的地址；
- 蓝牙的名称；
- 蓝牙的认证码；
- 蓝牙的发射功率级别；

综上所述，GAP 是一个基础的蓝牙配置文件，用于提供蓝牙设备的通用访问功能。

3.9 通用属性配置层

通用属性配置（GATT）是建立在 ATT 上的一层结构，定义了使用 ATT 的服务框架，为 ATT 传输和存储数据建立了一些通用操作和框架。

1. GATT 层次结构

BLE 协议栈基于 ATT，定义了一个称作通用属性的配置文件框架，用于提供通用的信息的存储和共享等功能。GATT 的层次结构示意图如图 3-12 所示。

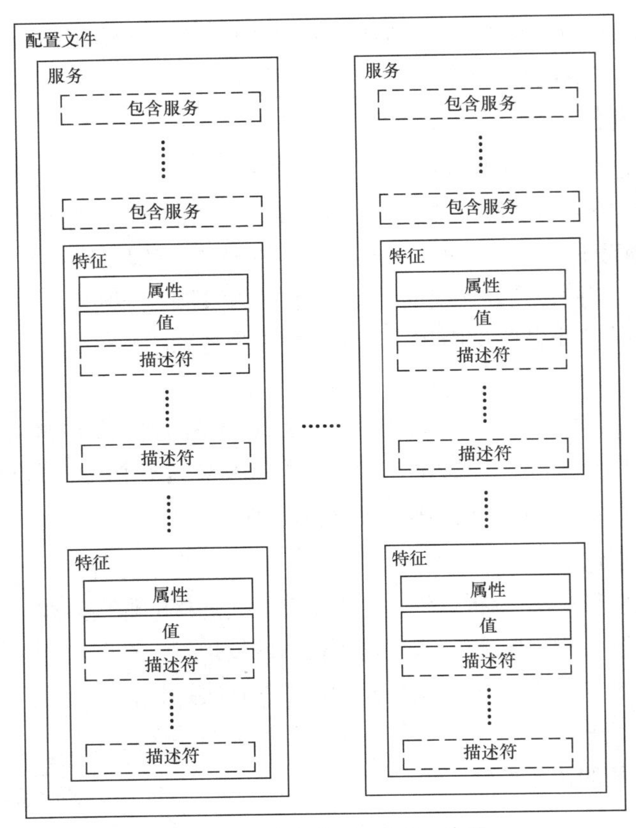

图 3-12　GATT 的层次结构示意图

由图 3-12 可知，GATT 的层次结构依次是：配置文件→服务→特征→属性/值/描述符。

- 配置文件可以理解为一个标准的通信协议，存在于从设备中。蓝牙组织规定了一系列的标准配置文件，例如 HID over GATT、防丢器、心率计等。配置文件位于 GATT 层次结构的最顶层，每个配置文件中会包含多个服务，每个服务可代表从设备的某种能力。
- 服务是数据和完成设备或设备的某些部分的特定功能或特征的相关行为的集合。服务可能涉及其他主要或次要服务，或构成该服务的特征集合。服务分为两种类型：主要服务和次要服务。主要服务提供设备的主要功能；次要服务提供设备的辅助功能，引用自该设备的至少一项主要服务。
- 特征是 GATT 中基本的数据单位，由一个属性、一个值、一个或者多个描述符组成。特征的属性定义了特征的值如何被使用，以及特征的描述符如何被访问。
- 值是特征的实际值。例如对于一个距离特征，其值就是距离值。
- 描述符保存了一些与特征的值相关的信息。例如，值记录距离值，描述符可以是长度单位 m 或 km，以提供更多的特性信息。

一个配置文件包含一个或多个服务；一个服务包含一个或多个特征；一个特征包含一个属性、一个值和多个描述符。

2. GATT 通信

通过 GATT 服务传输的数据必须映射成一系列的特征。客户端和服务器之间的通信如图 3-13 所示，GATT 服务器（指提供数据的设备）存储通过 ATT 传输的数据，并接收 GATT 客户端（指通过

GATT 服务器获取数据的设备）发出的 ATT 请求、命令及确认。

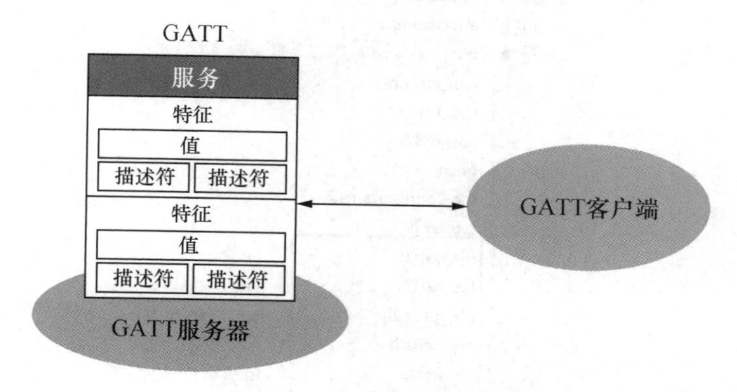

图 3-13 客户端和服务器之间的通信

GATT 规定了客户端和服务器之间的通信方式：

- 请求；
- 响应；
- 命令；
- 指示；
- 确认；
- 通知。

客户端发送请求，服务器需要返回一个响应。客户端发送命令，服务器无须返回任何值。服务器发送指示，客户端需要返回一个确认。服务器发送通知，客户端无须返回任何值。因此，命令和通知是不可靠的通信。当通信环境不佳，客户端频繁发送命令时，可能会发生服务器接收不到命令或丢弃命令的情况，通知也类似。

3.10 应用层

应用层主要功能是将具体的应用实例化为各个层次的模块，调用各模块的应用程序接口（Application Program Interface，API）实现最终的应用。为方便开发，各蓝牙芯片公司提供蓝牙应用程序开发模板。Nordic Semiconductor 公司的 nRF51822 蓝牙应用程序开发模板结构如图 3-14 所示，主要包括应用层、板级支持、蓝牙协议栈库函数、驱动及系统启动文件等。上层应用通过调用协议栈的各层 API 实现各个协议功能的具体实现。

蓝牙应用程序开发模板通常包含 GAP、GATT、HCI、L2CAP 等协议的 API 函数，如图 3-15 所示。在实际应用中只需调用相应的 API 函数便可实现 BLE 协议的相关功能。

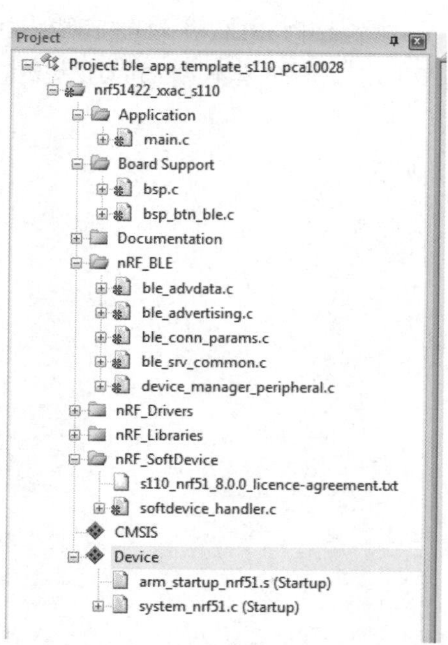

图 3-14 nRF51822 蓝牙应用程序开发模板结构

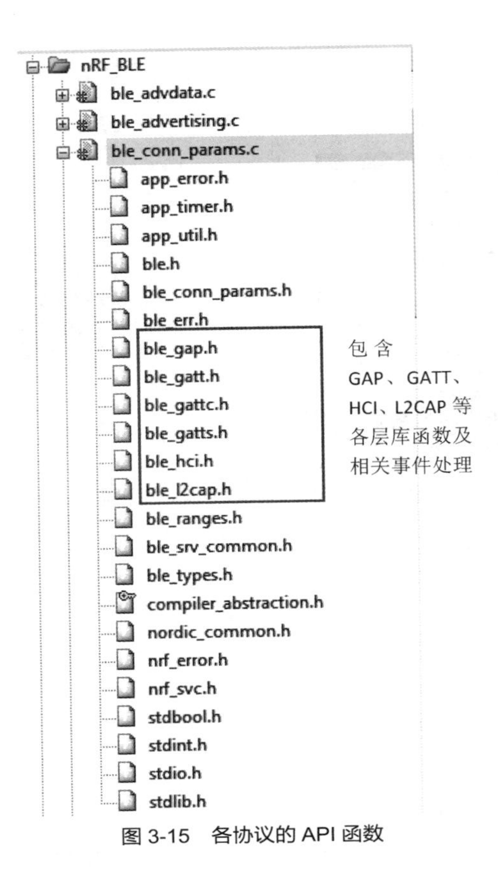

图 3-15　各协议的 API 函数

3.11　本章小结

本章介绍了 BLE 协议栈的组成，主要介绍了 PHY、链路层、HCI、L2CAP、SMP、ATT、GAP、GATT、应用层的基本功能和协议规范。

04 第4章　BLE链路层详解

BLE 协议栈中的链路层是整个协议栈的核心，同时也是协议栈的难点和重点。链路层定义了两个设备如何利用无线电传输信息。本章介绍 BLE 设备拓扑结构和设备角色、BLE 广播信道及广播类型、BLE 设备地址，以及数据链路层中的帧结构，详细介绍数据链路层扫描，最后以一个抓包实例介绍链路层报文的结构。

4.1 BLE 设备拓扑结构和设备角色

BLE 的星形拓扑结构如图 4-1 所示。其中，A 称为主设备，可以和多个外围设备进行通信；B、C 和 D 称为从设备，在同一时间只能和一个主设备进行通信。

SIG 的规范规定，主设备在同一时刻可以连接多个从设备。但在实际应用中，需要根据具体芯片设计和定位成本，考虑内存、调度能力等因素，来确定是否进行多连接。

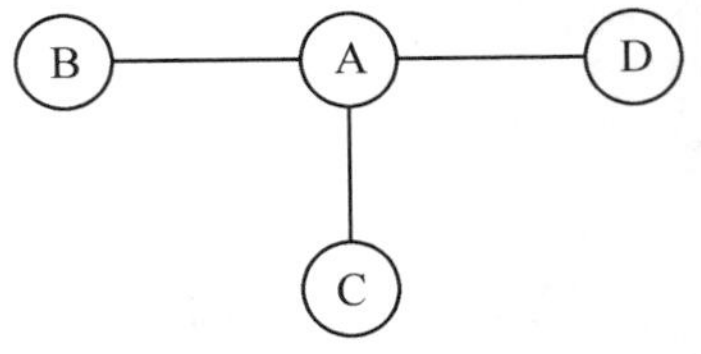

图 4-1　BLE 的星形拓扑结构

根据第 3 章图 3-5 所示的 BLE 链路层状态转换，BLE 设备有 5 种角色：广播者角色、扫描者角色、发起者角色、主角色和从角色，如表 4-1 所示。广播者角色和扫描者角色可以处于待机态或连接态，主、从角色只能处于连接态。只有当链路层在创建连接时，设备才能以发起者角色去执行主角色。主角色每次可以有多个链路层的连接，从角色每次只能有一个链路层的连接。

表 4-1　BLE 设备的角色

角色	角色描述
广播者角色	在广播信道中周期性地发送广播数据
扫描者角色	监听广播数据或者搜索周围设备
发起者角色	向另一个执行广播者角色请求一个链路层的连接
主角色	负责扫描设备并发起建立请求，建立连接后变成主设备
从角色	负责广播并接收连接请求，建立连接后变成从设备

4.2 BLE 广播信道及广播类型

从链路层来看，BLE 的信道分为广播信道和数据信道。BLE 的广播信道有 3 个，即 37 号、38 号和 39 号，剩余的 37 个信道为数据信道，各信道及对应的中心频率如图 3-3 所示。广播信道是为还没有建立连接的蓝牙设备提供发射广播、扫描、建立连接的信道。主、从设备建立连接后，数据在另外的 37 个数据信道上传输。

传统蓝牙的广播信道有 16～32 个，而 BLE 只有 3 个广播信道，这就是 BLE 的广播时间比传统蓝牙的广播时间短的一个重要原因。

广播和扫描是 BLE 设备间数据传输的基础。一般是智能外设等从设备发送广播信号，手机、平板电脑等主设备扫描广播信号。BLE 的广播和扫描过程如图 4-2 所示。

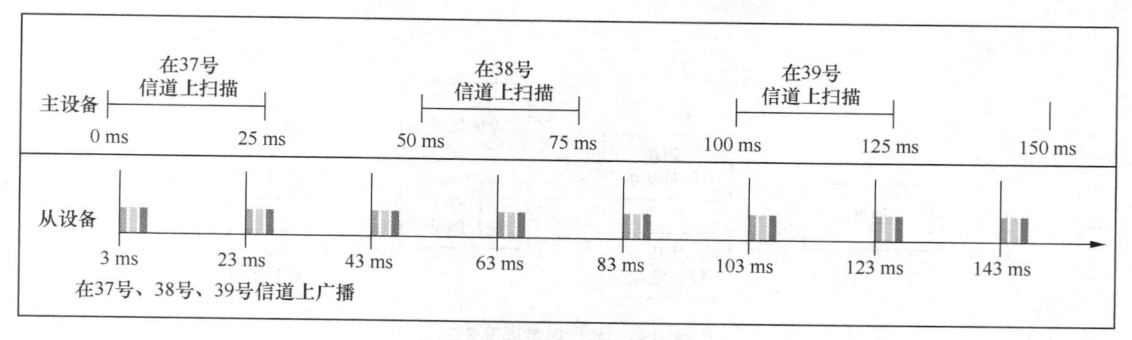

图 4-2　BLE 的广播和扫描过程

如图 4-2 所示，从设备以 20 ms 的广播间隔发送广播信号。在广播事件发生时，主设备分别在 37 号、38 号、39 号这 3 个信道上各扫描一次广播信号，即以 50 ms 的扫描间隔分别在 37 号、38 号、39 号信道扫描广播信号，扫描周期为 25 ms。

智能外设等从设备可以在建立连接前，以指定的时间间隔进行广播，建立连接后停止发送广播信号，进入连接状态，也可以指定时间间隔周期性地广播，不需要与主设备建立连接。同样地，主设备可以向从设备发起建立连接的请求，也可以不发送该请求，只持续地扫描广播信号。智能外设等从设备所执行的动作取决于智能外设的产品种类。常见的心率计、智能手环、防丢器、蓝牙戒指等都是需要建立连接的设备，而蓝牙信标、蓝牙传感器等是无须建立连接的设备。

4.3　BLE 设备地址

蓝牙协议规定，任何一个蓝牙设备必须拥有一个唯一的 48 bit 长度的地址，用以标识设备身份。蓝牙设备地址分为 3 部分：24 bit 地址低端部分（Lower Address Part，LAP）、8 bit 地址高端部分（Upper Address Part，UAP）和 16 bit 无意义地址部分（Non-significant Address Part，NAP），如表 4-2 所示。

表 4–2　　蓝牙设备地址的组成

LAP	UAP	NAP
24 bit	8 bit	16 bit

其中，NAP 和 UAP 是生产厂商的唯一标识码，必须由蓝牙权威机构分配给不同的厂商，而 LAP 是由厂商内部自由分配的。LAP 的值是蓝牙设备的唯一标识。对于某一种型号的蓝牙设备，所有个体的 NAP、UAP 是固定的，可变的是 LAP。例如一个蓝牙设备地址是 B3058902E8DFA，则 NAP=3058、UAP=90、LAP=2E8DFA，LAP 是最低有效位（Least Significant Bit，LSB），NAP 是最高有效位（Most Significant Bit，MSB）。

一个 BLE 设备可同时具备两种地址：公开设备地址（Public Device Address）和随机设备地址（Random Device Address）。而随机设备地址又分为静态设备地址（Static Device Address）和私有设备地址（Private Device Address）两类。其中，私有设备地址又可分为不可解析私有地址（Non-resolvable Private Address）和可解析私有地址（Resolvable Private Address）。BLE 设备地址如图 4-3 所示。BLE 设备地址占 48 bit，不同类型地址的组成字段不同，如图 4-4 所示。

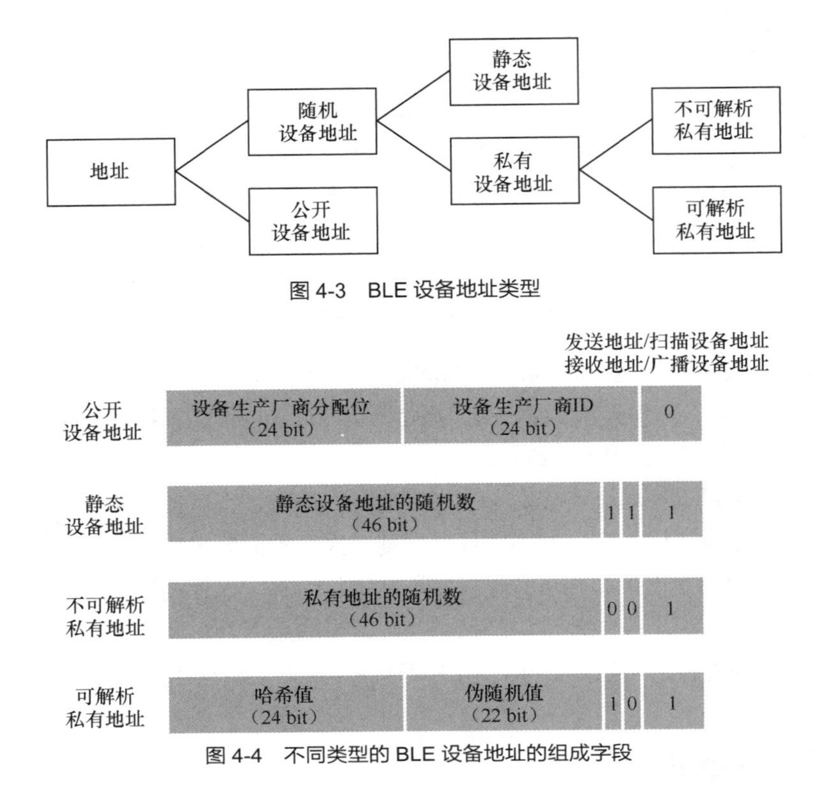

图 4-3 BLE 设备地址类型

图 4-4 不同类型的 BLE 设备地址的组成字段

4.3.1 公开设备地址

在通信系统中，设备地址用于唯一识别一个物理设备，如 TCP/IP 网络中的介质访问控制（Medium Access Control，MAC）地址、传统蓝牙中的蓝牙地址等。对设备地址而言，一个重要的特性就是唯一性，若其没有唯一性则很有可能造成很多问题。

公开设备地址是设备生产厂商通过电气电子工程师学会（Institute of Electrical and Electronics Engineers，IEEE）申请获得的，称为组织唯一标识符（Organizationally Unique Identifier，OUI），这个地址是固定的，且是全球唯一的，不可修改。对 BLE 蓝牙（BBR/BEDR）来说，公开设备地址由 24 bit 的设备生产厂商 ID 和 24 bit 的设备生产厂商分配位组成。

图 4-4 所示，公开设备地址的 24 bit 的 LSB 用于表示设备生产厂商 ID；另外 24 bit 的 MSB 用于分配给不同的产品类型。

4.3.2 随机设备地址

一个 BLE 设备中，只有公开设备地址还不够，有如下原因。

（1）公开设备地址需要向 IEEE 购买，是一笔不小的开销。

（2）公开设备地址的申请和管理相当烦琐，再加上 BLE 设备数量众多（和传统蓝牙设备不是一个数量级），导致维护成本增大。

（3）安全因素。BLE 主要的应用场景是广播通信，这意味着只要知道 BLE 设备的地址，就可以获取所有的信息。固定的公开设备地址，加大了信息泄露的风险。

为了解决上述问题，BLE 协议新增了一种地址，随机设备地址，即设备地址不是固定分配的，而是在设备上电启动后随机生成的，或者是蓝牙芯片厂商在生产芯片的时候随机刻录的、不重复的 48 bit 的地址。nRF51822 的地址属于后者，该地址存放在工厂信息配置寄存器里面，用户不可以修改。根据不同的目的，随机设备地址分为静态设备地址和私有设备地址两类。

静态设备地址是设备在上电时随机生成的地址。静态设备地址的特征如下。

（1）最高两位为“11”。

（2）剩余的 46 bit 是一个随机数，不能全部为 0，也不能全部为 1。

（3）在一个上电周期内保持不变。

（4）下一次上电的时候可以改变，但不是强制的，因此也可以保持不变，如果改变，上一次上电后保存的连接等信息将不再有效。

静态设备地址具有 46 bit 的随机数，可以很好地解决“设备地址唯一性”的问题，因为两个地址相同的概率很小，同时，可以解决公开设备地址申请所带来的费用高和维护难问题。

静态设备地址通过地址随机生成的方式解决了部分安全问题，私有设备地址则更进一步，通过定时更新和地址加密两种方法，提高蓝牙设备地址的可靠性和安全性。根据地址是否加密，私有设备地址又分为两类：不可解析私有地址和可解析私有地址。

（1）不可解析私有地址。

与静态随机地址类似，不可解析私有地址的最高两位为“00”，剩余的 46 bit 是一个随机数，不能全部为 0，也不能全部为 1。不同之处在于，不可解析私有地址会定时更新，更新的周期则是由第 3 章所介绍的 GAP 规定的，称作 T_GAP，建议值是 15 min。

（2）可解析私有地址。

可解析私有地址通过一个随机数和一个称为“身份解析密钥”（Identity Resolving Key，IRK）的密码生成，因此其只能被拥有相同 IRK 的设备扫描，可以防止被未知设备扫描和追踪。

图 4-4 所示，可解析私有地址由两部分组成：高位 24 bit 是伪随机值部分，其中最高两位为“10”，用于标识地址类型；低位 24 bit 是伪随机数 prand 和 IRK 经过哈希运算得到的哈希值 hash，运算公式为：

```
hash = ah(IRK, prand)
randomAddress = hash || prand
```

prand 表示随机数。

当扫描到该类型的地址后，BLE 设备会使用保存在本机的 IRK 与伪随机数 prand 共同进行哈希运算，即 hash=ah(IRK, prand)，并将运算结果和地址中的哈希值比较，二者相同的时候，才进行后续的操作。这个过程称作解析，这也是不可解析私有地址的名称的由来。

可解析私有地址以 T_GAP 为周期，定时更新。同时，可解析私有地址不能单独使用，如需使用该类型的地址，设备要具备公开设备地址或静态设备地址中的一种。

nRF51822 采用的是随机设备地址，在启动时协议栈从工厂信息配置寄存器里面读取并作为蓝牙设备的地址。如果用户需要使用公开设备地址，则需要使用 sd_ble_gap_address_set()函数重新设定蓝牙设备的地址。

4.4 数据链路层的帧结构

BLE 协议在链路层的数据包，不管是在广播信道中还是在数据信道中，都共用一种帧结构。每帧包含 4 个部分：前导（Preamble）、接入地址（Access Address）、PDU 和循环冗余码（Cyclic Redundancy Code，CRC），帧结构如图 4-5 所示。

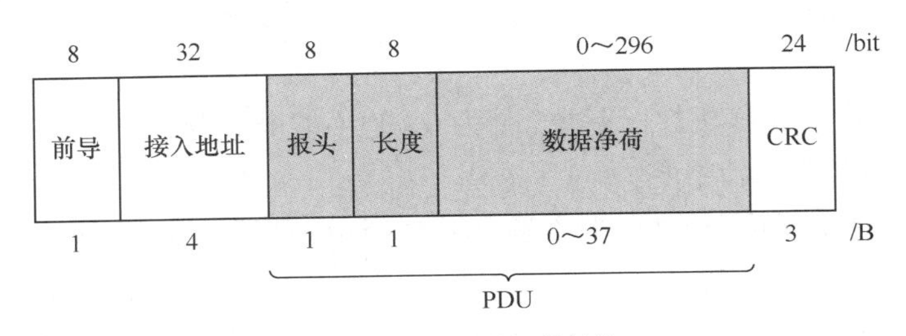

图 4-5　BLE 链路层帧结构

其中，PDU 由报头、长度和数据净荷 3 个字段组成。

BLE 规范中有两类报文：广播报文和数据报文。两类报文具有两种完全不同的用途：设备利用广播报文发现、连接其他设备，一旦连接建立之后，则开始使用数据报文。报文是广播报文还是数据报文由其所在的信道决定。

4.4.1 广播信道的帧结构

BLE 协议规定，与蓝牙广播相关的帧由以下 4 部分组成，如图 4-6 所示。

（1）前导：广播接收端可以用前导来进行同步和自动增益控制。在广播帧中前导固定为“01010101”。

（2）接入地址：在广播帧中，接入地址固定为 0x8E89BED6。

（3）PDU：报头用于表示不同类型的帧，数据净荷为广播的有效载荷。

（4）CRC：为整个广播帧的 24 bit 循环冗余码值。

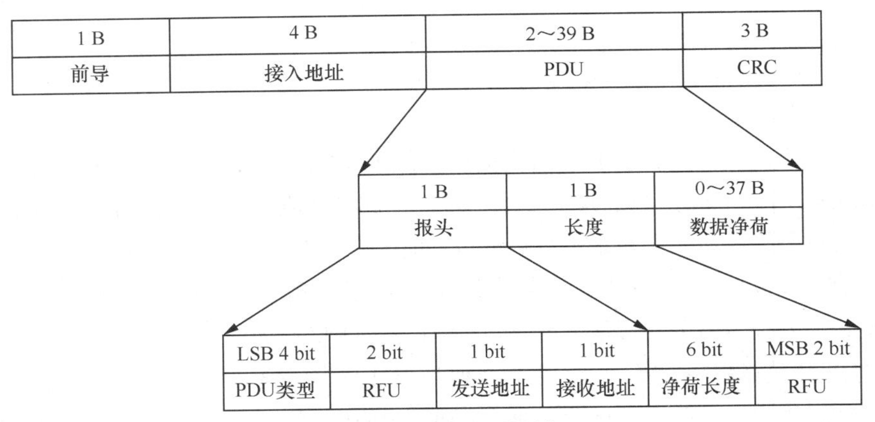

图 4-6　广播信道的帧结构

PDU 类型值用 4 bit 二进制数表示，广播信道 PDU 的类型及用法如表 4-3 所示。

表 4-3　　广播信道 PDU 的类型及用法

PDU 类型值	广播包名称	说明
0000	ADV_IND	通用广播
0001	ADV_DIRECT_IND	定向连接广播
0010	ADV_NONCONN_IND	不可连接广播
0110	ADV_SCAN_IND	可扫描广播，由扫描者如手机、平板电脑、PC 等发出
0011	SCAN_REQ	扫描请求帧，由主设备向从设备发出，目的是获得更多的从设备的广播数据信息（包括设备名称、UUID，以及其他厂商特定格式的信息，如硬件版本号、软件版本号、设备系列号等
0100	SCAN_RSP	主动扫描响应，从设备对主设备发起的 SCAN_REQ 的响应，作为广播包的补充，从设备可以给主设备传输更多的广播数据
0101	CONNECT_REQ	主设备向从设备发出连接请求。如果连接成功，主、从设备双方开始相互交换有效数据（基于 GAP、GATT 及 SMP 协议）或者交换空包
0111-1111	reserved	保留字段

留待后用（Reserved for Future Use，RFU）位若设置为 0，接收后会被忽略。

发送地址、接收地址用于表示发送或接收该广播帧的蓝牙设备的地址类型。1 表示随机设备地址，0 表示公开设备地址。

净荷长度表示 PDU 的数据除去报头和长度之外的数据净荷长度。

4.4.2　数据信道的帧结构

BLE 数据信道的帧由前导、接入地址、PDU 和 CRC 组成。其中，PDU 包含了报头、长度、数据净荷及可选的信息完整性检测（Message Integrity Check，MIC），如图 4-7 所示。

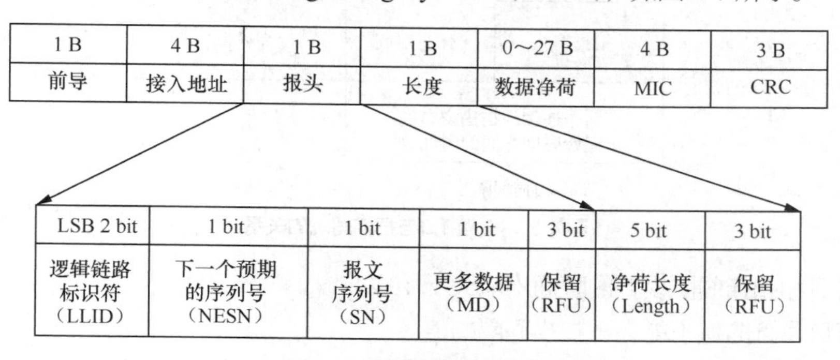

图 4-7　数据信道的帧结构

数据信道 PDU 报头字段及功能如表 4-4 所示。

表 4-4　　数据信道 PDU 报头字段及功能

字段名称	功能
逻辑链路标识符（Logical Link Identifier，LLID）	00b：保留 01b/10b：用于发送 L2CAP 数据。 LLID=01b 表示 PDU 是一个未传输完成的 L2CAP 消息（长度超过 255 bit，被拆包，此时 PDU 不是 L2CAP 消息的第一个包），或者是一个空包（长度值为 0）。 LLID=10b 表示 PDU 要么是 L2CAP 消息的第一个包，要么是不需要拆包的完整的 L2CAP 消息，无论哪种情况，长度值均不能为 0。 11b：用于控制链路层连接，详细信息请参考规范

续表

字段名称	功能
下一个预期的序列号（Next Expected Sequence Number，NESN）	表示接收方希望接到的下一个包的序列号。当设备接收到序列号为 0 的包后，在发送给对方的数据包中，应将 NESN 设为 1，这样对方接收到这个包后，会发送一个新的数据包过来，否则重发上一次序列号为 0 的包。这个标志可以用来判断数据包是否被正确接收、是否需要重传
报文序列号（Sequence Number，SN）	取值为 0 或 1。如果序列号与之前的一样，则表示报文为重传报文；如果序列号和之前的不同，则表示报文为新报文
更多数据（More Data，MD）	这个标志位是用于通知对方设备是否还有其他数据准备发送的。0 表示没有其他数据发送，1 表示有其他数据准备发送。只要还有数据需要发送，连接事件会自动扩展。一旦不再有数据需要发送，连接事件立即关闭
RFU	设置为 0，接收后被忽略

MIC 涉及加密操作，该字段是可选项。

4.5 数据链路层扫描

BLE 设备启动射频接收器去监听广播信号的过程称为扫描事件。扫描事件有两个时间参数：扫描窗口和扫描间隔。

- 扫描窗口：进行一次扫描所需的时间长度。
- 扫描间隔：两个连续的扫描窗口的起始时间之间的时间差，包括休息时间和扫描进行的时间。

显然扫描窗口设置的值不能大于扫描间隔的值，如果扫描窗口等于扫描间隔，链路层将持续扫描。扫描窗口与扫描间隔的关系如图 4-8 所示。

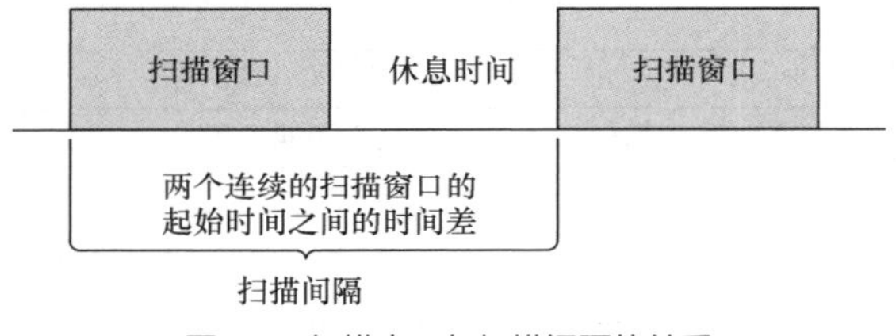

图 4-8　扫描窗口与扫描间隔的关系

- 扫描窗口和扫描间隔设置的时间不能大于 10.24s。
- 扫描窗口设置的值不能大于扫描间隔的值。

数据链路层扫描有两种类型：被动扫描和主动扫描。实际上如果需要获得扫描响应，需要将主机设置为主动扫描，如果仅需要广播数据则设置为被动扫描。主动扫描和被动扫描的区别在于：主动扫描可以获得广播数据和扫描响应数据，而被动扫描只能获得广播数据不能获得扫描响应数据。

- 被动扫描。

被动扫描是十分常见的扫描类型。其扫描工作过程是：从设备分别在 37 号、38 号、39 号这 3 个广播信道上发送广播信号（包括设备地址和设备名称等信息），主设备监听广播信号，完成设备的发现过程，如图 4-9 所示。

- 主动扫描。

由于 BLE 的广播包最长为 31 B，主设备接收到广播信号后，如果想获取从设备更多的广播信息，比如 UUID、发射功率等，可以发送扫描请求，从设备发送扫描响应作为回应，如图 4-10 所示。

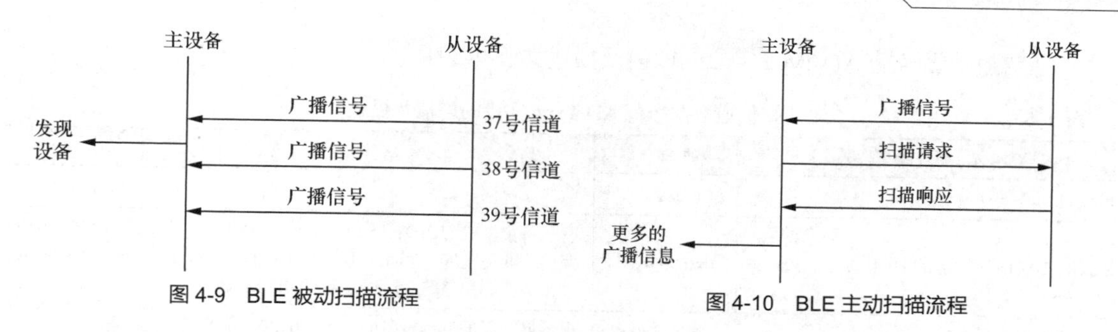

图 4-9　BLE 被动扫描流程

图 4-10　BLE 主动扫描流程

扫描请求由链路层处于扫描态的主设备发送，由链路层处于广播态的从设备接收。扫描请求的 PDU 的数据净荷由扫描设备地址和广播设备地址组成。

扫描响应由链路层处于广播态的从设备发送，由链路层处于扫描态的主设备接收。扫描响应的 PDU 的数据净荷由广播设备地址和扫描响应数据组成。

4.6　链路层 PDU 的数据净荷

数据净荷表示 PDU 数据的有效载荷，其数据格式如图 4-11 所示，数据信道和广播信道的数据净荷不同。数据信道的数据净荷是指 L2CAP 数据帧；广播信道的数据净荷主要用于传输广播信息，由广播地址 AdvA 和广播数据 AdvData 组成。广播数据 AdvData 又包含 *n* 个 AD Structure 组，每个 AD Structure 都由 Length、AD Type、AD Data 组成。其中，Length 表示 AD Type 和 AD Data 的长度，AD Type 指示 AD Data 数据的类型。

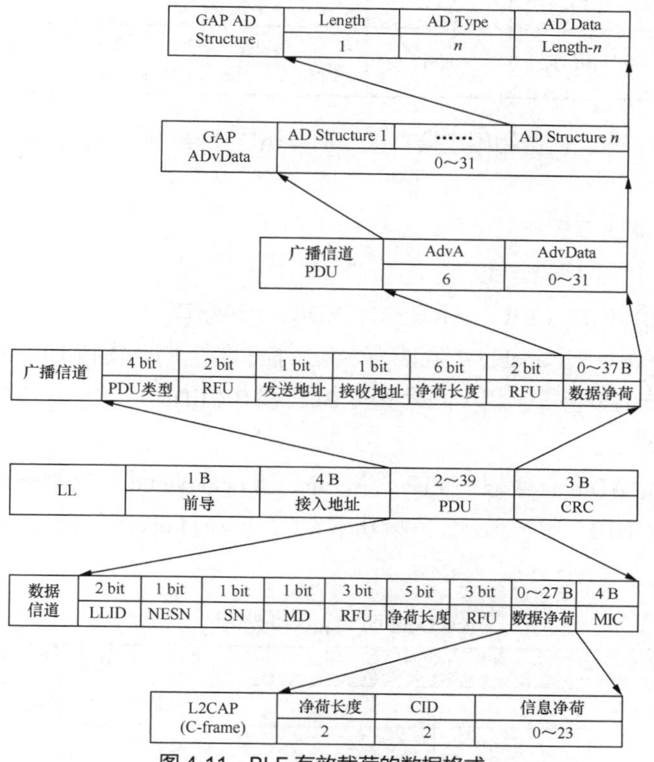

图 4-11　BLE 有效载荷的数据格式

广播信道数据净荷 AD Type 字段的取值及描述如表 4-5 所示。

表 4-5　广播信道数据净荷 AD Type 字段的取值及描述

AD Type（广播类型）	值	描述
Flags（标识符）	0x01	蓝牙发现模式的标识
Service UUIDs（服务的 UUID）	0x02～0x07	有三种类型的 UUID：16 位、32 位、128 位，同时，每一类型 UUID：完整和非完整的。因此共有 6 种 UUID。后续 AD Data 字段表示该设备支持的完整的 16 bit 服务 UUID 列表
Local Name（设备名称）	0x08/0x09	设备名称，0x08：设备的全名，0x09：设备名字的缩写
TX Power Level（发射功率）	0x0A	表示设备发送广播包的信号强度
Simple Paring Option OOB Tags（简单配对模式带外标签）	0x0D～0x0F	简单配对模式带外标签（OOB：out of band）
Security Manager TK value（安全管理临时密钥）	0x10	安全管理临时密钥（TK：Temporary Key）
Security Manager OOB Flags（安全管理带外标识）	0x11	安全管理带外标识
Slave Connection Interval Range（从机连接间隔范围）	0x12	从机所期望的连接间隔范围。后续 AD Data 字段定义了从机最大和最小连接间隔
service solicitation（服务搜寻）	0x14/0x15	外围设备可以邀请中心设备提供相应的服务。后续 AD Data 字段表示服务搜寻 16/128 位 UUID 列表
service data（服务数据）	0x16	服务数据
Public Target Address（公开目标地址）	0x17	后续 AD Data 字段是公开目标地址列表，每个地址 6 字节
Random Target Address（随机目标地址）	0x18	后续 AD Data 字段是随机目标地址列表，每个地址 6 字节
Appearance（外观）	0x19	表示设备外观
manufacture specific Data（厂商具体信息）	0xFF	表示厂商自定义数据，后续 AD Data 字段前两个字节表示厂商 ID，剩下的是厂商自己按照需求添加，里面的数据内容自己定义

当 AD Type=0x01，标识设备物理连接功能，后续 AD Data 表示信息标识，占一个字节，各位为 1 时定义如下：

bit 0=1：LE 有限发现模式

bit 1=1：LE 普通（无限）发现模式

bit 2=1：不支持 BR/EDR（BR：基础速率，EDR：增强速率）

bit 3=1：对 Same Device Capable 相同能力设备（控制器）同时支持 BLE 和 BR/EDR

bit 4=1：对相同能力设备（主机）同时支持 BLE 和 BR/EDR

bit 5～bit 7：预留

广播信道数据净荷 AD data 字段由 Flags、service、Local Name、TX Power Level 几个字段组成，主要包含具体的服务 UUID、蓝牙名称、发射功率（TX Power Level）、生产厂商信息等具体内容，如表 4-6 至表 4-9 所示。

表 4-6　AD Data 的 Flags 字段描述

Data Type（数据类型）	位	描述
Flags	0	LE 受限可发现模式
	1	LE 通用可发现模式

续表

Data Type（数据类型）	位	描述
Flags	2	不支持 BR/EDR
	3	同时兼容 LE 和 BR/EDR（控制器）
	4	同时兼容 LE 和 BR/EDR（主机）
	5～7	保留位

BLE 的发现模式主要分为不可发现模式、受限可发现模式、通用可发现模式。处于不可发现模式的设备是不可发现的。处于受限可发现模式或通用可发现模式的设备可被发现。

受限可发现模式，配置为受限可发现模式的设备可由执行受限或通用设备发现过程的其他设备在有限时间内发现。当用户执行特定操作时，设备通常进入受限可发现模式。

通用可发现模式，配置为通用可发现模式的设备可以被执行通用发现过程的设备无限期地发现。设备通常自动进入通用可发现模式。当设备处于通用可发现模式时不会被执行受限发现过程的设备发现。如果已知执行发现的设备将使用受限发现过程，则不应使用通用可发现模式。

表 4–7　AD Data 的 service 字段描述

值	描述	信息
0x02	16 位服务 UUID	更多 16 位服务 UUID 可用
0x03	16 位服务 UUID	16 位服务 UUID 完整清单
0x04	32 位服务 UUID	更多 32 位服务 UUID 可用
0x05	32 位服务 UUID	32 位服务 UUID 完整清单
0x06	128 位服务 UUID	更多 128 位服务 UUID 可用
0x07	128 位服务 UUID	128 位服务 UUID 完整清单

表 4–8　AD Data 的 Local Name 字段描述

值	描述	信息
0x08	本地设备名	缩短的本地设备名称
0x09	本地设备名	完整的本地名称

表 4–9　AD Data 的 TX Power Level 字段描述

值	描述	信息
0x0A	发射功率水平（1 字节）	0xXX：–127dB～127dB

4.7　抓包实例

本节以一个广播包抓包实例来讲解链路层帧结构及其内容。由图 4-6 可知，广播报文由前导、接入地址、PDU 和 CRC 组成。其中，PDU 由报头、长度和数据净荷组成，而数据净荷由一个或多个 AD Structure 组成，每个 AD Structure 都由 Length、AD Type、AD Data 组成。

Wireshark 软件抓到的广播包如图 4-12 所示，显示了源地址、PHY 速率、广播包长度、广播包类型等信息。

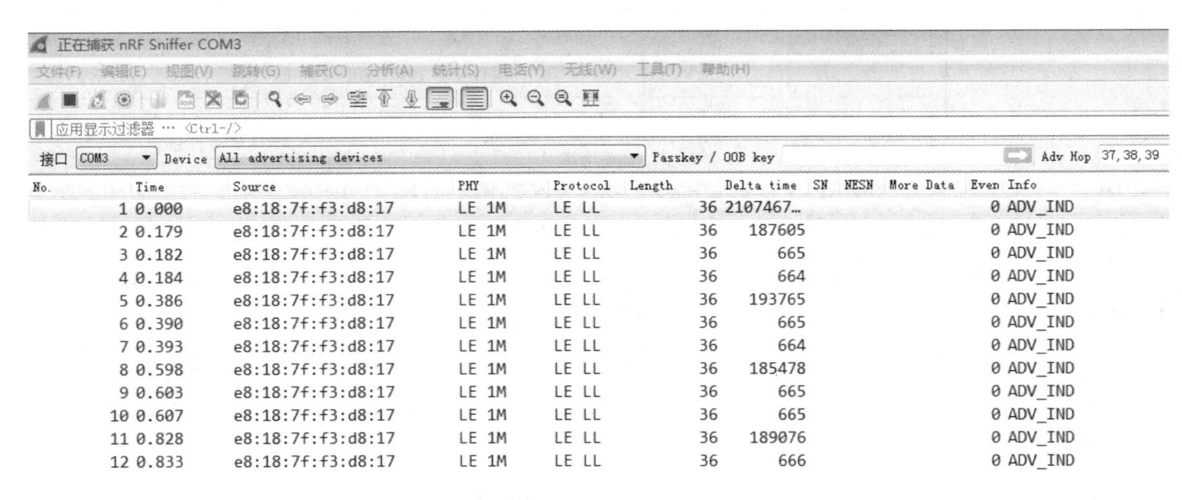

图 4-12　抓到的广播包

图 4-13 所示为对广播包中的第二帧数据进行解析，包含了数据包、信道、BLE 链路层信息，以及实际传输的数据。

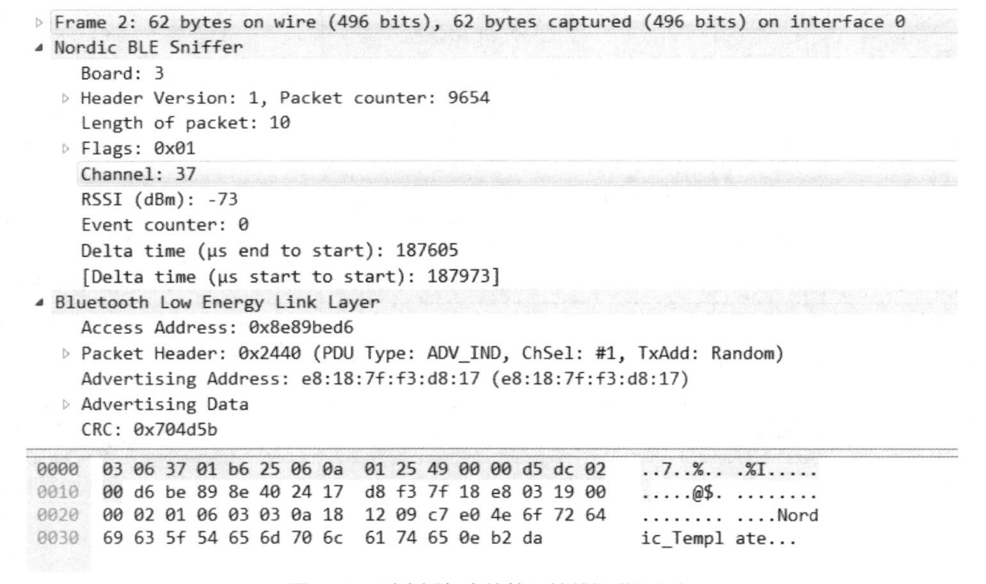

图 4-13　对广播包中的第二帧数据进行解析

链路层具体的帧结构及数据如图 4-14 所示，包含的字段信息如下。

```
◢ Bluetooth Low Energy Link Layer
    Access Address: 0x8e89bed6
  ◢ Packet Header: 0x2440 (PDU Type: ADV_IND, ChSel: #1, TxAdd: Random)
      .... 0000 = PDU Type: ADV_IND (0x0)
      ...0 .... = RFU: 0
      ..0. .... = Channel Selection Algorithm: #1
      .1.. .... = Tx Address: Random
      0... .... = Reserved: False
      Length: 36
    Advertising Address: e8:18:7f:f3:d8:17 (e8:18:7f:f3:d8:17)
  ◢ Advertising Data
    ▷ Appearance: Unknown
    ▷ Flags
    ▷ 16-bit Service Class UUIDs
    ▷ Device Name: \307\340Nordic_Template
    CRC: 0x704d5b
```

图 4-14　链路层具体的帧结构及数据

（1）接入地址（Access Address）：0x8e89bed6，它对于广播帧来说是固定的，所有 BLE 设备的广播帧都使用这个接入地址。注意一下这里的字节序，接入地址传输时是低字节在前的：d6 be 89 8e。

（2）报文报头（Packet Header）：0x2440，依次为广播报文类型（PDU Type，占 4 bit）、RFU（占 1 bit）、信道选择算法（Channel Selection Algorithm，占 1 bit）、发送地址类型（Tx Address，占 1 bit），保留位（Reserved，占 1 bit）。报头字段中，广播类型是普通可连接广播（ADV_IND），Type 为 0x0；地址类型是公开随机地址，Tx Address 为 Random。

（3）长度（Length，占 1 B）：表示广播数据（广播地址 AdvA+广播数据 AdvData）的长度。抓包实例中 Length 值为 36 B（对应数据传输栏中的十六进制数"24"），表示后续有 36 B 的数据净荷。

（4）广播设备地址（Advertising Address）：对应十六进制数据 e8:18:7f:f3:d8:17，共 6 B。

广播数据净荷（Advertising Data）：对应十六进制数据 03 19 00 00 02 01 06 03 03 0a 18 12 09 c7 e0 4e 6f 72 64 69 63 5f 54 65 6d 70 6c 61 74 65。广播数据净荷由 *n* 个 AD Structure 组成，图 4-15 所示抓包实例中广播数据净荷字段由 4 个 AD Structure 组成。

```
◢ Advertising Data
  ◢ Appearance: Unknown
      Length: 3
      Type: Appearance (0x19)
      Appearance: Unknown (0x0000)
  ◢ Flags
      Length: 2
      Type: Flags (0x01)
      000. .... = Reserved: 0x0
      ...0 .... = Simultaneous LE and BR/EDR to Same Device Capable (Host): false (0x0)
      .... 0... = Simultaneous LE and BR/EDR to Same Device Capable (Controller): false (0x0)
      .... .1.. = BR/EDR Not Supported: true (0x1)
      .... ..1. = LE General Discoverable Mode: true (0x1)
      .... ...0 = LE Limited Discoverable Mode: false (0x0)
  ◢ 16-bit Service Class UUIDs
      Length: 3
      Type: 16-bit Service Class UUIDs (0x03)
      UUID 16: Device Information (0x180a)
  ◢ Device Name: \307\340Nordic_Template

0000  03 06 37 01 b6 25 06 0a  01 25 49 00 00 d5 dc 02   ..7..%.. .%I.....
0010  00 d6 be 89 8e 40 24 17  d8 f3 7f 18 e8 03 19 00   .....@$. ........
0020  00 02 01 06 03 03 0a 18  12 09 c7 e0 4e 6f 72 64   ........ ....Nord
0030  69 63 5f 54 65 6d 70 6c  61 74 65 0e b2 da        ic_Templ ate...
```

图 4-15　抓包实例（广播数据净荷字段分析）

- AD Structure 1：对应十六进制数据 03 19 00 00，其中，十六进制数"03"表示本段后续数据长度，十六进制数"19"表示"外观"特性，外观值为"00 00"（外观特性是 SIG 定义的一组值，用于表示设备是普通手机、手环等）。

- AD Structure 2：对应十六进制数据 02 01 06。其中，十六进制数“02”代表本段后续数据长度，十六进制数“01”表示“Flags”特性，指示物理连接功能，如有限发现模式、不支持 BBR/BEDR 等，十六进制数“06”表示 LE 通用发现模式、不支持 BBR/BEDR 设备。
- AD Structure 3：对应十六进制数据 03 03 0a 18，表示 16 位的服务类 UUID。其中，第一个十六进制数“03”代表本段后续数据长度，第二个十六进制数“03”表示 UUID 类型，十六进制数“0a 18”表示 UUID 的值。
- AD Structure 4：对应十六进制数据 12 09 c7 e0 4e 6f 72 64 69 63 5f 54 65 6d 70 6c 61 74 65，表示设备名称（Device Name）。其中，十六进制数“12”表示本段后续数据长度，查找 ASCII 表可知这段数据为“\307\304Nordic_Template”。

（5）CRC（占 3 B）：对应十六进制数据 0e b2 da。

4.8 本章小结

本章介绍了 BLE 逻辑链路层的广播/数据信道的帧结构、数据链路层扫描等详细内容，并以一个广播包抓包实例来讲解链路层帧结构及其内容。

05

第5章　BLE SoftDevice 协议栈开发

本章讲解 BLE 的开发环境的搭建和相关调试工具的使用，以及 BLE UUID 特征任务的实现原理例程。本章首先讲解 BLE 开发环境 nRFgo Studio 和 Keil MDK 的使用方法，以及相关学习资料；本章然后讲解 BLE UUID 特征任务实现原理，包括私有服务实现、应用层业务实现以及主从设备通信验证例程。

5.1 开发环境搭建

本书实训所配套的可穿戴设备实验平台的 BLE 芯片采用的是挪威 Nordic Semiconductor 公司的 nRF51822 芯片，Nordic Semiconductor 公司提供了 BLE 综合开发环境 nRFgo Studio，配合 J-Link 进行调试开发、刻录或擦除协议栈以及应用程序.hex 文件。

5.1.1 nRFgo Studio 使用方法

nRFgo Studio 有 32 位和 64 位版本，可根据 PC 机操作系统选用不同的版本，nRFgo Studio 使用方法如下。

（1）如图 5-1 所示，所选用的 nRF51822 自带 J-Link 功能，通过 Micro 通用串行总线（Universal Serial Bus，USB）接口与电脑连接，并同时通过 USB 接口给开发板供电。

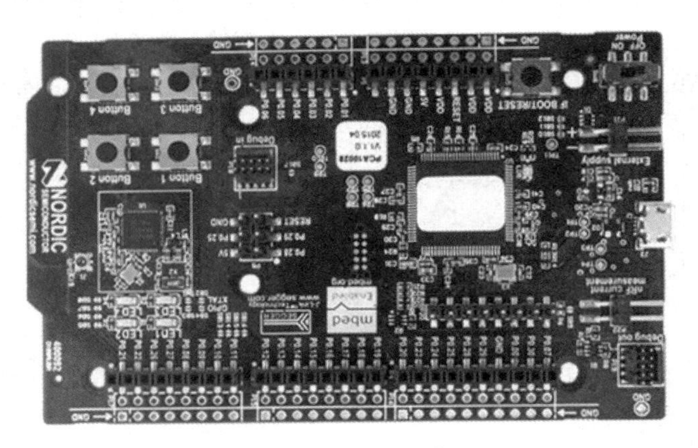

图 5-1　nRF51822 实物图

（2）nRF51822 通电后，打开 nRFgo Studio 软件，出现图 5-2 所示的界面，表示正确识别到设备。

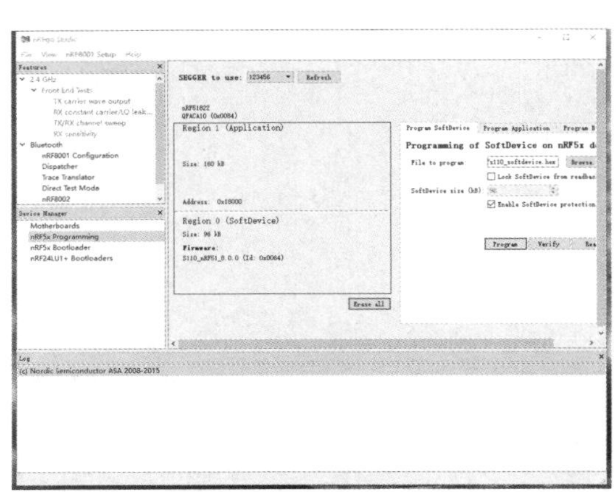

图 5-2　nRFgo Studio 正确识别到设备界面

（3）单击界面左侧的“nRF5x Programming”，nRFgo Studio 编程界面如图 5-3 所示。

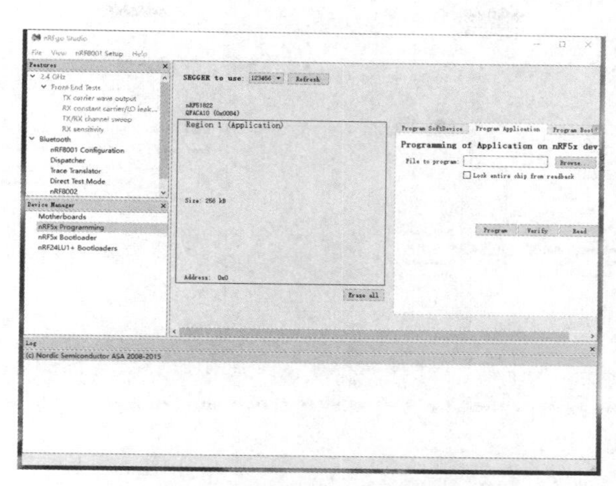

图 5-3 nRFgo Studio 编程界面

开发蓝牙应用程序时，首先需要刻录协议栈，选择“Program SoftDevice”选项卡，选择所需的协议栈.hex 文件进行刻录，再选择“Program Application”选项卡，刻录应用程序.hex 文件。协议栈将占用 BLE 芯片的一部分闪存空间（S110 协议栈占用约 88 KB）和 RAM 空间（约 8 KB），剩余部分可以供应用程序使用。

在开发私有 2.4 GB 的应用时，不需要刻录协议栈，直接选择“Program Application”选项卡，刻录应用程序.hex 文件即可。此时，BLE 芯片所有闪存空间均可供应用程序使用。

在使用 BLE 进行空中升级时，首先选择“Program SoftDevice”选项卡刻录协议栈，然后选择“Program Bootloader”选项卡刻录空中升级用的.hex 文件（Bootloader 会占用约 19 KB 的闪存空间），最后选择“Program Application”选项卡刻录应用程序，或者是采用空中升级的方式，将应用程序.hex 文件刻录到 BLE 芯片中。

（4）单击图 5-4 中的“Browse”按钮，选择需要刻录的.hex 文件。例如，需要刻录 BLE 协议栈，则选择“Program SoftDevice”选项卡，单击“Browse”按钮选择.hex 文件后，单击“Program”按钮。

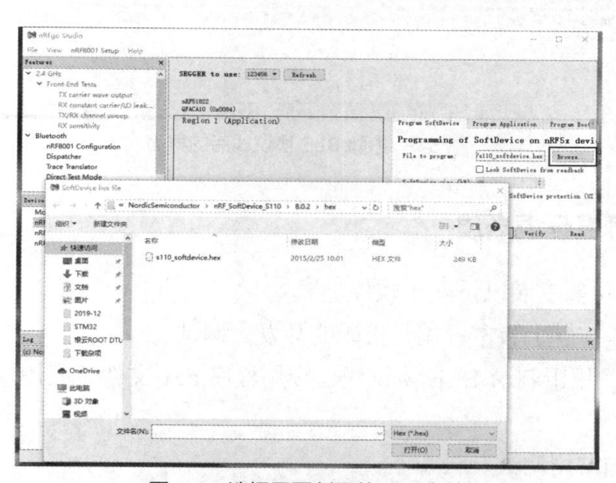

图 5-4 选择需要刻录的.hex 文件

（5）刻录 BLE 协议栈成功后的界面如图 5-5 所示，其中“Size：96kB”表示 S110 BLE 协议栈占用的大小为 96 KB。

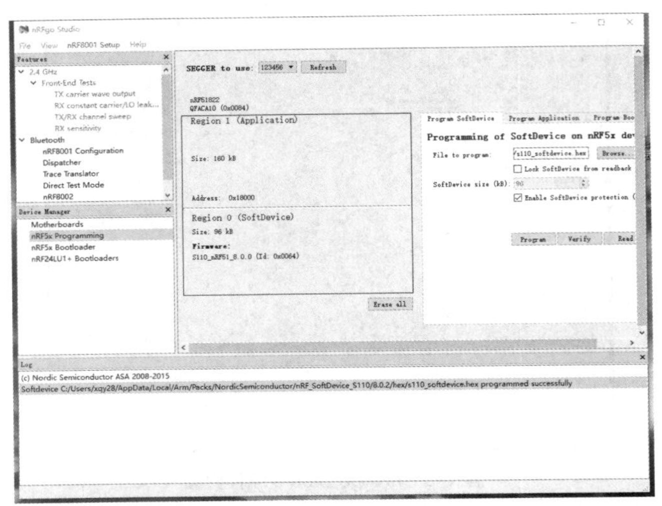

图 5-5　刻录 BLE 协议栈成功后的界面

（6）如果不使用 BLE 功能，则单击“Erase all”按钮擦除 BLE 协议栈，操作后的界面如图 5-6 所示。

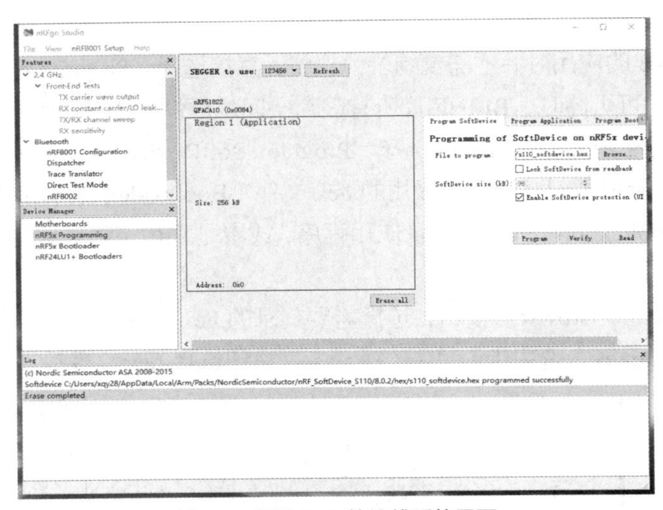

图 5-6　擦除 BLE 协议栈后的界面

5.1.2　Keil MDK 开发环境搭建

BLE 代码开发、调试需安装以下两个软件。

（1）Keil MDK 4.54 或以上版本，用于代码的开发、调试。

（2）nRFgo Studio，用于刻录 BLE 协议栈、应用程序.hex 文件（应用程序.hex 文件也可以通过 Keil MDK 下载）。

Keil MDK 环境中的常用调试方法如下。

（1）在 Keil MDK 环境中进行调试，通过设置断点获取运行过程中的变量值或 CPU 状态值，并帮助程序员排查和解决代码问题。需要注意的是，在单步调试或遇到断点时，BLE 协议栈会停止运行，BLE 链路也会因此断开，这种调试方法不适用于 BLE 链路调试。

（2）当程序运行出现错误时，可以将断点设置在 app_error_handler 中，在断点处查看出现错误的文件名称及出错的代码位置，并可以通过查看复位原因寄存器，查找错误的原因。Keil MDK 调试界面如图 5-7 所示。

如果程序不能运行到 app_error_handler 中设置的断点处，例如出现硬件错误，可以在软件代码方面排查是否出现了资源冲突情况。例如，有一些资源为协议栈所占用详情可参考 S110_SoftDevice_Specification），如果在应用层的代码中也使用了这些资源，将会导致资源冲突。

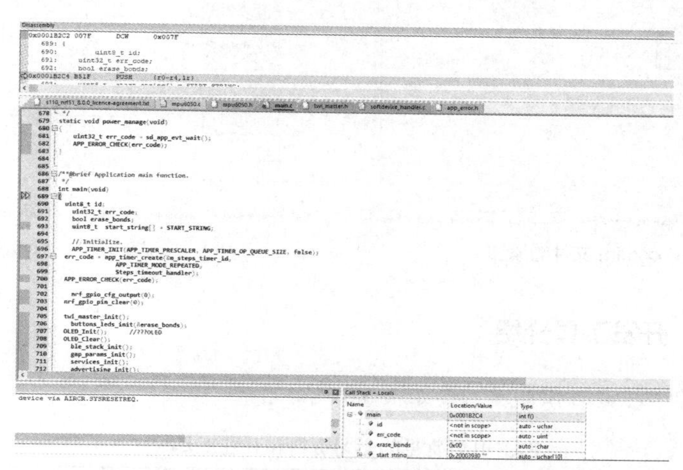

图 5-7 Keil MDK 调试界面

（3）调试过程中遇到单步调试或设置的断点模式不适用时，可以通过 GPIO 驱动 LED 指示灯或者串口日志进行实时调试，如图 5-8 所示。需要注意的是，串口运行会带来时延，因此调试时串口日志信息长度不应太长，否则串口时延会对系统的整体运行造成不确定的影响。

（4）如果使用 Keil MDK 不能成功下载.hex 文件到 BLE 芯片上，需要检查 nRF51xxx.flm 文件是否被正确添加。在图 5-9 所示对话框确认是否已添加 nRF51xxx.flm 文件，如果没有成功添加此文件，则单击“Add”按钮进行添加。

（5）J-Link 的接口为 SW 接口，如果连接失败，需要确认是否已将“Port”下拉列表框设置为“SW”，如图 5-10 所示。

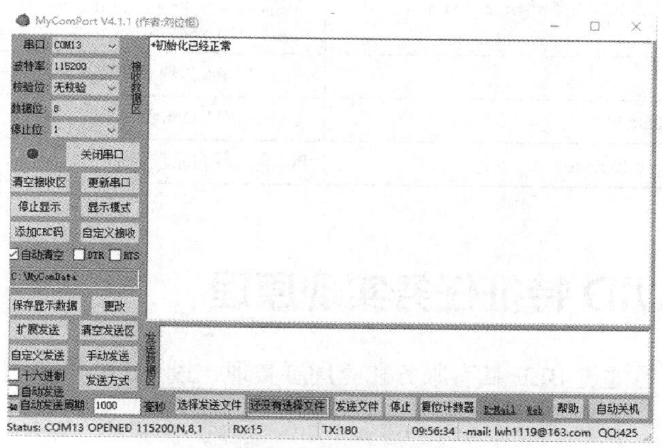

图 5-8 串口日志调试

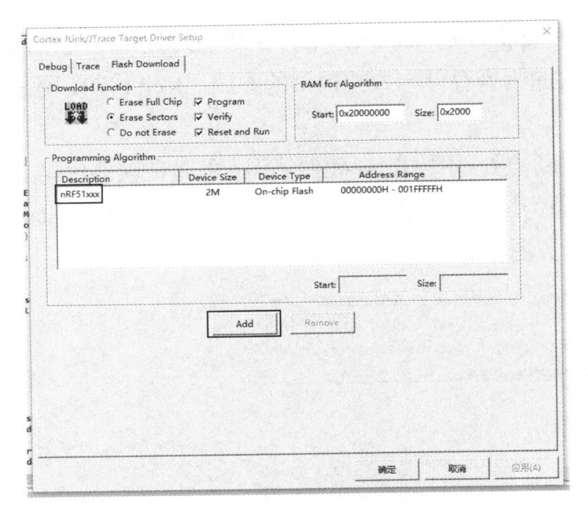

图 5-9 nRF51xxx.flm 文件的添加

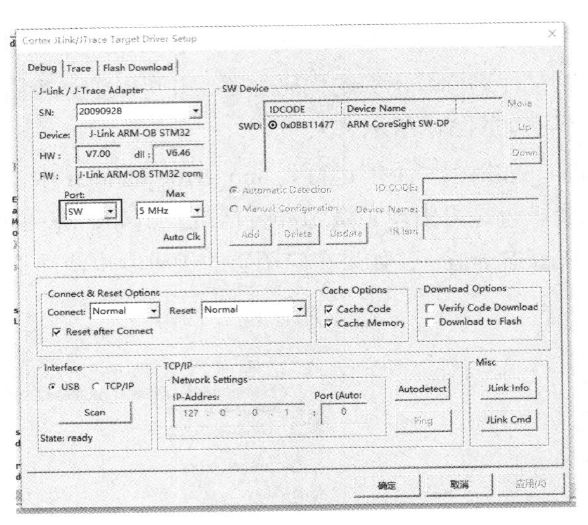

图 5-10 J-link 的接口

5.1.3 学习资料、开发工具介绍

BLE 开发常见的学习资料和开发工具如表 5-1 所示。

表 5-1 BLE 开发常见的学习资料和开发工具

名称		内容说明
参考文档	nRF51822_PS	介绍 BLE 芯片 nRF51822 的主要功能和特点
	nRF51_Series_Reference_manual	侧重介绍 BLE 芯片 nRF51822 寄存器的使用方法
	S110_SoftDevice_Specification	BLE 协议栈相关资源的介绍
	nRF51 sniffer 使用说明	nRF51 Dongle 作为抓包工具时的使用说明
	nRF51822-QFAA Reference Layout	硬件参考设计
.hex 文件	s110_nrf51822_7.1.0_softdevice.hex	BLE 从设备协议栈
	s120_nrf51822_1.0.0_softdevice.hex	BLE 主设备协议栈
	ble-sniffer_nRF51822_Sniffer.hex	nRF51 Dongle 作为抓包工具时刻录用的固件
	MEFW_nRF51822_0.10.0_firmware_1M.hex	在 PC 上安装好 Master Control Pannel 后，此固件默认存放在如下路径：C:\ ProgramFiles\Nordic Semiconductor Master Control Panel\3.7.1.8567\firmware\pcal0000
工具软件	nRFgo Studio	配合 J-Link，刻录协议栈及应用程序的工具
	Master Control Pannel	配合 nRF51 Dongle 使用的 PC 端工具
	ble-sniffer_win_Sniffer.exe	PC 端运行的抓包工具

5.2 BLE UUID 特征任务实现原理

BLE UUID 特征任务通过 BLE 私有服务和应用层实现，设计了主、从设备通信实验，由此验证 BLE UUID 特征任务。

5.2.1　BLE UUID 特征任务实现描述

本任务在传统的 LED 实验基础上，采用可穿戴设备蓝牙模块为实验对象，在其上实现私有服务和应用层业务，呈现的 BLE UUID 特征任务验证 App 界面如图 5-11 所示。蓝牙模块上电后，在 App 上选择蓝牙模块，然后点击“连接设备”按钮，完成手机与蓝牙模块的连接。手机与蓝牙模块连接成功后，App 界面上“连接设备”按钮变为灰色不可选状态，同时“断开设备”按钮变为绿色可选状态。此时，在“发送数据”文本框处输入“Hello world”，可以看到“发送”按钮变为绿色可选状态，点击“发送”按钮后，App 向蓝牙模块发送该字符串，蓝牙模块收到后，在自身的 OLED 显示器上显示“Hello world”（见图 5-12）并向 App 返回字符串“revOK+x”，x 为接收到“Hello world”字符串的次数。在 App“数据区”可以看到每次 App 发送的数据和蓝牙模块返回的字符串。

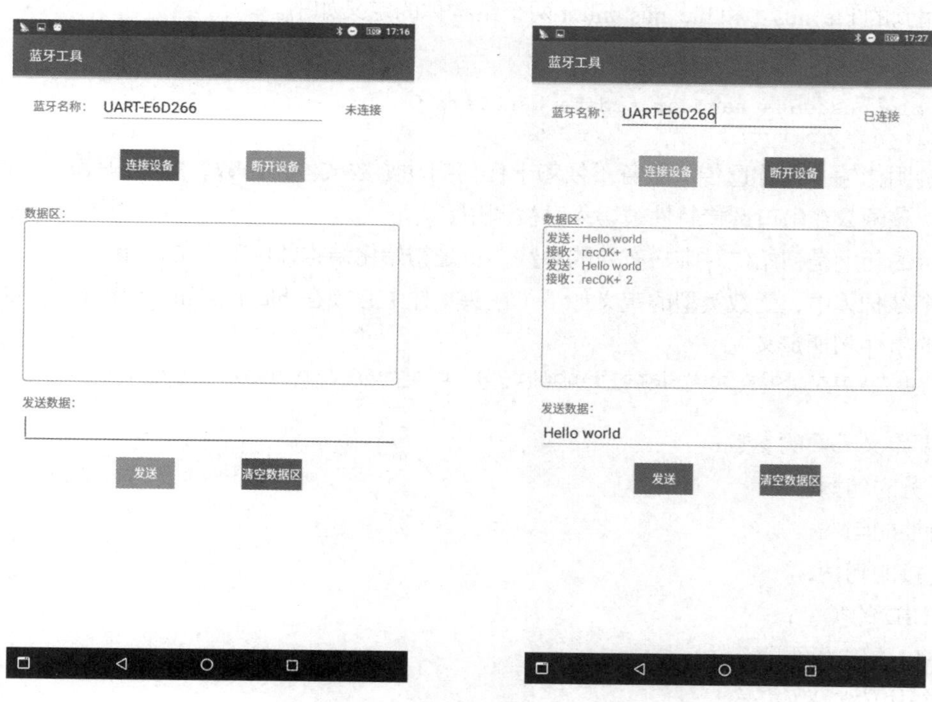

图 5-11　BLE UUID 特征任务验证 App 界面

图 5-12　BLE UUID 特征任务验证蓝牙模块 OLED 显示器

5.2.2 私有服务实现

1. API 设计

ble_nus.h 头文件实现了各种数据结构、应用需要的事件句柄，包括以下两个 API 函数。

```
1 uint32_t ble_nus_init(ble_nus_t* p_nus, const ble_nus_init_t* p_nus_init);
2 void ble_nus_on_ble_evt(ble_nus_t* p_nus, ble_evt_t* p_ble_evt);
```

在上面的代码中，结构体 ble_nus_t 用于引用私有服务实例，在后文还会用到。结构体 ble_nus_init_t 用于初始化参数，后文不会再用到。在这里，所有的 API 函数使用一个指向私有服务实例的指针作为第一个输入参数。

2. 实现数据结构体

上面用到的 ble_nus_t 和 ble_nus_init_t 两个结构体的定义如下。

```
3 typedef struct
4 {
5     ble_nus_data_handler_t data_handler;
6 } ble_nus_init_t;
```

串口透明传输（简称透传）服务不依赖于任何启动函数或停止函数，所以只使用一个函数作为回调函数，该函数在串口透传特性被写入时被调用。

第 5 行的句柄是初始化时唯一有效的参数，也是初始化结构体中唯一的成员。

在这个结构体中，函数类型的定义如下（在头文件中必须在 ble_nus_init_t 定义之前添加，代替已经存在的事件句柄定义）。

```
7 typedef void (*ble_nus_data_handler_t) (ble_nus_t* p_nus, uint8_t* p_data, uint16_t length);
```

还需要定义下面的参数：

- 服务的句柄；
- 特性的句柄；
- 连接的句柄；
- UUID 的类型；
- 串口透传的回调函数。

服务结构体定义如下。

```
8 typedef struct ble_nus_s
9 {
10    uint8_t                  uuid_type;
11    uint16_t                 service_handle;
12    ble_gatts_char_handles_t tx_handles;
13    ble_gatts_char_handles_t rx_handles;
14    uint16_t                 conn_handle;
15    bool                     is_notification_enabled;
16    ble_nus_data_handler_t   data_handler;
17 } ble_nus_t;
```

3. 服务初始化

首先调用函数 services_init()进行服务初始化。在初始化过程中，函数 ble_nus_init()被调用，用于完成上面提到的结构体 ble_nus_t 的定义。

在服务初始化结构体和服务结构体中，data_handler 可以作为串口透传处理句柄，实现回调函数。

```
p_nus->data_handler = p_nus_init->data_handler;
```

UUID需要重新设置，因为本服务将要使用一个定制（私有）的UUID，以代替蓝牙技术联盟所定义的UUID。

采用nRFgo Studio来生成一个基本的UUID：

（1）打开nRFgo Studio；

（2）在nRF8001 “Setup” 菜单中，选择 “Edit 128-bit UUIDs” 命令，单击 “Add new”。

此时，一个新的基本UUID就产生了，可以用于开发人员的定制服务中。

新的基本UUID在源码中必须以数组的形式出现，在文件ble_nus.c中以宏定义的方式添加，包括用于服务和特性的16 bit UUID。

```
18 #define NUS_BASE_UUID {{0x9E,0xCA,0xDC,0x24,0x0E,0xE5,0xA9,0xE0,0x93,0xF3,
0xA3,0xB5,0x00,0x00,0x40,0x6E}}
19 #define BLE_UUID_NUS_TX_CHARACTERISTIC    0x0002
20 #define BLE_UUID_NUS_RX_CHARACTERISTIC    0x0003
```

在服务初始化过程中，ble_nus_init()添加基本UUID到协议栈列表中，并且保存了返回的UUID类型。

```
21 ble_uuid128_t nus_base_uuid = NUS_BASE_UUID;
22 err_code = sd_ble_uuid_vs_add(&nus_base_uuid, &p_nus->uuid_type);
23 if (err_code != NRF_SUCCESS)
24 {
25   return err_code;
26 }
```

在ble_nus_init()设置串口透传服务UUID时，则使用到了上面所返回的UUID类型。

```
27 ble_uuid.type = p_nus->uuid_type;
28 ble_uuid.uuid = BLE_UUID_NUS_SERVICE;
29
30 // 添加服务
31 err_code = sd_ble_gatts_service_add(BLE_GATTS_SRVC_TYPE_PRIMARY,
32                                     &ble_uuid,
33                                     &p_nus->service_handle);
34 /**@snippet [Adding proprietary Service to S110 SoftDevice] */
35 if (err_code != NRF_SUCCESS)
36 {
37   return err_code;
38 }
```

然后实现串口透传特性。串口透传数据接收需要具有通知功能，步骤如下。

（1）将串口透传数据接收特性命名为rx_char_add。

（2）增加cccd_md通知性质。

```
39 char_md.char_props.notify      = 1;
40 char_md.p_char_user_desc     = NULL;
41 char_md.p_char_pf            = NULL;
42 char_md.p_user_desc_md       = NULL;
43 char_md.p_cccd_md            = &cccd_md;
44 char_md.p_sccd_md            = NULL;
```

（3）更改使用的16 bit UUID为BLE_UUID_NUS_RX_CHARACTERISTIC。

```
45 ble_uuid.type = p_nus->uuid_type;
46 ble_uuid.uuid = BLE_UUID_NUS_RX_CHARACTERISTIC;
```

保存返回的变量rx_handles（串口透传数据接收特性的句柄），SoftDevice API函数如下。

```
47 return sd_ble_gatts_characteristic_add(p_nus->service_handle, char_md, &attr_
```

```
char_value, &p_nus->rx_handles);
```

串口透传数据发送需要可写，但没有任何通知功能，步骤如下。

（1）将串口透传发送特性命名为 tx_char_add。

（2）增加写的性质代替通知性质（给这个特性使能写性质）。

```
48 char_md.char_props.write           = 1;
49 char_md.char_props.write_wo_resp   = 1;
50 char_md.p_char_user_desc           = NULL;
51 char_md.p_char_pf                  = NULL;
52 char_md.p_user_desc_md             = NULL;
53 char_md.p_cccd_md                  = NULL;
54 char_md.p_sccd_md                  = NULL;
```

（3）更改使用的 16 bit UUID 为 BLE_UUID_NUS_TX_CHARACTERISTIC。

```
55 ble_uuid.type = p_nus->uuid_type;
56 ble_uuid.uuid = BLE_UUID_NUS_TX_CHARACTERISTIC;
```

保存返回的变量 tx_handles（串口透传数据发送特性的句柄），SoftDevice API 函数如下。

```
57 return sd_ble_gatts_characteristic_add(p_nus->service_handle, char_md, &attr_
char_value, &p_nus->tx_handles);
```

最后增加特性。创建增加特性的函数之后，在服务初始化时进行调用。

```
58 // 添加接收特性
59 err_code = rx_char_add(p_nus, p_nus_init);
60 if (err_code != NRF_SUCCESS)
61 {
62     return err_code;
63 }
64
65 // 添加发送特性
66 err_code = tx_char_add(p_nus, p_nus_init);
67 if (err_code != NRF_SUCCESS)
68 {
69     return err_code;
70 }
71
```

4. 处理协议栈事件

当协议栈发生写入特性或描述符等事件时，会通知应用程序。本例中，需要写入串口透传特性，保存连接句柄。通过这个句柄，应用程序可在连接事件和断开事件发生时进行指定操作。

首先自定义一个函数 ble_nus_on_ble_evt()，它作为 API 的一部分来处理协议栈事件。在该函数中可以使用简单的 switch-case 语句来区分返回事件头部的 ID，执行不同事件对应的处理程序。

```
72 void ble_nus_on_ble_evt(ble_nus_t * p_nus, ble_evt_t * p_ble_evt)
73 {
74   if ((p_nus == NULL) || (p_ble_evt == NULL))
75   {
76       return;
77   }
78   switch (p_ble_evt->header.evt_id)
79   {
80     case BLE_GAP_EVT_CONNECTED:
81         on_connect(p_nus, p_ble_evt);
82         break;
83     case BLE_GAP_EVT_DISCONNECTED:
84         on_disconnect(p_nus, p_ble_evt);
```

```
85          break;
86      case BLE_GATTS_EVT_WRITE:
87          on_write(p_nus, p_ble_evt);
88          break;
89      default:
90          // No implementation needed
91        break;
92    }
93 }
```

然后实现参数 CCCD 写的处理。现有事件句柄监听有关 CCCD 的写操作，并将它们发送给应用层的事件句柄进行处理。

最后处理串口透传发送特性。当串口透传发送特性被写入的时候，已添加到数据结构的函数指针将会通知应用层，可以通过 on_write()函数实现此功能。

当接收到一个写事件时，需要先验证这个写事件是否发生在对应的特性上，包括验证数据的长度、回调函数是否已设置等。如果验证通过，则调用回调函数，其输入参数是已经写入的数据，on_write()函数如下。

```
94 ble_gatts_evt_write_t *p_evt_write= &p_ble_evt->evt.gatts_evt.params.write;
95 if (
96     (p_evt_write->handle == p_nus->rx_handles.cccd_handle)
97     &&
98     (p_evt_write->len == 2)
99   )
100  {
101    if (ble_srv_is_notification_enabled(p_evt_write->data))
102    {
103      p_nus->is_notification_enabled = true;
104    }
105    else
106    {
107      p_nus->is_notification_enabled = false;
108    }
109  }
110  else if (
111        (p_evt_write->handle == p_nus->tx_handles.value_handle)
112        &&
113        (p_nus->data_handler != NULL)
114       )
115  {
116     p_nus->data_handler(p_nus, p_evt_write->data, p_evt_write->len);
117  }
```

真正触发串口透传发送特性的操作在应用层，这样的设计让服务很容易重用，可以针对任何私有服务。

5.2.3 应用层业务实现

1. 包含服务

在 main.c 文件中，本例需要调用 services_init()函数来初始化串口透传服务。

在 main.c 中包含 ble_nus.h 头文件。

```
#include "ble_nus.h";
```

如果没有添加源文件，则添加源文件到工程中：在工程窗口的左边，右击 Services 文件，在弹出的快捷菜单中单击“Add file”，选择 ble_nus.c 文件。

在 main.c 中添加服务的数据结构作为全局静态变量。

```
static ble_nus_t m_nus;
```

注意：事件通过在 main.c 中使用静态变量的方式被保存，m_nus 变量经常会出现，指向它的指针为 p_nus。

初始化本例的服务。

```
118 static void services_init(void)
119 {
120     uint32_t err_code;
121     ble_nus_init_t nus_init;
122     memset(&nus_init, 0, sizeof(nus_init));
123     nus_init.data_handler = nus_data_handler;
124     err_code = ble_nus_init(&m_nus, &nus_init);
125     APP_ERROR_CHECK(err_code);
126 }
```

处理串口透传特性时，本例在服务结构体中设置了 data_handler，它在串口透传数据接收特性被触发的时候将会被调用。data_handler 通过上面的初始化结构体被设置。

在 services_init()函数之上添加回调函数 nus_data_handler()以实现声明。设置串口透传数据接收特性接收到数据时处理的事件，它是该回调函数的一个输入参数。

```
127 Static void nus_data_handler(ble_nus_t* p_nus,uint8_t* p_data, uint16_t length)
128 {
129   uint8_t temp[20];
130   uint32_t  err_code;
131   memset(temp,0,sizeof(temp));
132   sprintf(temp,"REC:%s",p_data);
133   OLED_ShowString(0,6,"                ");
134   OLED_ShowString(0,6,(unsigned char*)temp);
135   rec_index++;
136   memset(temp,0,sizeof(temp));
137   sprintf(temp,"recOK+%3u",rec_index);
138   err_code = ble_nus_string_send(&m_nus, temp, strlen(temp));
139   if ((err_code != NRF_SUCCESS) &&
140      (err_code != NRF_ERROR_INVALID_STATE) &&
141      (err_code != BLE_ERROR_NO_TX_BUFFERS) &&
142      (err_code != BLE_ERROR_GATTS_SYS_ATTR_MISSING))
143   {
144     APP_ERROR_CHECK(err_code);
145   }
146   memset(p_data,0,length);
147 }
```

最后，添加服务事件的处理函数到应用层事件调度函数（回调函数）。

```
148 static void ble_evt_dispatch(ble_evt_t * p_ble_evt)
149 {
150     ble_conn_params_on_ble_evt(p_ble_evt);
151     ble_nus_on_ble_evt(&m_nus, p_ble_evt);
152     on_ble_evt(p_ble_evt);
153     ble_advertising_on_ble_evt(p_ble_evt);
154     bsp_btn_ble_on_ble_evt(p_ble_evt);
155 }
```

2. 添加本服务的 UUID 到广播数据包

在广播数据包中包含服务 UUID，可以使中心设备利用这个信息决定是否进行连接。一个广播数据包最多可携带 31 B 数据，如果有更多的数据需要传输，可以使用扫描回应发送。所以，在广播数据包空间不够的情况下，本例需要增加一个定制的 16 bit 的 UUID 到扫描回应数据包中。

广播数据的设置在 main.c 的 advertising_init()函数中实现，并调用 ble_advertising_init()函数来设置广播数据结构体。此时，必须添加一个数据结构作为扫描回应的参数。服务 UUID 设置为结构体 m_adv_uuids 中的 BLE_UUID_NUS_SERVICE，类型使用结构体 m_adv_uuids 中的 BLE_UUID_NUS_SERVICE，广播数据包的初始化如下。

```
156 /* 程序头部 */
157 static ble_uuid_t m_adv_uuids[]          =
158 {
159     {BLE_UUID_NUS_SERVICE, NUS_SERVICE_UUID_TYPE}
160 };
161 /* 函数部分 */
162 static void advertising_init(void)
163 {
164  uint32_t      err_code;
165  ble_advdata_t advdata;
166  ble_advdata_t scanrsp;
167
168  // Build advertising data struct to pass into @ref ble_advertising_init
169  memset(&advdata, 0, sizeof(advdata));
170  advdata.name_type = BLE_ADVDATA_FULL_NAME;
171  advdata.include_appearance = false;
172  advdata.flags = BLE_GAP_ADV_FLAGS_LE_ONLY_LIMITED_DISC_MODE;
173  memset(&scanrsp, 0, sizeof(scanrsp));
174  scanrsp.uuids_complete.uuid_cnt = sizeof(m_adv_uuids) / sizeof(m_adv_uuids[0]);
175  scanrsp.uuids_complete.p_uuids = m_adv_uuids;
176
177  ble_adv_modes_config_t options = {0};
178  options.ble_adv_fast_enabled = BLE_ADV_FAST_ENABLED;
179  options.ble_adv_fast_interval = APP_ADV_INTERVAL;
180  options.ble_adv_fast_timeout = APP_ADV_TIMEOUT_IN_SECONDS;
181
182   err_code = ble_advertising_init(&advdata, &scanrsp, &options, on_adv_evt,
NULL);
183  APP_ERROR_CHECK(err_code);
184 }
```

至此，本例应用已经建立完成。

5.2.4 主从设备通信验证

实现主从设备通信验证的方法如下。

（1）在 Keil MDK 开发环境中打开名为“ble_app_uart\pca10028\s110\arm5\xxx.uvprojx”的项目文件夹，打开 main.c 文件，输入函数 main()。

```
1 int main(void)
2 {
3     uint32_t err_code;
```

```
4     bool erase_bonds;
5     uint8_t  start_string[] = START_STRING;
6     nrf_gpio_cfg_output(12);
7     nrf_gpio_pin_clear(12);
8     // Initialize
9     APP_TIMER_INIT(APP_TIMER_PRESCALER, APP_TIMER_MAX_TIMERS, APP_TIMER_OP_
QUEUE_SIZE, false);
10     buttons_leds_init(&erase_bonds);
11     OLED_Init();
12     OLED_Clear();
13     ble_stack_init();
14     gap_params_init();
15     services_init();
16     advertising_init();
17     conn_params_init();
18     err_code = ble_advertising_start(BLE_ADV_MODE_FAST);
19     APP_ERROR_CHECK(err_code);
20     nrf_gpio_pin_set(12);
21     // Enter main loop
22     for (;;)
23     {
24         power_manage();
25     }
26 }
```

main()函数解析：第 9～12 行代码为外设初始化调用函数，主要实现协议栈定时器初始化、按键及 LED 灯初始化、OLED 显示器初始化；第 13 行代码调用 ble_stack_init()函数实现协议栈初始化；第 14 行代码调用 gap_params_init()函数实现 GAP 参数配置；第 15 行代码调用 services_init()函数实现特征服务初始化；第 16 行代码调用 advertising_init()函数实现广播参数初始化；第 17 行代码调用 conn_params_init()函数实现连接参数初始化；第 18 行代码调用 ble_advertising_start()函数开始对外广播设备信息；第 22～25 行代码使程序进入循环待机模式以等待 BLE 协议栈事件发生。

（2）打开 main.c 文件，输入函数 ble_stack_init()。

```
1 static void ble_stack_init(void)
2 {
3     uint32_t err_code;
4     // Initialize SoftDevice
5     SOFTDEVICE_HANDLER_INIT(NRF_CLOCK_LFCLKSRC_XTAL_20_PPM, NULL);
6     // Enable BLE stack
7     ble_enable_params_t ble_enable_params;
8     memset(&ble_enable_params, 0, sizeof(ble_enable_params));
9 #ifdef S130
10     ble_enable_params.gatts_enable_params.attr_tab_size = BLE_GATTS_ATTR_TAB_
SIZE_DEFAULT;
11 #endif
12     ble_enable_params.gatts_enable_params.service_changed = IS_SRVC_CHANGED_C
HARACT_PRESENT;
13     err_code = sd_ble_enable(&ble_enable_params);
14     APP_ERROR_CHECK(err_code);
15     // Subscribe for BLE events
16     err_code = softdevice_ble_evt_handler_set(ble_evt_dispatch);
17     APP_ERROR_CHECK(err_code);
18 }
```

ble_stack_init()函数解析：本函数主要完成协议栈初始化工作。第 5 行代码完成系统时钟配置；第 13 行代码完成默认启动协议栈的参数设置；第 16 行代码完成派发函数的设置。派发函数主要有 ble_evt_dispatch()，这个函数主要用于基础的蓝牙事件和连接的派发。

（3）打开 main.c 文件，输入函数 gap_params_init ()。

```
1 static void gap_params_init(void)
2 {
3     uint32_t    err_code;
4     char    device_NameMac[strlen(DEVICE_NAME)+3*2];
5     ble_gap_conn_params_t gap_conn_params;
6     ble_gap_conn_sec_mode_t sec_mode;
7     ble_gap_addr_t     ble_mac;
8
9     sd_ble_gap_address_get(&ble_mac);
10     sprintf(device_NameMac,"%s-%X%X%X",DEVICE_NAME,ble_mac.addr[5],
ble_mac.addr[4],ble_mac.addr[3]);
11    BLE_GAP_CONN_SEC_MODE_SET_OPEN(&sec_mode);
12     err_code = sd_ble_gap_device_name_set(&sec_mode,
13                          (const uint8_t *) device_NameMac,
14                          strlen(device_NameMac));
15     APP_ERROR_CHECK(err_code);
16     OLED_ShowString(0,0,"Device Name:");
17     OLED_ShowString(20,2,(unsigned char*)device_NameMac);
18     memset(&gap_conn_params, 0, sizeof(gap_conn_params));
19     gap_conn_params.min_conn_interval = MIN_CONN_INTERVAL;
20     gap_conn_params.max_conn_interval = MAX_CONN_INTERVAL;
21     gap_conn_params.slave_latency     = SLAVE_LATENCY;
22     gap_conn_params.conn_sup_timeout  = CONN_SUP_TIMEOUT;
23     err_code = sd_ble_gap_ppcp_set(&gap_conn_params);
24     APP_ERROR_CHECK(err_code);
25 }
```

gap_params_init()函数解析：GAP 定义了设备如何发现其他设备并建立与其他设备的连接，本函数用于设置 GAP 的参数、设备名等。sd_ble_gap_ppcp_set()函数中“ppcp”表示外围设备连接首选参数，这个参数主要让中心设备在首次连接外围设备时可以读取它们并及时调整连接参数。第 12～17 行代码为设备名自定义操作，读取芯片的 MAC 地址，并在 OLED 显示器上显示“设备名+MAC 地址”。第 23 行代码调用 sd_ble_gap_ppcp_set()函数设置外围设备连接首选参数。

（4）打开 main.c 文件，输入函数 services_init ()。

```
1 static void services_init(void)
2 {
3     uint32_t       err_code;
4     ble_nus_init_t nus_init;
5     memset(&nus_init, 0, sizeof(nus_init));
6     nus_init.data_handler = nus_data_handler;
7     err_code = ble_nus_init(&m_nus, &nus_init);
8     APP_ERROR_CHECK(err_code);
9 }
```

services_init()函数解析：第 6 行代码注册数据处理函数 nus_data_handler()；第 7 行代码调用 ble_nus_init()函数初始化特征服务。

（5）打开 main.c 文件，输入函数 advertising_init()。

```
1 static void advertising_init(void)
2 {
```

```
3     uint32_t       err_code;
4     ble_advdata_t advdata;
5     ble_advdata_t scanrsp;
6     // Build advertising data struct to pass into @ref ble_advertising_init
7     memset(&advdata, 0, sizeof(advdata));
8     advdata.name_type              = BLE_ADVDATA_FULL_NAME;
9     advdata.include_appearance = false;
10     advdata.flags                  = BLE_GAP_ADV_FLAGS_LE_ONLY_LIMITED_DISC_MODE;
11     memset(&scanrsp, 0, sizeof(scanrsp));
12      scanrsp.uuids_complete.uuid_cnt = sizeof(m_adv_uuids) / sizeof(m_adv_uuid
s[0]);
13     scanrsp.uuids_complete.p_uuids  = m_adv_uuids;
14     ble_adv_modes_config_t options = {0};
15     options.ble_adv_fast_enabled  = BLE_ADV_FAST_ENABLED;
16     options.ble_adv_fast_interval = APP_ADV_INTERVAL;
17     options.ble_adv_fast_timeout  = APP_ADV_TIMEOUT_IN_SECONDS;
18      err_code = ble_advertising_init(&advdata, &scanrsp, &options, on_adv_evt,
NULL);
19     APP_ERROR_CHECK(err_code);
20 }
```

advertising_init()函数解析：本函数通过 ble_advdata_t 结构体来设置广播参数，如广播的 UUID、广播所依赖的 HomeKit 版本、广播数据等。广播一般有 4 种类型，分别是通用广播、定向广播、不可连接广播、可发现广播。第 7～17 行代码进行广播参数配置；第 18 行代码调用 ble_advertising_init()函数将配置参数纳入协议栈并使用。

（6）打开 main.c 文件，输入函数 nus_data_handler()。

```
1 static void nus_data_handler(ble_nus_t * p_nus, uint8_t * p_data, uint16_t length)
2 {
3     uint8_t temp[20];
4     uint32_t  err_code;
5     memset(temp,0,sizeof(temp));
6     sprintf(temp,"REC:%s",p_data);
7     OLED_ShowString(0,6,"                    ");
8     OLED_ShowString(0,6,(unsigned char*)temp);
9     rec_index++;
10     memset(temp,0,sizeof(temp));
11     sprintf(temp,"recOK+%3u",rec_index);
12     err_code = ble_nus_string_send(&m_nus, temp, strlen(temp));
13     if ((err_code != NRF_SUCCESS) &&
14     (err_code != NRF_ERROR_INVALID_STATE) &&
15     (err_code != BLE_ERROR_NO_TX_BUFFERS) &&
16     (err_code != BLE_ERROR_GATTS_SYS_ATTR_MISSING))
17     {
18             APP_ERROR_CHECK(err_code);
19     }
20     memset(p_data,0,length);
21 }
```

nus_data_handler()函数解析：通过 ble_evt_dispatch()派发函数回调注册数据处理函数 nus_data_handler()。本函数接收到主设备发送的数据后，将数据输出在 OLED 显示屏上，并发送回复消息给主设备。第 6～8 行代码处理并显示主设备发送的字符串；第 9～20 行代码处理需要回复给主设备的内容。

5.3 本章小结

本章首先讲解了 BLE 开发环境的搭建和相关开发工具的使用。在此基础上，以 BLE UUID 特征任务为例讲解了 BLE 私有服务和应用层业务实现，并且给出了实例进行验证。

06 第6章　STM8开发流程入门

单片机开发是硬件和软件协同设计的过程。设计单片机系统的过程分 3 步：一是单片机选型和硬件电路设计，二是嵌入式软件设计，三是程序调试与下载。通俗来讲，首先要有硬件“躯壳”，然后设计软件的“思想”，最后将该软件的思想“注入”硬件躯壳。本章主要介绍 STM8 单片机中的超低功率系列（STM8L）产品及相关开发工具，先概述该系列产品特点，再讲解软件开发环境以及程序调试与下载的内容。

6.1 STM8L 单片机概述

STM8L 单片机基于 8 bit STM8 内核，与 STM32L 系列 MCU 一样采用了专有超低漏电流工艺，采用最低功耗模式实现了超低功耗（0.30μA）。STM8L 系列 MCU 包括 4 种不同的系列，分别是 STM8L 超值系列、STM8L101、STM8L151/152、STM8L162，适合需要特别注意低功耗的应用。

（1）STM8L 超值系列 MCU 为成本敏感性应用提供了较好的性价比。STM8L 超值系列具有与 STM8L151/152 MCU 类似的内核性能和外设集，优化了特性和配置，从而能够达到预算价格。STM8L 超值系列 MCU 为设计者实现消费类和大批量应用提供帮助。

（2）STM8L101 MCU 是 STM8L 系列 MCU 的入门级产品，是十分经济的低压 MCU，提供了基本功能和低功耗性能。这些 MCU 具有高达 8KB 的闪存和高达 1.5KB 的静态随机存储器（Static Random Access Memory，SRAM），基于 STM8 16MHz 内核，具有更先进、丰富的外设集，如通用同步/异步串行接收/发送器（Universal Synchronous/Asynchronous Reciever/Transmitter，USART）、串行外设接口（Serial Peripheral Interface，SPI）、全套定时器、比较器等，以及其他特性。它们采用 20～32 引脚封装，可以选择不同的配置以较为经济的价格来满足应用需求。

（3）STM8L151/152 MCU 是 STM8L 系列 MCU 的增强型产品。与 STM8L101 MCU 相比，这种 MCU 的性能更高，功能更多。它们基于 16 MHz 专用 STM8 内核，具有高达 64KB 闪存、4KB SRAM 和多至 2KB 的数据带电可擦可编程只读存储器（Electrically Erasable Programmable Read Only Memory，EEPROM），采用 20～80 引脚封装，可以选择 12 bit ADC 和数/模转换器（Digital/Analog Converter，DAC）、LCD 控制器和温度传感器之类的模拟特性。

（4）STM8L162 MCU 由 STM8L 系列的 STM8L151/152 MCU 延伸而来。除了具有 STM8L151/152 MCU 的特性，STM8L162 MCU 还包含一个 AES 单元。

表 6-1 是 4 种 STM8L 系列 MCU 特性对比。

表 6-1　4 种 STM8L 系列 MCU 特性对比

系列	内核/MHz	闪存/KB	SRAM/KB	EEPROM/B	直接存储器访问通道	LCD 接口	AES 单元
STM8L 超值系列	16	8～64	1～4	256	有	有	无
STM8L101MCU	16	2～8	1.5		无	无	无
STM8L151/152MCU	16	4～64	1～4	256～2048	有	有	无
STM8L162MCU	16	64	2	2048	有	有	有

6.2 软件开发环境

STM8 单片机的软件开发环境有两大类，一类是由意法半导体公司提供的，另一类是由第三方软件公司提供的。针对不同开发阶段，意法半导体公司提供了多个不同用途的软件，比如用于 STM8 单片机选型和模块配置初始化代码生成的 STM8CubeMX、用于代码编程的 ST Visual Develop（STVD）、用于程序下载和调试的 ST Visual Programmer（STVP）。与意法半导体公司提供针对不同阶段的多个软件不同，第三方软件公司通常会提供一个综合的软件开发平台，比如 IAR 公司的 IAR Embedded Workbench for STM8（IAR-EWSTM8）、Raisonance 公司的 RIDE-STM8、iSystem 公司的

winIDEA。目前使用较多是意法半导体公司的 STVD 和 IAR 公司的 IAR-EWSTM8。

6.2.1 STVD

本小节介绍软件开发环境 STVD。它由意法半导体公司免费为 STM8 单片机提供。STVD 软件可以在意法半导体公司的官网下载。登录官网，单击“Tools & Software”→“Development Tools”→“STM8 Software Development Tools”，进入页面后选择“Product selector”，可列出对应软件下载链接，如图 6-1 所示。

图 6-1　STVD 软件下载

开发环境 STVD 软件支持汇编语言，不支持 C 语言。开发人员可以在 STVD 上直接进行汇编语言的程序开发。如果要开发 C 语言程序，需要在 STVD 里安装 C 编译器。这里选择编译器 CXSTM8。

安装完 STVD 开发环境和 C 语言编译器 CXSTM8 后，即可进行 STM8 的 C 程序项目开发。STVD 开发环境下进行项目开发包含 3 步：第 1 步，建立项目，指定编译器和 MCU 型号，导入对应 MCU 的头文件；第 2 步，设置调试下载方式；第 3 步，编程、编译及下载调试。各步骤操作如下。

1. 建立项目，指定编译器和 MCU 型号，导入对应 MCU 的头文件

（1）打开 STVD 开发环境，界面如图 6-2 所示，此时没有项目。

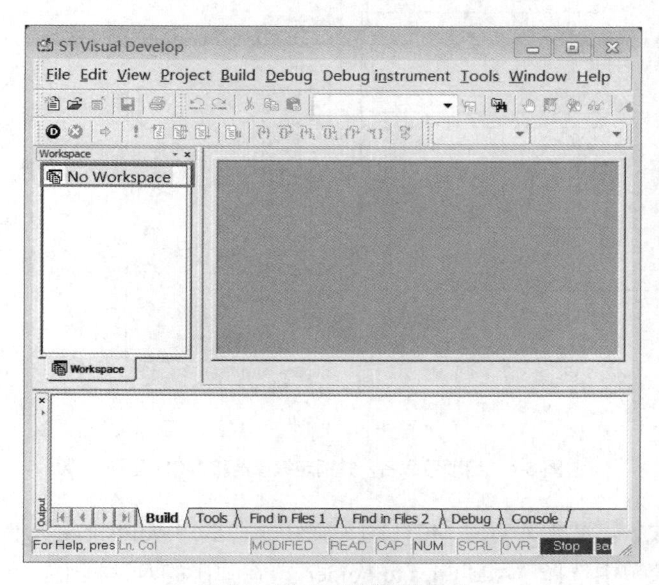

图 6-2　STVD 开发环境界面

（2）单击“File”→“New Workspace”，创建新工作区，命名并指定工作区路径，如图 6-3 所示。

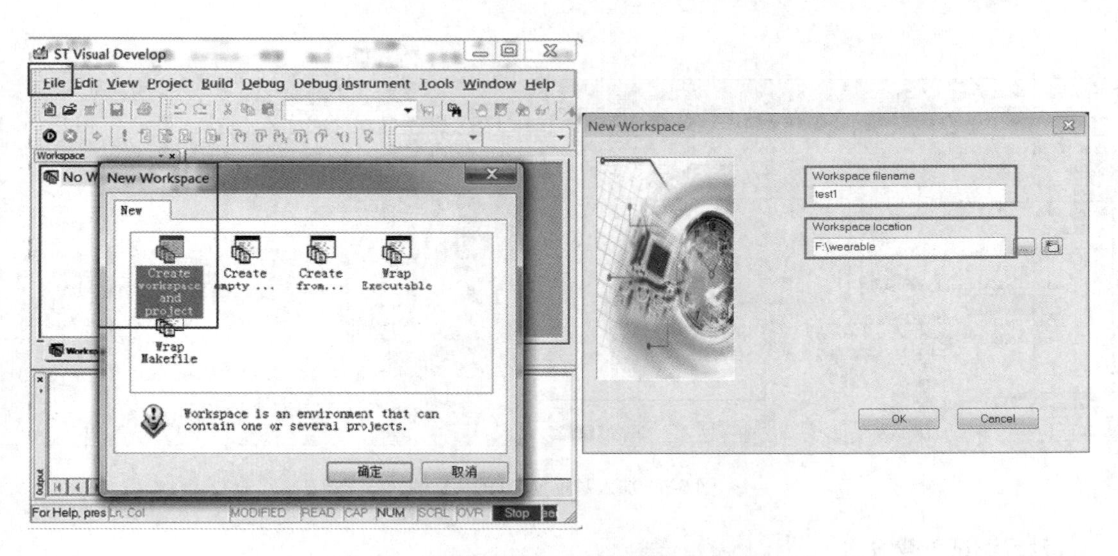

图 6-3　创建新工作区，命名并指定工作区路径

（3）给项目命名，并指定编译器和 MCU 型号。采用 C 语言编译器，即在“Toolchain”下拉列表框中选择“STM8 Cosmic”；指定其安装路径，默认安装路径为“C:\Program Files (x86)\COSMIC\FSE_Compilers\CXSTM8”，读者按照自己实际安装情况选择。接下来，指定 MCU 型号，本项目采用 STM8L051F3，如图 6-4 所示。

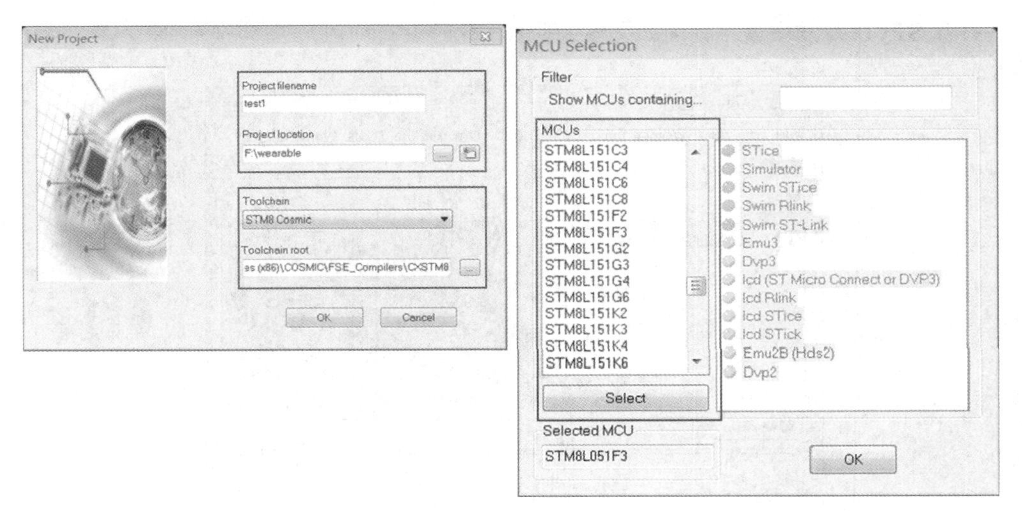

图 6-4　给项目命名，并指定编译器和 MCU 型号

（4）创建项目完成，需要加入对应 MCU 的头文件，右击“Workspace”中的“Include Files”文件夹，在弹出的快捷菜单中选择“Add Files to Folder”，在弹出的对话框中找到 STVD 的安装路径下的“include”文件夹（默认路径为“C:\Program Files (x86)\ STMicroelectronics\st_toolset\include”），在该文件夹里找到对应 MCU 的头文件，如图 6-5 所示，单击“打开”按钮，就能把该头文件添加到项目中。

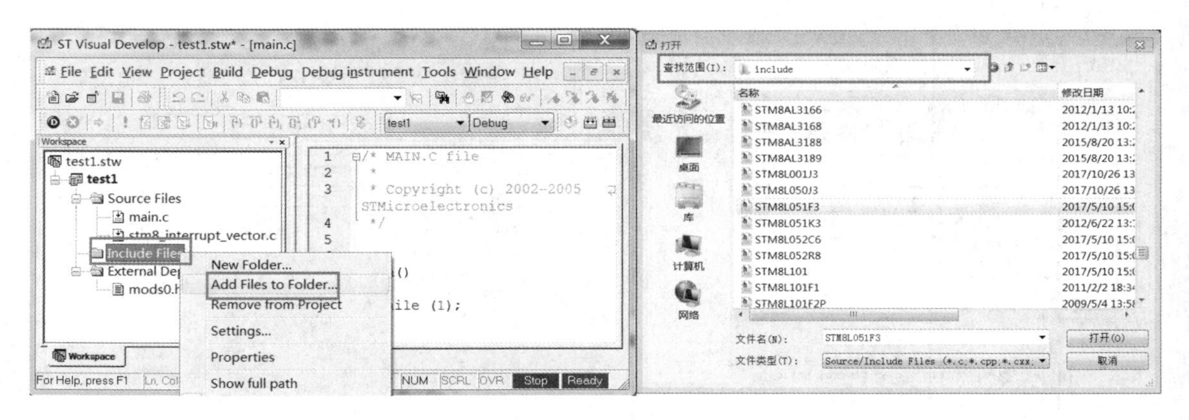

图 6-5　加入对应 MCU 的头文件

2. 设置调试下载方式

单击“Debug instrument”→“Target Settings”，弹出“Debug Instrument Settings”对话框，在对话框中的“Debug Instrument Selection”面板中单击下拉列表框，选择对应的调试下载器，这里选择了“Swim ST-Link”调试下载器，如图 6-6 所示。

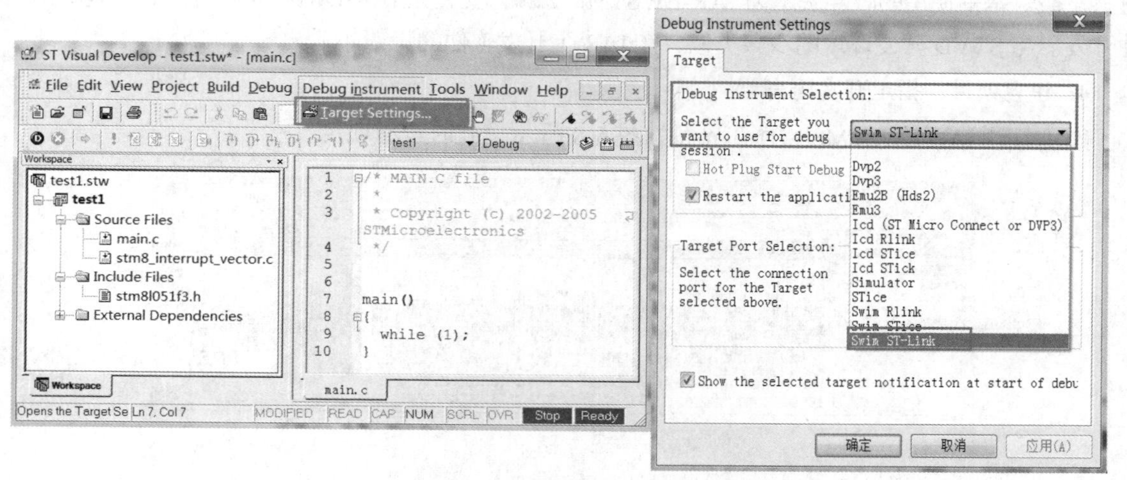

图 6-6　选择对应的调试下载器

3. 编程、编译及下载调试

设置完了项目相关配置，可以开始编写程序代码。程序代码编写完毕后，单击“Build”→“Rebuild All”可以进行编译，如图 6-7 所示。编译结果在“Build”信息输出窗口显示，当结果为“0 errors(s)”时就能进入下载调试阶段。下载调试前要先正确连接 ST-LINK 下载器。软件界面上的下载调试按钮是“Debug”。

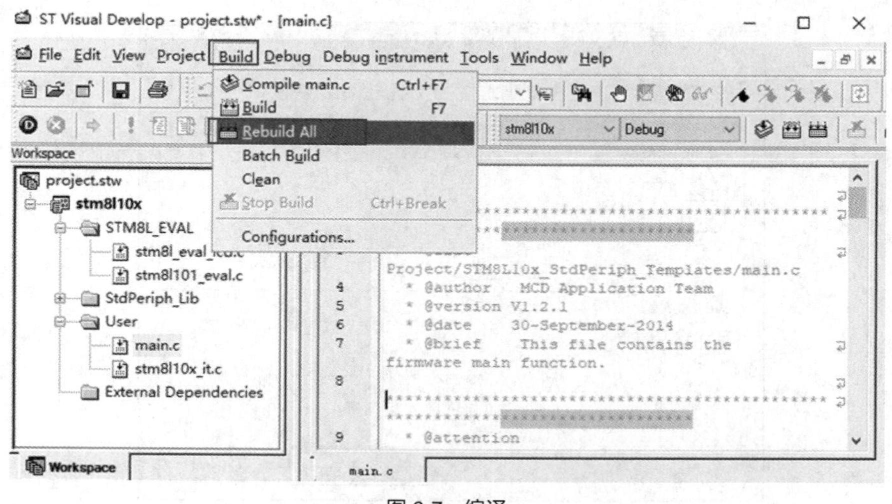

图 6-7　编译

6.2.2　IAR-EWSTM8

本小节介绍软件开发环境 IAR-EWSTM8。IAR 公司是嵌入式系统开发工具和服务的供应商，它较常见的产品是 C 编译器——IAR Embedded Workbench。IAR Embedded Workbench 支持众多半导体公司的微处理器，可优化其运算速度与性能。IAR-EWSTM8 软件平台是它为意法半导体公司的 STM8 单片机设计的软件开发环境，包括编译器、链接下载器、调试器等。用户可到 IAR 公司的官方网站进行下载。本书使用的软件版本为 IAR-EWSTM8 2.20。安装完 IAR-EWSTM8 软件后，可以开始软件开发。与 STVD 开发环境的步骤类似，在 IAR 上开发软件的步骤如下。

1. 建立项目，指定开发语言

（1）打开 IAR-EWSTM8 软件，界面如图 6-8 所示，此时没有项目。

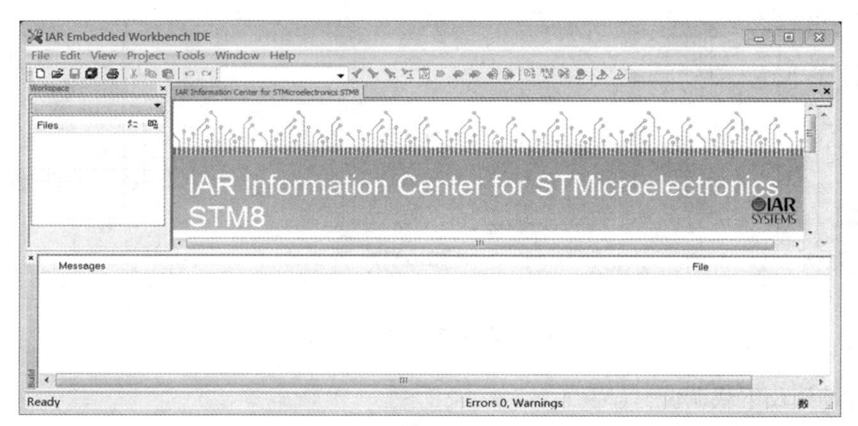

图 6-8 IAR-EWSTM8 软件界面

（2）单击“Project”→“Create New Project”，弹出图 6-9 所示的“Creat New Project”对话框。对话框中的“Project templates”（工程模版）有 4 个选项：“Empty project”（空白项目）、“Asm”（汇编语言）、“C++”“C”。开发人员需选择对应开发语言。本书选择“C”，单击“OK”按钮。

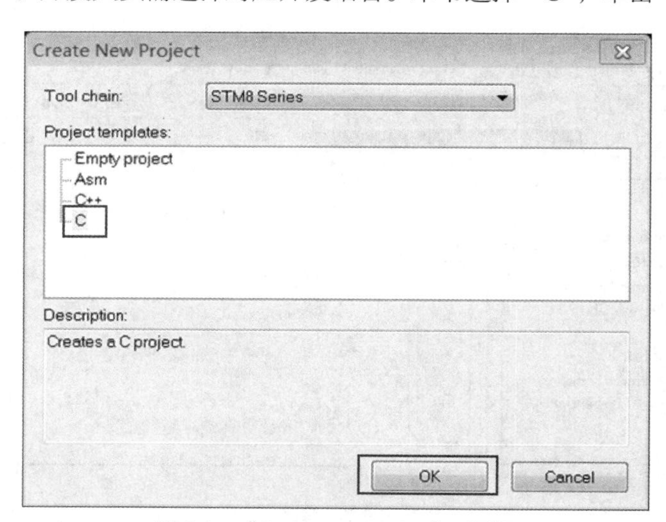

图 6-9 “Creat New Project”对话框

（3）接下来弹出“另存为”对话框。在存储之前为每个项目创建一个文件夹是一个良好的项目文件管理习惯，这样就不会出现项目文件丢失或不同项目之间文件混淆的情况。为了方便管理，项目的文件夹名与项目文件名一致。在选择好文件夹和给文件命名后，单击“保存”按钮，项目创建完成，如图 6-10 所示。

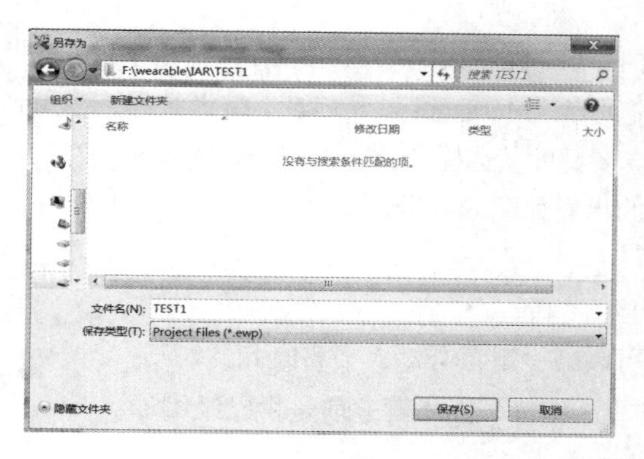
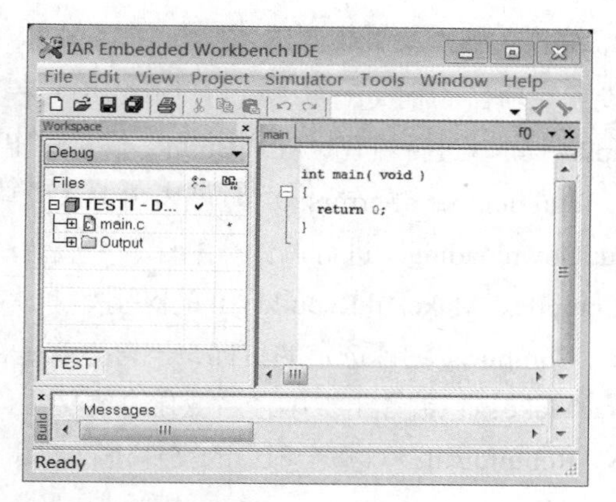

图 6-10　“另存为”对话框与项目创建完成后的界面

2. 选择 MCU 型号，设置下载方式

（1）在项目名上右击，在弹出的快捷菜单中选择“Options”命令，如图 6-11 所示。

（2）选择 MCU 型号。在弹出的对话框中选择“Target”→“Device”，选择 STM8 不同系列的 MCU 型号，如图 6-12 所示。读者根据自己所使用的 MCU 型号选择，本教材采用 STM8L051F3。

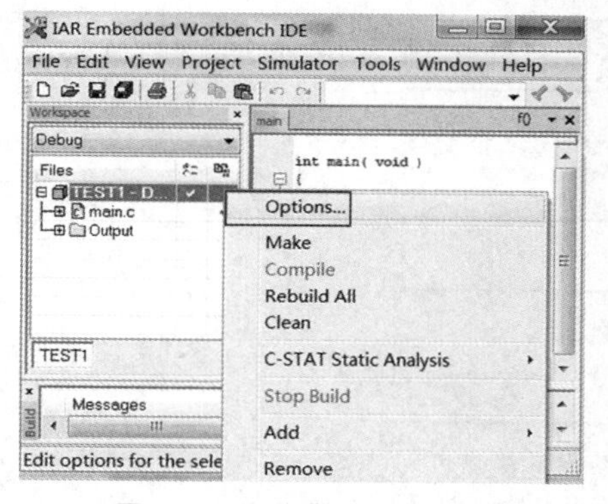

图 6-11　选择“Options”命令

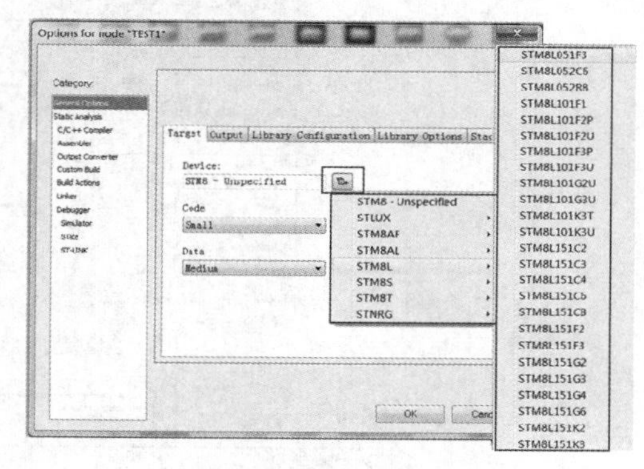

图 6-12　选择 MCU 型号

（3）在“Debugger”→“Setup”→“Driver”下拉列表框中选择对应的调试下载器，本教材采用 ST-LINK，如图 6-13 所示。

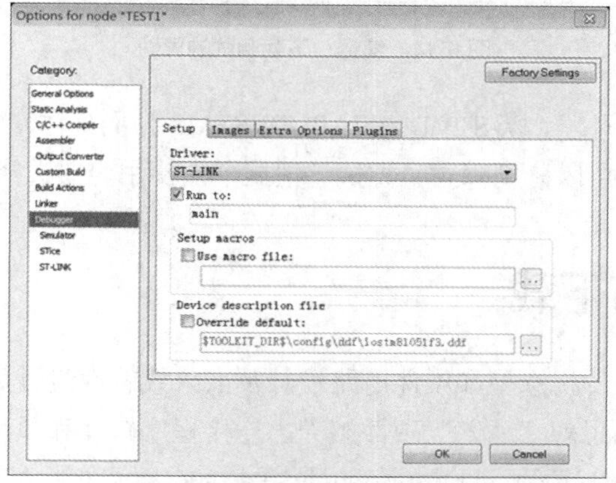

图 6-13　选择调试下载器

3. 编程、编译及下载调试

设置完项目的相关配置，就可以开始编写程序代码。程序代码编写完毕后，单击“Project”→“Compile”可以进行编译，在“Build”信息输出窗口的“Messages”下方显示编译结果，当编译结果为“Total number of errors: 0”时就表示编译成功。接着可以选择“Download and Debug”或“Debug without Downloading”进行调试。编译、下载调试的界面如图 6-14 所示。

Compile、Make 和 Rebuild All 的区别如下。

- Compile：编译选定的目标，不管之前是否已经编译。
- Make：只编译上次编译后变化过的文件，可以减少重复劳动，节省时间。
- Rebuild All：对整个项目的文件进行彻底的重新编译，而不管之前是否已经编译。

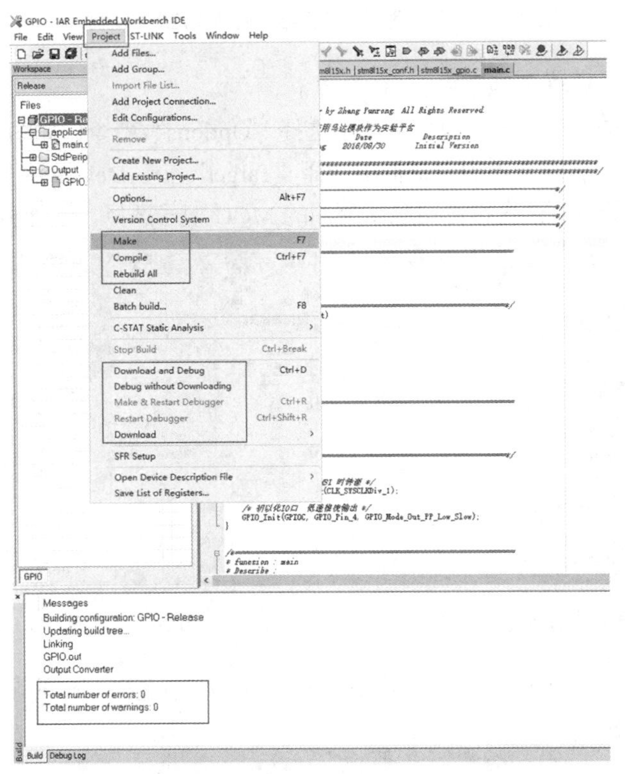

图 6-14 编译、下载调试的界面

本小节介绍了软件开发环境，以 STVD 和 IAR-EWSTM8 为例具体介绍了 STM8 的开发流程。两种开发环境各具特色，读者可以分别探索、尝试，根据个人使用习惯选择得心应手的开发环境。

6.3 程序调试与下载

完成前两个步骤——单片机选型和硬件电路设计及嵌入式软件设计后，最后的步骤是程序调试与下载，即将设计的软件的思想“注入”硬件躯壳。连接程序软件和单片机硬件的工具是调试下载器及配套软件工具。下面将依次介绍调试仿真工具 ST-LINK 、可视化编程软件 STVP、串口下载工具 FLASHER-STM8。

6.3.1　调试仿真工具 ST-LINK

ST-LINK 是一系列面向意法半导体公司单片机的调试仿真工具，可以在线仿真和调试下载。其支持 STM8 和 STM32 两个系列单片机。它从 ST-LINK/V1、ST-LINK/V2 发展到目前最新版 ST-LINK/V3SET。它既有独立版本，也有嵌入单片机中的版本，市面上使用较多的是 ST-LINK/V2、ST-LINK/V2-ISOL、ST-LINK/V3SET，其实物如图 6-15 所示。

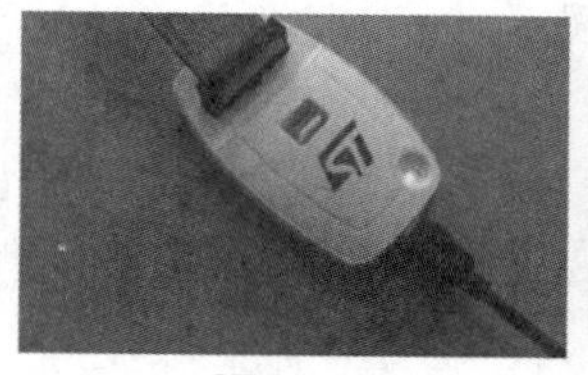

ST-LIN/V2

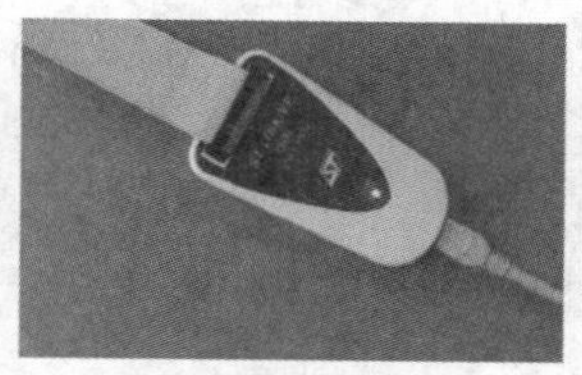

ST-LINK/V2-ISOL

ST-LINK/V3SET

图 6-15　ST-LINK 实物

ST-LINK 支持主流开发环境，包括意法半导体公司的开发环境和第三方软件公司的开发平台。如 STVP、STM32 ST-LINK Utility、KEIL 公司的 Keil uVision 4/5 IDE、IAR 公司的 IAR EWARM 与 IAR-EWSTM8。

ST-LINK 通过 USB 2.0 通信连接到电脑，连接方式有面向 STM8 系列的单总线接口模块（Single Wire Interface Module，SWIM）方式及面向 STM32 系列的联合测试工作组（Joint Test Action Group，JTAG）/串行线调试（Serial Wire Debugging，SWD）方式。ST-LINK 支持直接固件升级模式（Direct Firmware Update，DFU）。ST-LINK 内置双 LED 指示灯，一个是电源指示灯，一个是通信指示灯，通信指示灯闪烁代表其正在和电脑通信。ST-LINK/V2-ISOL 能耐 1000 V 的电压。

6.3.2　可视化编程软件 STVP

可视化编程软件 STVP 是意法半导体公司为 STM8 与 STM32 调试下载程序提供的免费软件。STVP 可以在意法半导体公司的官方网站单独下载，它也可以嵌入 ST toolset 安装包，和 STVD 同时安装。

STVP 是一款简单易用而且高效的调试下载软件，可以读、写和校验单片机的存储单元及操作字节。此外，意法半导体公司提供 STVP 的 C/C++源码的自由编程工具包，开发人员可以利用该工具包开发个性化的 ST 单片机硬件调试下载程序。它包含所有函数的源码，允许应用程序访问 STVP 底层动态链接库（Dynamic Linked Library，DLL）以及所使用的任何编程硬件和编程方法（如插座、电路内编程或现场编程）。

STVP 的下载目标文件有.s19 目标文件和.hex 目标文件两种，下载目标文件由开发平台 STVD 或 IAR-EWSTM8 生成。下面介绍使用 IAR 生成.s19 目标文件的方法。

在 IAR 项目的菜单栏中选择“Project”→“Options”，在弹出的对话框中选择“Output Converter”，生成额外的输出文件，在“Output format”下拉列表框中选择“Motorola”，在“Output file”中勾选“Override default”复选框，并命名为 GPIO.s19，如图 6-16 所示。

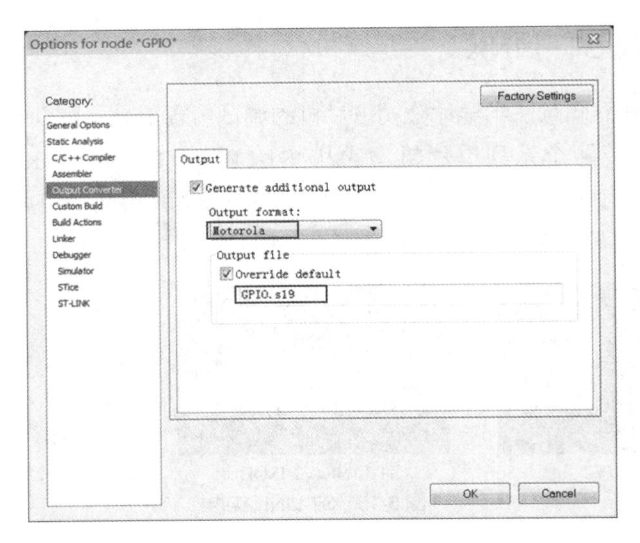

图 6-16　IAR 生成目标文件 GPIO.s19

在 IAR 上设置完成，编译项目后将.s19 目标文件存放在项目文件夹“\Project\Release\Exe”下。接下来介绍 STVP 导入.s19 目标文件进行下载的过程。

（1）打开 STVP 软件，在 STVP 菜单栏中选择“Configure”→“Configure ST Visual Programmer”，在弹出的“Configuration”对话框中设置硬件连接方式和 MCU 型号，本书以 ST-LINK 连接 STM8L051F3 为例，单击“OK”按钮，如图 6-17 所示。

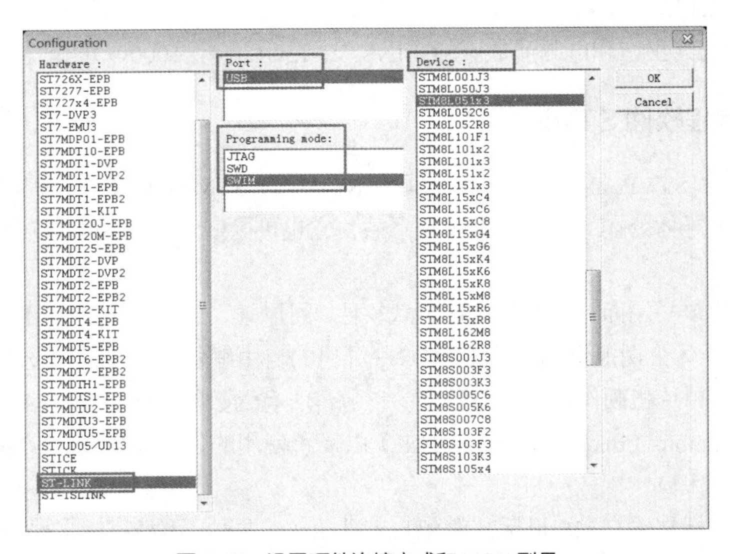

图 6-17　设置硬件连接方式和 MCU 型号

（2）在 STVP 菜单栏选择“File”→“Open”，在弹出的“打开”对话框中进入对应路径，.s19 目标文件一般存放在项目文件夹“\Project\Release\Exe”下，找到要下载的.s19 目标文件，如图 6-18 所示，并单击“打开”按钮，就能打开对应目标文件。在 STVP 软件中打开.s19 目标文件后的界面如图 6-19 所示。

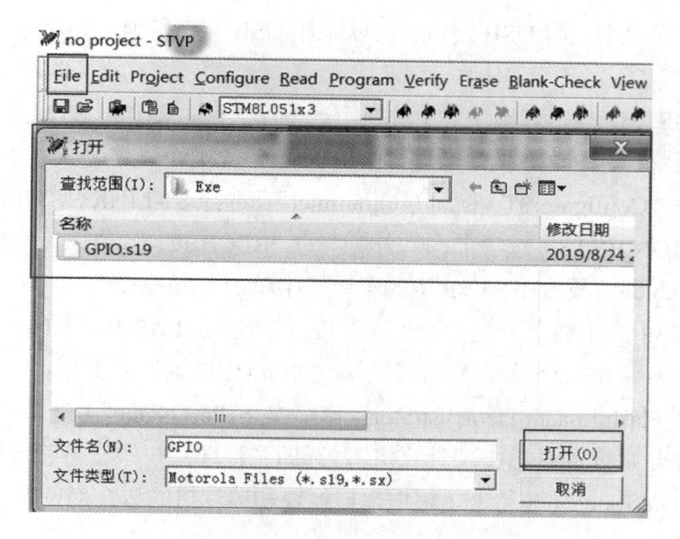

图 6-18　找到要下载的.s19 目标文件

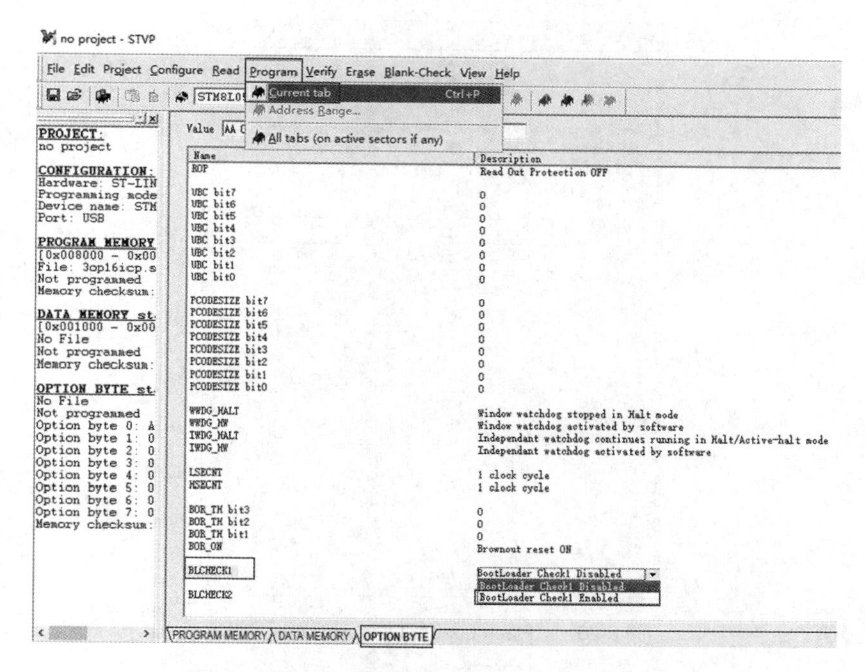

图 6-19　在 STVP 软件中打开.s19 目标文件后的界面

6.3.3　串口下载工具 FLASHER-STM8

意法半导体公司提供了一款单片机闪存编程的免费程序下载工具 FLASHER-STM8，可以在意法半导体公司的官方网站免费下载。软件 FLASHER-STM8 在 Windows 上运行，它通过串口通信协议 RS-232 与单片机系统的引导下载程序（Bootloader，也称为自举程序）进行通信。Bootloader 保存在 STM 单片机的内部启动只读存储器（Read-Only Memory，ROM）中。该程序在生产时已由意法半导体公司下载完成，其主要功能是引导应用程序通过合适的串口设备（USART、USB、I2C、SPI 等）下载到单片机内部闪存。这种串口下载方式不需要 ST-LINK 工具，只需将电脑上的串口连接到单片机上的串口。如果计算机上只有 USB 接口，可以采用 USB 转串口模块与单片机的串口 UART_RX、UART_TX 连接。

使用 FLASHER-STM8 与串口模块对单片机下载程序之前，要先把 STM 单片机的引导下载字节配置为允许，这个配置要在 STVP 软件通过 ST-LINK 对单片机编程实现。具体步骤为：打开 STVP，选择“Configure”→“Configure ST Visual Programmer”；选择 ST-LINK、SWIM、STM8 单片机型号并确定；选择“OPTION BYTE”选项卡，单击其中的“BLCHECK”，把默认的“Bootloader Disable”改为“Bootloader Enable”；最后在 STVP 中的菜单栏中单击“Program”→“Current tab”进行编程，就能把 STM 单片机的引导下载字节配置为允许。接下来使用 FLASHER-STM8 与串口模块对单片机下载程序。操作图文参考 6.3.2 小节，最后可以修改“BLCHECK”的类型。

在图 6-20 所示“Flash Loader Demonstrator”窗口中，“Port Name”（端口名）需要指定对应的端口序号。这个端口序号可以通过右击“计算机”，选择“管理”→“设备管理器”→“端口（COM 和 LPT）”查到。“Baud Rate”（波特率）根据串口模块和单片机的波特率设定，若串口连接线较长，波特率可以设置得稍低。

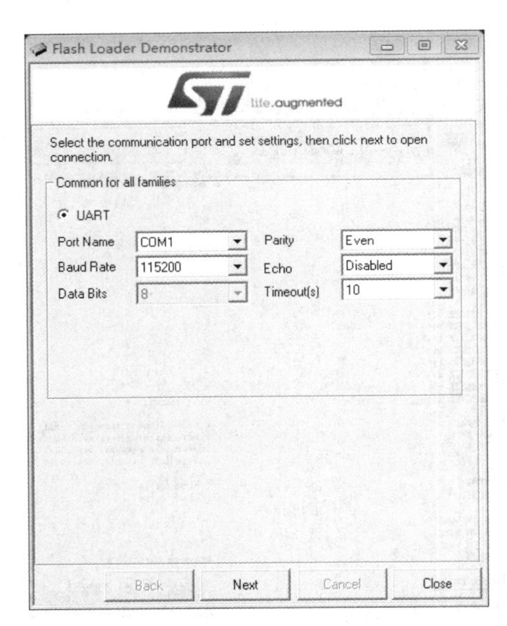

图 6-20　“Flash Loader Demonstrator”窗口

6.4　本章小结

本章从 STM8L 单片机概述、软件开发环境和程序调试与下载等方面介绍了 STM8 开发流程入门。STM8L 代表意法半导体公司的超低功耗单片机系列，支持多种对功耗极为敏感的应用，例如可穿戴设备、便携式设备。STM8 单片机的软件开发环境有两大类：一类是由意法半导体公司提供的，具体软件如 STVD；另一类是由第三方软件公司提供的，具体软件如 IAR-EWSTM8。程序调试与下载方面介绍了调试仿真工具 ST-LINK、可视化编程软件 STVP、串口下载工具 FLASHER-STM8。

07

第7章　项目1：振动马达可穿戴设备开发

本章讲解振动马达可穿戴设备开发。振动马达可穿戴设备通过振动马达产生人体能够感知的振动信号，实现可穿戴设备的提示功能。本章设置两个任务：任务 1 讲解 STM8L GPIO 应用，针对实验中振动马达模块使用到的 STM8L 单片机 GPIO 进行介绍，从了解 STM8L 单片机 GPIO 的输入模式和输出模式开始，学习和掌握 GPIO 的控制方法，完成基于振动马达模块的 GPIO 控制实验任务；任务 2 讲解振动马达驱动开发，从介绍振动马达的结构和原理开始，讲解振动马达模块硬件设计和软件设计任务，完成振动马达可穿戴设备开发任务，实现振动马达模块的振动提示功能。

7.1 任务1：STM8L GPIO 应用

GPIO 端口用于芯片和其外部设备进行数据传输。单片机的一个端口可以支持多达 8 个引脚，每个引脚可以被独立编程作为数字输入口或者数字输出口。在振动马达模块中，STM8L 通过 GPIO 控制振动马达，实现振动马达模块的振动提示功能。

任务目标

（1）掌握 STM8L GPIO 工作原理。

（2）掌握 STM8L GPIO 驱动程序开发方法。

知识准备

7.1.1 STM8L GPIO 的输入模式和输出模式

STM8L051F3 共有 4 个端口 17 个 GPIO 引脚，如图 7-1 所示，部分 GPIO 引脚还可以配置复用功能，比如模拟输入、外部中断等。

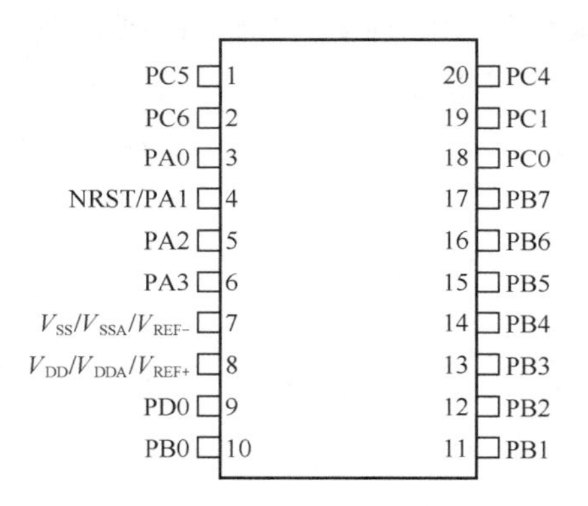

图 7-1 STM8L051F3 封装引脚图

STM8L GPIO 主要特性如下。

- GPIO 端口支持按位单独配置。
- 输入模式可选：浮空或上拉。
- 输出模式可选：推挽输出或伪开漏。
- GPIO 端口和外设引脚的高灵活性复用。
- GPIO 复用外部中断，支持单独启用和禁用。
- GPIO 的输入数据和输出数据寄存器独立。

STM8L 每个端口都有一个输出数据寄存器（Output Data Register，ODR）、一个输入数据寄存器（Input Data Register，IDR）和一个数据方向寄存器（Data Direction Register，DDR）。相应的控制寄存器（Control Register，CR）包括 CR1 和 CR2 用于对端口 I/O 进行配置。任何一个 I/O 引脚可以通过对 DDR、ODR、CR1 和 CR2 的相应位进行编程来配置。STM8L GPIO 配置如表 7-1 所示。

表 7–1　　STM8L GPIO 配置

模式	DDR 位	CR1 位	CR2 位	功能	上拉电阻
输入	0	0	0	无中断浮空输入	无
	0	1	0	无中断上拉输入	有
	0	0	1	带中断浮空输入	无
	0	1	1	带中断上拉输入	有
输出	1	0	0	中断上拉输入	无
	1	1	0	推挽输出	无
	1	0	0	开漏输出，快速模式	无
	1	1	1	推挽输出，快速模式	有
	1			真正的开漏输出（特定引脚）	

1. 输入模式

STM8L DDR x 位（x 位对应于端口的引脚 x）清零就表示将 x 位设置成输入模式。在该模式下，读取 IDR x 位将返回引脚 x 上的电平值。表 7-1 所示，理论上可以通过软件配置得到 4 种不同的输入模式：无中断浮空输入、无中断上拉输入、带中断浮空输入、带中断上拉输入。但实际情况下，并非所有的 I/O 端口都具有外部中断和上拉功能，开发人员应参考数据手册中关于每个引脚硬件性能的具体描述。

2. 输出模式

STM8L DDR x 位被置 1 就表示将 x 位设置成输出模式。在该模式下，向 ODR x 位写入数据将会通过锁存器输出数据到引脚 x 上。读 IDR 相应位将会返回相应 I/O 引脚电平值。通过软件配置 CR1、CR2 可以得到不同的输出模式：推挽输出、开漏输出。

7.1.2　STM8L GPIO 相关寄存器

STM8L GPIO 相关寄存器主要包括 ODR、IDR、DDR、CR1 和 CR2，通过设置这些寄存器相应的数值，可实现 GPIO 配置管理。

1. 端口 x 的 ODR（Px_ODR）

地址偏移值：0x00。

复位值：0x00。

Px_ODR 位说明和功能如表 7-2、表 7-3 所示。

表 7–2　　Px_ODR 位说明

位	7	6	5	4	3	2	1	0
名称	ODR7	ODR6	ODR5	ODR4	ODR3	ODR2	ODR1	ODR0
读写	rw	rw	rw	rw	rw	rw	rw	rw

表 7–3　　Px_ODR 位功能

位	功能
7:0	Px_ODR 位在输出模式下，写入寄存器的数值通过锁存器加到相应的引脚上。读 Px_ODR，返回之前锁存的寄存器值。在输入模式下，写入 Px_ODR 的值将被锁存到寄存器中，但不会改变引脚状态。Px_ODR 在复位后总为 0。通过位操作指令可以设置数据缓冲寄存器（Data Register，DR）来驱动相应的引脚，但不会影响到其他引脚

2. 端口 x 的 IDR（Px_IDR）

地址偏移值：0x01。

复位值：0x00，具体的复位值取决于外围电路的设计。

Px_IDR 位说明和功能如表 7-4、表 7-5 所示。

表 7-4 Px_IDR 位说明

位	7	6	5	4	3	2	1	0
名称	IDR7	IDR6	IDR5	IDR4	IDR3	IDR2	IDR1	IDR0
读写	r	r	r	r	r	r	r	r

表 7-5 Px_IDR 位功能

位	功能
7:0	Px_IDR 位不论引脚是输入模式还是输出模式的，都可以通过该寄存器读入引脚状态值。该寄存器为只读寄存器。 0：逻辑低电平。 1：逻辑高电平

3. 端口 x 的 DDR（Px_DDR）

地址偏移值：0x02。

复位值：0x00。

Px_DDR 位说明和功能如表 7-6、表 7-7 所示。

表 7-6 Px_DDR 位说明

位	7	6	5	4	3	2	1	0
名称	DDR7	DDR6	DDR5	DDR4	DDR3	DDR2	DDR1	DDR0
读写	rw	rw	rw	rw	rw	rw	rw	rw

表 7-7 Px_DDR 位功能

位	功能
7:0	Px_DDR 位这些位可通过软件置 1 或置 0，选择引脚为输入模式或输出模式。 0：输入模式。 1：输出模式

4. 端口 x 的 CR1（Px_CR1）

地址偏移值：0x03。

复位值：0x00。

Px_CR1 位说明和功能如表 7-8、表 7-9 所示。

表 7-8 Px_CR1 位说明

位	7	6	5	4	3	2	1	0
名称	C17	C16	C15	C14	C13	C12	C11	C10
读写	rw	rw	rw	rw	rw	rw	rw	rw

表 7-9　　**Px_CR1 位功能**

位	功能
7:0	Px_CR1 位这些位可通过软件置 1 或置 0，用于在输入模式或输出模式下选择不同的功能。 在输入模式（DDR=0）下，各值含义如下。 0：浮空输入。 1：带上拉电阻输入。 在输出模式（DDR=1）下，各值含义如下。 0：模拟开漏输出（不是真正的开漏输出）。 1：推挽输出，由 CR2 相应的位进行输出摆率控制

5. 端口 x 的 CR2（Px_CR2）

地址偏移值：0x04。

复位值：0x00。

Px_CR2 位说明和功能如表 7-10、表 7-11 所示。

表 7-10　　**Px_CR2 位说明**

位	7	6	5	4	3	2	1	0
名称	C27	C26	C25	C24	C23	C22	C21	C20
读写	rw	rw	rw	rw	rw	rw	rw	rw

表 7-11　　**Px_CR2 位功能**

位	解析
7:0	Px_CR2 位相应的位可通过软件置 1 或置 0，用于在输入模式或输出模式下选择不同的功能。在输入模式下，由 Px_CR2 相应的引脚使能中断。如果该引脚无中断功能，则对该引脚无影响。在输出模式下，置位将提高 I/O 速度。 在输入模式下（DDR=0），各值含义如下。 0：禁止外部中断。 1：使能外部中断。 在输出模式下（DDR=1），各值含义如下。 0：输出速度最大为 2 MHz。 1：输出速度最大为 10 MHz

任务实现

7.1.3　STM8L GPIO 实验任务

1. 实验功能

（1）通过 GPIO 功能实现可穿戴技术开发平台 WLCK-STM8LDB 单元中 LED9 的驱动。

（2）在 LED9 功能代码中实现 LED9 周期亮、灭控制。

2. 参考代码

（1）在 IAR-EWSTM8 开发环境中打开名为“可穿戴技术 STM8L GPIO 实验”的项目文件夹，打开 main.c 文件，输入函数 main()。

```
01 int main(void)
02 {
```

```
03   CLK_CKDIVR = 0x00;
04   LED9_Init();
05   while(1)
06   {
07     GPIO_Exam();
08   }
09 }
```

代码分析：第 3 行代码设置 STM8L 内部时钟为 1 分频，即 16MHz；第 4 行代码调用函数 LED9_Init()，初始化 LED9 相关配置；第 5～8 行代码，while 循环调用 GPIO_Exam()函数，完成 GPIO 实验。

（2）在 main.c 文件中，输入函数 LED9_Init()。

```
01 void LED9_Init()
02 {
03   PD_DDR_bit.DDR4 = 1;
04   PD__CR1_bit.C14 = 1;
05   PD__CR2_bit.C24 = 1;
06 }
```

代码分析：如图 7-2 所示，LED9 由 STM8L 引脚 PD4 驱动。LED9_Init()函数第 3 行代码，设置 STM8L 引脚 PD4 为输出方向；第 4 行代码，设置 PD4 为推挽输出；第 5 行代码，设置 PD4 最大输出速率为 10 Mbit/s。

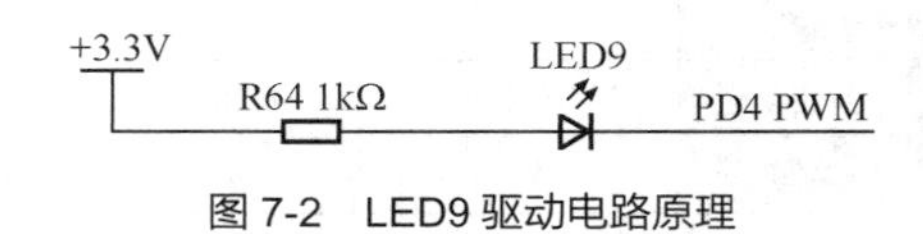

图 7-2　LED9 驱动电路原理

（3）在 main.c 文件中，输入函数 GPIO_Exam()。

```
01 void GPIO_Exam()
02 {
03   PD_ODR_bit.ODR4=1;
04   delay(1000);
05   PD_ODR_bit.ODR4 = 0;
06   delay(1000);
07 }
```

代码分析：第 3 行代码将 PD 口 ODR 第 4 个位置 1，输出高电平；第 4 行代码，延时 1000 ms；第 5 行代码，将 PD 口 ODR 第 4 个位清零，输出低电平；第 6 行代码，延时 1000 ms。

（4）在 main.c 文件中，输入函数 delay()。

```
01 void delay(unsigned int ms)
02 {
03   unsigned int x, y;
04   for(x = ms; x > 0; x--)
05   {
06     for(y = 1000; y > 0; y--);
07   }
08 }
```

代码分析：第 3 行代码定义延时循环变量 x 和 y；第 4 行代码定义 for 循环，循环次数为 delay()函数入参变量 ms；第 6 行代码定义 for 循环，循环次数为 1000 次，整个函数的软件延时循环次数为 1000×ms 次。

任务思考

驱动 LED9 实现两快一慢周期闪烁，修改上述代码实现该功能。

7.2　任务 2：振动马达驱动开发

振动马达是可穿戴设备的重要组成部分。振动马达通过振动信号提示佩戴可穿戴设备的对象，实现各种提示作用，比如身体信号超负荷告警等。本任务学习振动马达工作原理，学习和掌握振动马达驱动开发方法，完成振动马达可穿戴设备开发任务，实现振动马达模块的振动提示功能。

任务目标

（1）掌握振动马达工作原理。

（2）掌握振动马达驱动开发方法。

知识准备

7.2.1　振动马达的结构和原理

振动马达的作用是将电参数转换成振动，实现电信号到振动信号转换的功能。手机常用振动马达又分为转子马达和线性马达。空心马达是转子马达的一种，由偏心铁、磁铁、轴心、线圈等组成，如图 7-3 所示。

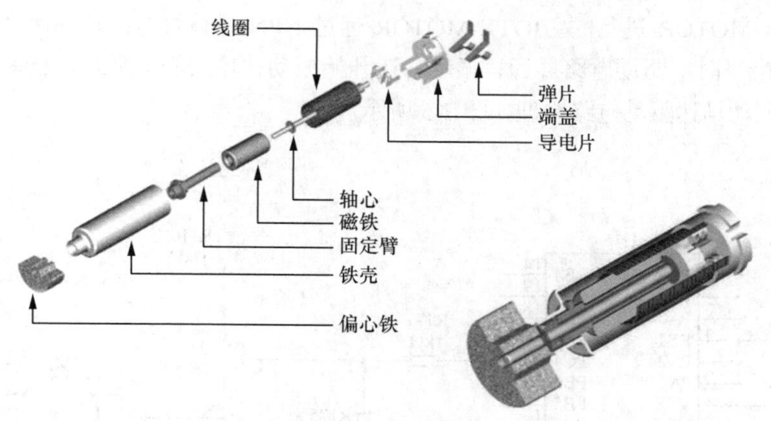

图 7-3　空心马达的结构

空心马达的高速电机要求转速高、驱动简单，一般都会选择采用空心杯电机。空心杯电机有惯性小、启动快、转速高等优点，正好符合如短促振动提示等多样振动提示的要求，高速旋转也可以为偏心飞轮提供更高的能量，达到“小体积大振动量”的要求。

普通的飞轮有圆心对称的结构，在高速旋转时能非常稳定，很少带来振动。偏心飞轮与普通的飞轮不同，偏心飞轮的设计目的是要在高速转动时带来振动，所以偏心飞轮被设计成了非对称的结构。由于偏心飞轮的重心偏离圆心，所以在飞轮转动时重心会产生一个偏离圆心的力，从而产生了连续的振动，如图 7-4 所示。

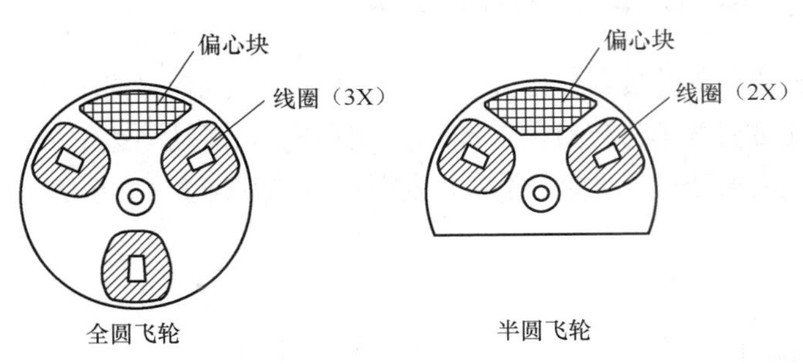

图 7-4 偏心飞轮

偏心飞轮转动产生的离心力 G 与偏心飞轮的质量、重心与圆心的距离及旋转速度有关，其物理关系如下。

$$G = MRV^2$$

其中，R 表示偏心飞轮的半径，M 表示偏心飞轮的质量，V 表示偏心飞轮的旋转速度。

7.2.2 振动马达硬件设计

本章所讲解的振动马达可穿戴设备开发是基于可穿戴技术开发平台 WLCK-WTechPlatform 的振动马达模块 IOTX-MOTOR 进行的。IOTX-MOTOR 通过 NPN 晶体管对振动马达进行开关控制，当 PC4 端口输出高电平时，驱动电路导通，振动马达开始振动；输出低电平时，驱动电路断开，振动马达停止振动。振动马达驱动电路原理如图 7-5 所示。

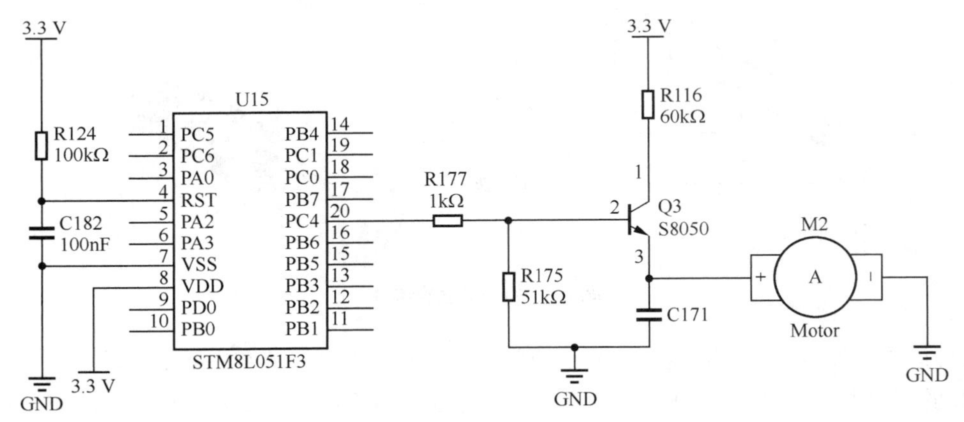

图 7-5 振动马达驱动电路原理

振动马达模块 IOTX-MOTOR（见图 7-6）和蓝牙模块通过排线连接，每个模块两端有用来固定绑带的“耳朵”，能够实现在手部固定，进行可穿戴设备仿真。振动马达模块通过 I2C 总线与蓝牙模块通信，手机 App 通过蓝牙与蓝牙模块通信，下发振动指令给振动马达模块。

图 7-6　振动马达模块 IOTX-MOTOR 实物

任务实现

7.2.3　振动马达软件设计任务

1. 实验功能

（1）通过 GPIO 实现可穿戴技术开发平台振动马达模块 IOTX-MOTOR 中振动马达驱动。

（2）在 motorDeviceHandler()功能代码中实现振动马达驱动控制。

2. 参考代码

（1）在 IAR-EWSIM8 开发环境中打开名为“可穿戴技术-振动马达模块”的项目文件夹，打开 main.c 文件，输入函数 main()。

```
01 int main(void)
02 {
03   boardInit();
04
05   while (1)
06   {
07     tim2_appHandlerMainEntry();
08   }
09 }
```

代码分析：第 3 行代码调用 boardInit()函数，实现振动马达模块的初始化，完成振动马达模块主时钟和各外围接口的配置；第 5 行代码采用 while 循环方式实现主函数功能；第 7 行代码调用函数 tim2_appHandlerMainEntry()，激活振动马达控制功能。

（2）打开 board.c 文件，输入函数 tim2_appHandlerMainEntry()。

```
01 void tim2_appHandlerMainEntry(void)
02 {
03   if (FALSE == timeIrqed)
04   {
05     return;
06   }
07   timeIrqed = FALSE;
08
09 #if(BLE_BOARD == BLE_BOARD_TYPE_MOTOR)
```

```
10   motorDeviceHandler();
11 #endif
12 }
```

代码分析：第 3 行代码判断模块是否有未响应的定时器中断，如无则返回；第 9 行代码判断模块是否为振动马达模块，如果是振动马达模块，则调用 motorDeviceHandler()函数进行振动马达控制。

（3）打开 stm8l15x_gpio.c 文件，输入函数 GPIO_SetBits()。

```
01 void GPIO_SetBits(GPIO_TypeDef* GPIOx, uint8_t GPIO_Pin)
02 {
03   GPIOx->ODR |= GPIO_Pin;
04 }
```

代码分析：第 3 行代码将 GPIO 指定端口 ODR 指定引脚位置 1，即让指定引脚输出高电平。

（4）在 stm8l15x_gpio.c 文件中，输入函数 GPIO_ResetBits()。

```
01 void GPIO_ResetBits(GPIO_TypeDef* GPIOx, uint8_t GPIO_Pin)
02 {
03   GPIOx->ODR &= (uint8_t)(~GPIO_Pin);
04 }
```

代码分析：第 3 行代码将 GPIO 指定端口 ODR 指定引脚位清零，即让指定引脚输出低电平。

（5）打开 motor.c 文件，输入函数 motorRunning()。

```
01 void motorRunning(bool newState)
02 {
03   if (TRUE == newState)
04   {
05     GPIO_SetBits(MOTOR_GPIO_PORT, MOTOR_GPIO_PIN);
06   }
07   else
08   {
09     GPIO_ResetBits(MOTOR_GPIO_PORT, MOTOR_GPIO_PIN);
10   }
11 }
```

代码分析：第 3～6 行代码判断振动马达模块控制状态变量 newState，为真则调用函数 GPIO_SetBits()，将驱动振动马达的 GPIO 引脚置 1，输出高电平，振动马达开始振动；第 7～10 行代码，newState 为假则调用函数 GPIO_ResetBits()，将驱动振动马达的 GPIO 引脚清零，输出低电平，振动马达停止振动。

（6）在 motor.c 文件中，输入函数 motorDeviceHandler()。

```
01 void motorDeviceHandler(void)
02 {
03   switch (motorWorkMode)
04   {
05     case MOTOR_WORK_MODE_HOLD:
06       if (0 == runningTimeCount)
07       {
08         motorWorkMode = MOTOR_WORK_MODE_IDLE;
09         motorRunning(FALSE);
10         motorDisplay(motorWorkMode, 0);
11       }
12       else
13       {
14         motorRunning(TRUE);
15         runningTimeCount --;
16         motorDisplay(MOTOR_WORK_MODE_HOLD, runningTimeCount);
```

```
17        }
18        break;
19      case MOTOR_WORK_MODE_IDLE:
20        motorRunning(FALSE);
21        break;
22      default:
23        motorRunning(FALSE);
24        break;
25      }
26 }
```

代码分析：第 3 行代码，采用 switch 选择结构，判断全局变量 motorWorkMode 的值，决定执行哪条分支；第 5、6 行代码，如果是 MOTOR_WORK_MODE_HOLD 状态，则判断 runningTimeCount 振动次数情况；第 8～10 行代码，当 runningTimeCount 变量为 0 时，将振动马达状态修改为 MOTOR_WORK_MODE_IDLE，调用函数 motorRunning()，停止振动马达工作；第 14～16 行代码，调用函数 motorRunning()，驱动振动马达工作，将 runningTimeCount 变量自减 1，并调用函数 motorDisplay()在 OLED 显示屏上显示振动次数，如图 7-6 所示。

任务思考

（1）编写 GPIO 函数，获取振动马达驱动引脚输出状态。

（2）在函数 motorDeviceHandler()中 MOTOR_WORK_MODE_IDLE 分支结构下显示振动马达引脚状态，修改上述代码实现该功能。

08

第8章　项目2：加速度可穿戴设备开发

本章讲解加速度可穿戴设备开发，通过加速度传感器获取人体运动信息，实时采集人体在各个运动方向的加速度变化，最终实现可穿戴设备计步功能。本章设置两个任务：任务 1 讲解 STM8L I2C 应用，针对实验中加速度采集模块使用到的 STM8L 单片机 I2C 接口，从了解 I2C 通信原理开始介绍，学习和掌握 STM8L 单片机 I2C 使用方法，完成基于加速度采集模块的 I2C 实验任务；任务 2 讲解加速度传感器驱动开发，从介绍加速度传感器原理开始，讲解加速度采集模块硬件设计和软件设计，完成加速度可穿戴设备开发任务，实现人体运动信息的实时测量。

8.1 任务 1：STM8L I2C 应用

I2C 总线是由飞利浦公司开发的一种两线式串行总线，用于连接 MCU 及其外围设备。I2C 总线是由数据线（Serial Data，SDA）和时钟线（Serial Clock，SCL）构成的串行总线，可发送和接收数据。在加速度采集模块中，STM8L 通过 I2C 总线与加速度传感器通信，获取人体运动信息，实现可穿戴设备计步等功能。

任务目标

（1）掌握 STM8L I2C 工作原理。
（2）掌握 STM8L I2C 驱动程序开发方法。

知识准备

8.1.1 STM8L I2C 通信原理

I2C 总线只有两根双向信号线，分别是 SDA 和 SCL，如图 8-1 所示。I2C 总线通过上拉电阻拉到高电平，当总线空闲时，两根线均为高电平。I2C 总线通过总线方式可以级联多个外围设备。I2C 总线上各器件为线“与”关系，即 I2C 总线上的任一器件在总线上输出低电平，都将拉低总线为低电平。I2C 接口规范包括 3 种工作速度：100 kbit/s（正常）、400 kbit/s（快速）和 3.4 Mbit/s（高速）。大多数常见的器件只支持 100 kbit/s 和 400 kbit/s 两种工作速度。

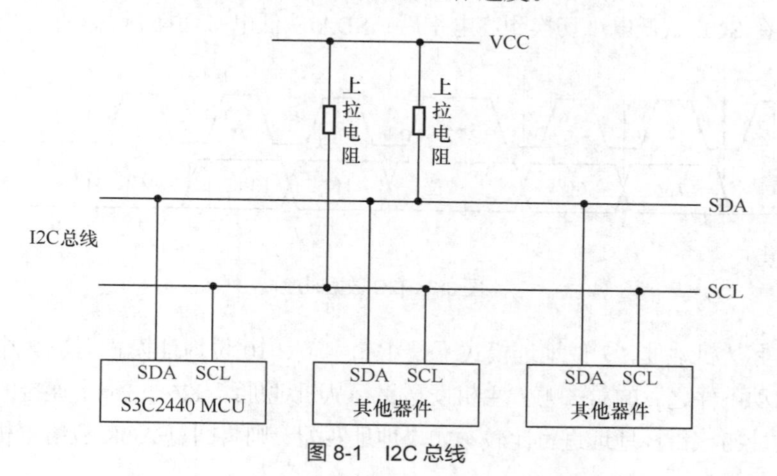

图 8-1　I2C 总线

I2C 总线上的每一个器件都可以作为主机或者从机，并且每一个器件都会有一个唯一的地址，I2C 总线通过这个地址进行设备寻址。通常情况下，将带有 I2C 总线接口的 STM8L 之类的器件称为主机，挂接在总线上的其他器件称为从机。

I2C 具有以下 4 种工作模式：

- 从机发送模式；
- 从机接收模式；
- 主机发送模式；

- 主机接收模式。

默认条件下，STM8L 工作于从机模式。当起始条件产生时，STM8L I2C 自动由从机模式切换到主机模式；当仲裁失败或停止条件产生时，则由主机模式切换到从机模式。

I2C 工作于主机模式时，I2C 接口启动数据传输并产生时钟信号。串行数据传输总是以起始条件开始并以停止条件结束。起始条件和停止条件都是在主机模式下由软件控制产生的。

I2C 工作于从机模式时，I2C 接口可以识别自己的地址（7 位或 10 位）和广播呼叫地址。STM8L 通过软件控制开启或禁止广播呼叫地址的识别。

I2C 总线按 8 bit（1 B）的长度传输数据和地址，高位在前。起始条件之后的 1 或 2 个字节（7 位地址模式下是 1 个字节，10 位地址模式下是 2 个字节）的内容是地址。I2C 只有工作在主机模式下才会发送地址。I2C 总线传递的 1 条消息会被分解为多个数据帧，每条消息都包含 1 个地址帧、1 个或多个数据帧、起始和停止条件、读/写位和 ACK / NACK 位，如图 8-2 所示。

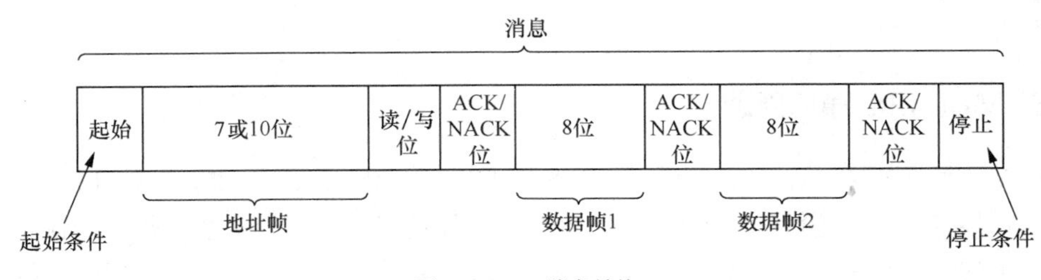

图 8-2 I2C 消息结构

起始条件：在 SCL 从高电平切换到低电平前，SDA 从高电平切换到低电平，如图 8-3 所示。

停止条件：在 SCL 从低电平切换到高电平后，SDA 从低电平切换到高电平，如图 8-3 所示。

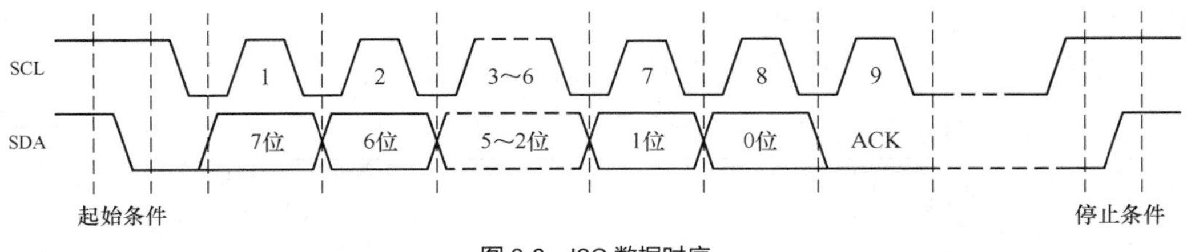

图 8-3 I2C 数据时序

地址帧：目标从机地址，7 位地址模式下是 1 个字节，10 位地址模式下是 2 个字节。地址帧始终是新消息中启动条件之后的第一帧。主机发送目标从机地址给 I2C 总线上连接的所有从机。每个从机将自己的地址与该目标地址进行比较，如果地址匹配，则将回复 ACK 位给主机；如果地址不匹配，则不执行任何操作。

读/写位：读/写标志位，该位为“0”（低电平）时，代表主机向从机发送数据；该位为“1”（高电平）时，代表主机向从机请求数据。

ACK/NACK 位：应答标志位，在消息中每个帧后跟 1 个应答标志位，如果发送的地址帧或数据帧被成功接收，则接收设备发送 ACK 位。图 8-3 所示，I2C 在传输 1 个字节后的第 8 个时钟至第 9 个时钟，I2C 接收设备必须在总线上回送 1 个 ACK 位给发送设备。

主机发送完地址帧后，将会检测应答标志位，当该标志位为 ACK 时，主机开始准备发送第一个数据帧。每个数据帧都有 8 个位，最高位在前。每个数据帧之后跟着 1 个应答标志位，表示该数据帧是否被目标机成功接收。在发送下一个数据帧之前，I2C 总线必须收到 ACK 标志位。如果主机收到 NACK 位或者在规定时间内没有收到任何应答标志位将视为超时，主机将放弃下一个数据帧的发送，并直接发送停止条件，停止此次的消息发送。在发送了所有数据帧之后，主机也会向从机发送停止条件以停止传输。

8.1.2 STM8L I2C 通信模式

I2C 通信模式实现主机和从机之间的读/写操作，主要分为 3 种模式。

1. 主机向从机发送数据

主机向从机发送数据的时序如图 8-4 所示。

（1）发送起始条件。

（2）发送从机地址。

（3）发送读/写位。此时发送低电平，代表“写”，也就是主机向从机发送数据。

（4）等待应答。得到从机响应的 ACK 后，向下进行。

（5）发送数据帧。1 个数据帧有 8 个位，高位在前。

（6）等待应答。得到从机响应的 ACK 后，继续发送数据帧，周而复始，直至发送完毕。

（7）发送停止条件。

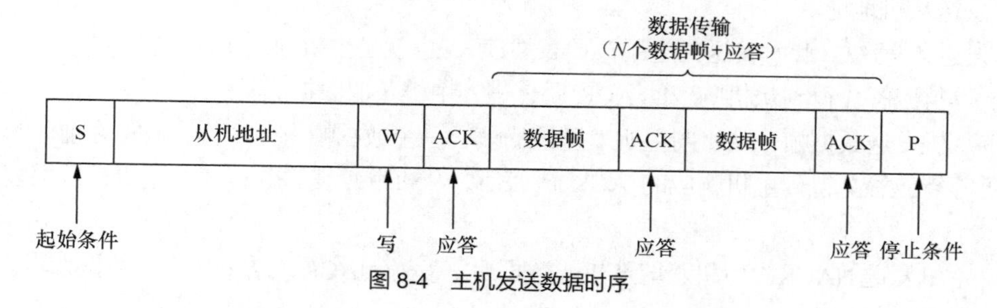

图 8-4　主机发送数据时序

2. 主机向从机获取数据

主机向从机获取数据的时序如图 8-5 所示。

（1）发送起始条件。

（2）发送从机地址。

（3）发送读/写位。此时发送高电平，代表“读”，也就是主机向从机获取数据。

（4）等待应答。得到从机响应的 ACK 后，向下进行。

（5）从机发送数据帧。1 个数据帧有 8 个位，高位在前。

（6）等待应答。得到主机响应的 ACK 后，从机继续发送数据帧给主机，周而复始，直至发送完毕。

（7）主机发送 NACK。主机获取从机的数据后，发送 NACK，结束从机的数据发送。

（8）发送停止条件。

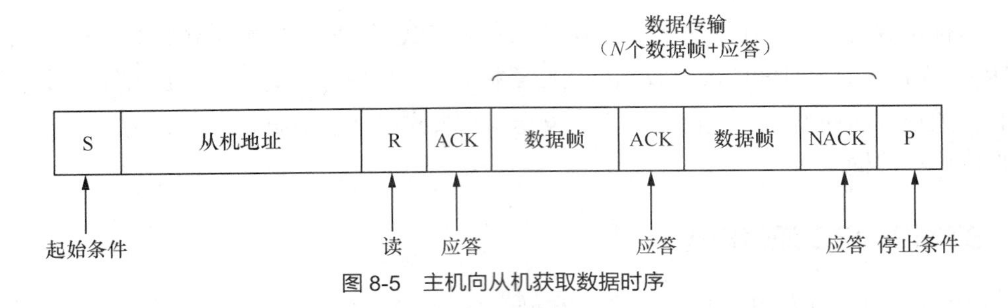

图 8-5 主机向从机获取数据时序

3. 主机向从机发送数据和获取数据混合操作

主机先向从机发送数据，再获取数据的时序如图 8-6 所示。

（1）发送起始条件。

（2）发送从机地址。

（3）发送读/写位。此时发送低电平，代表“写”，也就是主机向从机发送数据。

（4）等待应答。得到从机响应的 ACK 后，进入主机数据发送流程。

（5）发送数据帧。主机向从机发送数据帧，一个数据帧有 8 个位，高位在前。

（6）等待应答。得到从机响应的 ACK 后，继续发送数据帧，周而复始，直至发送完毕。

（7）发送重复的起始条件。

（8）发送从机地址。

（9）发送读/写位。此时发送高电平，代表“读”，也就是主机向从机获取数据。

（10）等待应答。得到从机响应的 ACK 后，进入主机获取数据流程。

（11）从机发送数据帧。从机向主机发送数据帧，一个数据帧有 8 个位，高位在前。

（12）等待应答。得到主机响应的 ACK 应答后，从机继续发送数据帧给主机，周而复始，直至发送完毕。

（13）主机发送 NACK。主机获取从机的数据后，发送 NACK，结束从机的数据发送。

（14）发送停止条件。

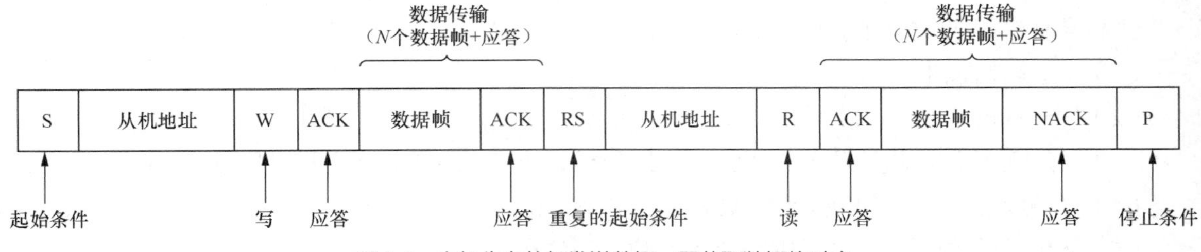

图 8-6 主机先向从机发送数据，再获取数据的时序

主机先向从机获取数据，再发送数据的时序如图 8-7 所示。

（1）发送起始条件。

（2）发送从机地址。

（3）发送读/写位。此时发送高电平，代表“读”，也就是主机读取从机数据。

（4）等待应答。得到从机响应的 ACK 后，进入主机数据获取流程。

（5）从机发送数据帧。从机向主机发送数据帧，一个数据帧有 8 个位，高位在前。

（6）等待应答。得到主机响应的 ACK 后，从机继续发送数据帧给主机，周而复始，直至发送完毕。

（7）主机发送 NACK。主机获取从机的数据后，发送 NACK，结束从机的数据发送。

（8）发送重复的起始条件。

（9）发送从机地址。

（10）发送读/写位。此时发送低电平，代表“写”，也就是主机向从机发送数据。

（11）等待应答。得到从机响应的 ACK 后，进入主机数据发送流程。

（12）发送数据帧。主机向从机发送数据帧，一个数据帧有 8 个位，高位在前。

（13）等待应答。得到从机响应的 ACK 应答后，继续发送数据帧，周而复始，直至发送完毕。

（14）发送停止条件。

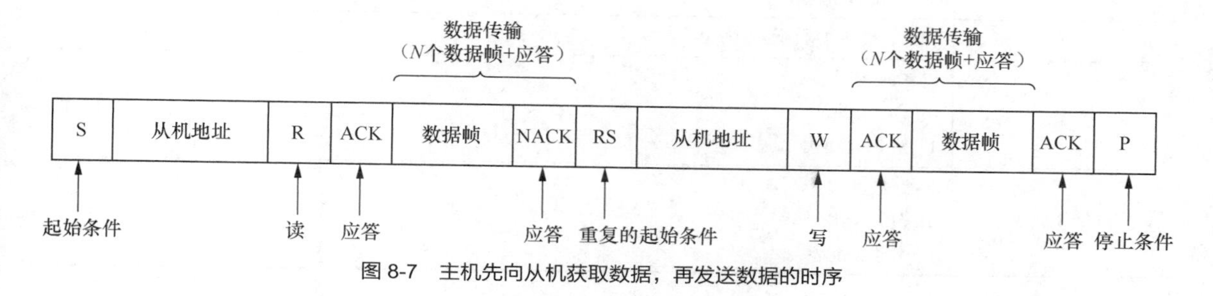

图 8-7　主机先向从机获取数据，再发送数据的时序

8.1.3　STM8L I2C 相关寄存器

STM8L I2C 相关寄存器主要包括控制寄存器 I2C_CR1、I2C_CR2，频率寄存器 I2C_FREQR，地址寄存器低位部分 I2C_OAR1L，地址寄存器高位部分 I2C_OAR1H，通过设置这些寄存器相应的数值，实现 I2C 总线管理。

1. I2C_CR1

地址：0x00。

复位值：0x00。

I2C_CR1 位说明和功能如表 8-1、表 8-2 所示。

表 8-1　I2C_CR1 位说明

位	7	6	5	4	3	2	1	0
名称	NOSTRETCH	ENGC	ENPEC	ENARP	SMBTYPE	保留	SMBUS	PE
读写	rw	rw	rw	rw	rw	保留	rw	rw

表 8-2　I2C_CR1 位功能

位	功能
7	该位用于在从机模式中禁止时钟延长。 0：允许时钟延长。 1：禁止时钟延长
6	广播呼叫地址使能。 0：禁止广播呼叫。地址 0b00000000 会发送 NACK。 1：启用广播呼叫。地址 0b00000000 会发送 ACK

续表

位	功能
5	启用 PEC。 0：禁用 PEC 计算。 1：启用 PEC 计算
4	启用地址解析协议（Address Resolution Protocol，ARP）。 0：禁用 ARP。 1：启用 ARP
3	SMBus 类型。 0：SMBus 设备。 1：SMBus 主机
2	保留，被硬件强制设置为 0
1	SMBus 模式。 0：I2C 模式。 1：SMBus 模式
0	外设使能。 0：外设禁用。 1：外设使能

2. I2C_CR2

地址：0x01。

复位值：0x00。

I2C_CR2 位说明和功能如表 8-3、表 8-4 所示。

表 8–3　　I2C_CR2 位说明

位	7	6	5	4	3	2	1	0
名称	SWRST	保留	ALERT	PEC	POS	ACK	STOP	START
读写	rw		rw	rw	rw	rw	rw	rw

表 8–4　　I2C_CR2 位功能

位	功能
7	软件复位。 设置时，I2C 处于重置状态。在重置此位之前，请确保 I2C 总线已释放且总线空闲。 0：I2C 外设未处于重置状态。 1：I2C 外设处于重置状态。 注意：当总线上未检测到停止条件时，此位可用于将 BUSY 位设置为“1”
6	保留
5	SMBus 通知。 此位由软件设置和清除，并在 PEC=0 时由硬件清除。 0：释放 SMBAlert 引脚高。 1：驱动 SMBAlert 引脚低

续表

位	功能
4	数据包错误检查。 此位由软件设置和清除，并在 PEC 传输或起始条件、停止条件传输或 PEC=0 时由硬件清除。 0：无 PEC 传输。 1：PEC 传输（在 Tx 或 Rx 模式下）。 注意：PEC 计算因仲裁损失而损坏
3	确认位置（用于数据接收）。 此位由软件设置和清除，并在 PEC=0 时由硬件清除。 0：ACK 位控制在移位寄存器中接收的当前字节的 NACK/ACK。PEC 位指示移位寄存器中的当前字节为 PEC。 1：ACK 位控制将在移位寄存器中接收的下一个字节的 NACK/ACK。PEC 位指示移位寄存器中的下一个字节为 PEC
2	确认启用。 此位由软件设置和清除，并在 PEC=0 时由硬件清除。 0：未返回确认。 1：接收字节后返回的确认（匹配的地址或数据）
1	停止生成。 该位由软件置位和清零，当检测到停止条件时由硬件清零，当检测到超时错误时由硬件置位。 - 在主模式下： 0：无停止生成。 1：在当前字节传输或当前启动条件发送后停止生成。 - 在从模式下： 0：无停止生成。 1：在当前字节传输后释放 SCL 和 SDA 线
0	开始生成。 该位由软件置位和清零，当开始发送或 PE=0 时由硬件清零。 - 在主模式下： 0：无开始生成。 1：重复开始生成。 - 在从模式下： 0：无开始生成。 1：总线空闲时开始生成

3. I2C_FREQR

地址：0x02。

复位值：0x00。

I2C_FREQR 位说明和功能如表 8-5、表 8-6 所示。

表 8–5　I2C_FREQR 位说明

位	7	6	5	4	3	2	1	0
名称	保留		FREQ[5:0]					
读写	r		rw					

表 8-6　I2C_FREQR 位功能

位	功能
7:6	保留
5:0	外围时钟频率。 输入时钟频率必须编程以生成正确的时序： 允许的范围为 1 MHz ~ 16 MHz。 000000：不允许。 000001：1 MHz。 000010：2 MHz。 …… 010000：16 MHz。 最高值：不允许

4. I2C_OAR1L

地址：0x03。

复位值：0x00。

I2C_OAR1L 说明和功能如表 8-7、表 8-8 所示。

表 8-7　I2C_OAR1L 说明

位	7	6	5	4	3	2	1	0
名称	ADD[7:1]							ADD0
读写	rw							rw

表 8-8　I2C_OAR1L 功能

位	功能
7:1	接口地址。 地址位 7:1
0	接口地址。 7 位寻址模式：无效位。 10 位寻址模式：地址位 0

5. I2C_OAR1H

地址：0x04。

复位值：0x00。

I2C_OAR1H 说明和功能如表 8-9、表 8-10 所示。

表 8-9　I2C_OAR1H 说明

位	7	6	5	4	3	2	1	0
名称	ADDMODE	ADDC0NF	保留			ADD[9:8]		保留
读写	rw	rw	r			rw		r

表 8–10　I2C_OAR1H 功能

位	功能
7	寻址模式（从机模式）。 0：7 位从机地址。 1：10 位从机地址
6	地址模式配置。 此位必须由软件设置（必须始终写入“1”）
5:3	保留
2:1	接口地址。 10 位寻址模式：地址位 9:8
0	保留

任务实现

8.1.4　STM8L I2C 实验任务

1. 实验功能

（1）通过 I2C 接口实现可穿戴技术开发平台 WLCK-STM8LDB 单元中 AT24C02 芯片驱动。

（2）在 I2C 接口功能代码中实现 AT24C02 芯片存储测试，并给出测试结果。

2. 参考代码

（1）在 IAR-EWSTM8 开发环境中打开名为“可穿戴技术 STM8L I2C 接口实验”的项目文件夹，打开 main.c 文件，输入函数 main()。

```
01 int main(void)
02 {
03  disableInterrupts();
04  ClockSwitch_HSE();
05  IIC_Init();
06  UART1_Init(9600);
07  I2C_AT24C02_Test();
08  printf("\r\nAT24C02 Test Finish!");
09  while(1)
10  {
11  }
12 }
```

代码分析：第 3 行代码用于关闭总中断，其目的是在单片机上电初始化完成之前禁止中断，避免造成运行错误；第 4 行代码用于进行时钟初始化；第 5 行代码调用 IIC_Init()函数，完成 STM8L I2C 接口初始化；第 6 行代码调用 UART1_Init()函数，完成 STM8L 串口初始化，波特率为 9600 波特；第 7 行代码调用 I2C_AT24C02_Test()函数，通过 I2C 接口进行 AT24C02 的测试；第 9 行代码是 while 循环，等待串口中断的产生。

（2）打开 AT24C02.c 文件，输入函数 IIC_Init()。

```
01 void IIC_Init()
02 {
03  CLK_PeripheralClockConfig(CLK_Peripheral_I2C1, ENABLE);
04
```

```
05  I2C_Cmd(I2C1, ENABLE);
06
07  I2C_Init(I2C1,I2C_SPEED,I2C_SLAVE_ADDRESS7,I2C_Mode_I2C,
08  I2C_DutyCycle_2,I2C_Ack_Enable, I2C_AcknowledgedAddress_7bit);
09 }
```

代码分析：第3行代码使能I2C时钟信号；第5行代码使能I2C接口；第7、8行代码调用I2C_Init()函数，设置I2C接口参数，包括指定的I2C接口、I2C接口时钟频率、I2C地址、I2C总线模式、I2C接口时钟占空比、I2C ACK机制、I2C地址类型（7位还是10位地址）。

（3）在AT24C02.c文件中，输入函数I2C_AT24C02_Test ()。

```
01 void I2C_AT24C02_Test(void)
02 {
03  unsigned int i;
04  unsigned char Data_Buf[64];
05
06  printf("Data written to AT24C02 is:\n\r");
07  for(i = 0; i < 64; i++)
08  {
09    Data_Buf[i] = i ;
10    printf("0x%x\t" , Data_Buf[i]);
11  }
12  printf("\n\r");
13
14  for(i = 0; i < 8; i++)
15  {
16    IIC_Write(0xa0, 8*i, Data_Buf[8*i], 8);
17    Delayms(5);
18  }
19
20  for(i = 0; i < 64;i++)
21  {
22    Data_Buf[i] = 0;
23  }
24
25  printf("Data read from AT24C02 is:\n\r");
26  IIC_Read(0xa0, 0, Data_Buf, 64);
27
28  for(i = 0; i < 64; i++)
29  {
30    if(Data_Buf[i]!= i)
31    {
32      printf("Error: AT24C02 data verification failed!\n\r");
33      while(1);
34    }
35    printf("0x%X\t", Data_Buf[i]);
36  }
37  printf("\r\nAT24C02 data correct!\n\r");
38 }
```

代码分析：第3、4行代码定义了变量i和长度为64的缓存数组Data_Buf；第7～11行代码通过for循环向数组Data_Buf进行赋值，数值为0～63，并通过串口输出；第14～18行代码通过for循环分批向AT24C02写入数组Data_Buf的数值，每次写入8个字节；第20～23行代码清空数组Data_Buf；第26行代码通过I2C接口从AT24C02读出写入的数据，并放置到数组Data_Buf中；第28～36行代码通过for循环进行数据校验，判断从AT24C02读出的数据是否与写入的一致，并输出结果。

任务思考

修改写入 AT24C02 内容，然后进行 I2C 写入和读出数据校验，修改上述代码实现该功能。

8.2　任务 2：加速度传感器驱动开发

加速度传感器是可穿戴设备的重要组成部分。人在走动的过程中会产生具有一定规律的振动，加速度传感器通过检测振动的过零点，计算出人所走的步数或者跑步的步数，从而计算出人体位移。本任务学习加速度传感器原理，学习和掌握加速度传感器软件开发，完成加速度可穿戴设备开发任务，实现人体运动信息的实时测量。

任务目标

（1）掌握加速度传感器原理。
（2）掌握加速度传感器开发方法。

知识准备

8.2.1　加速度传感器原理

加速度传感器是一种能够测量加速度的传感器，通常由质量块、阻尼器、弹性元件、敏感元件等组成。在测量对象加速过程中，加速度传感器通过对质量块所受惯性力的测量，利用牛顿第二定律获得加速度值。根据传感器敏感元件的不同，常见的加速度传感器类型包括电容式、电感式、应变式、压阻式等。

加速度传感器实际上用 MEMS 技术检测惯性力造成的微小形变，把加速度传感器水平静止放在桌面，它的 *Z* 轴输出的是 1g 的加速度，因为它 *Z* 轴方向被重力向下拉出了形变，但是，加速度传感器不会区分重力加速度与外力加速度。在测试对象静止或匀速直线运动的时候，加速度传感器仅仅测量重力加速度，而重力加速度与 *R* 坐标系（绝对坐标系）是固连的，通过这种关系，可以得到加速度传感器所在平面与地面的角度关系，也就是横滚角和俯仰角，如图 8-8 所示。

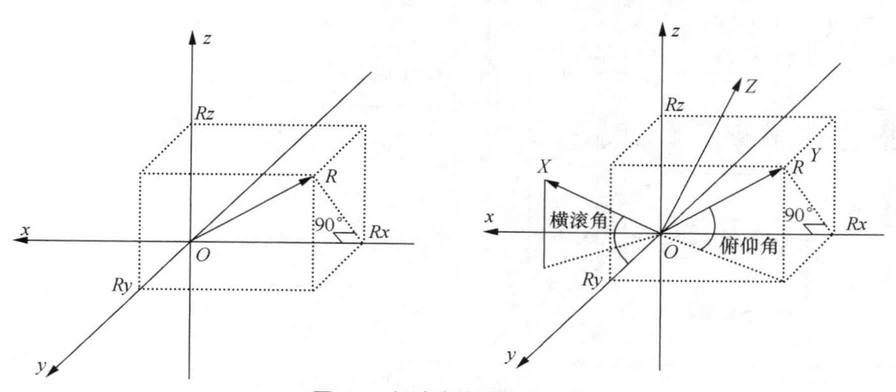

图 8-8　加速度传感器坐标系

8.2.2 加速度传感器特性

MPU-60×0 是 6 轴运动处理传感器，如图 8-9 所示。它集成了 3 轴 MEMS 陀螺仪、3 轴 MEMS 加速度传感器，以及一个可扩展的数字运动处理器（Digital Motion Processor，DMP），可用 I2C 接口连接一个第三方的数字传感器，比如磁力计。扩展之后就可以通过其 I2C 或 SPI（SPI 仅在 MPU-6000 可用）输出一个 6 轴的信号。

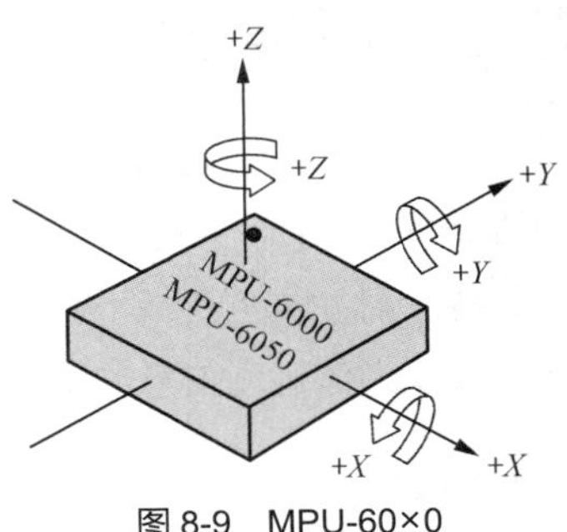

图 8-9 MPU-60×0

MPU-60×0 也可以通过其 I2C 接口连接非惯性的数字传感器，比如压力传感器。MPU-60 × 0 对陀螺仪和加速度传感器分别用了 3 个 16 位的 ADC，将其测量的模拟量转化为可输出的数字量。为了精确跟踪快速和慢速的运动，传感器的测量范围都是用户可控的，陀螺仪可测范围为 ± 250 °/s、 ± 500 °/s、 ± 1000 °/s、 ± 2000 °/s，加速度传感器可测范围为 ± 2g、 ± 4g、 ± 8g、 ± 16g。一个片上 1024 B 的先进先出（First Input First Output，FIFO）存储器，有助于降低系统功耗。MPU-60×0 和所有设备寄存器之间的通信采用 400 kHz 的 I2C 接口或 1 MHz 的 SPI。对于需要高速传输的应用，对寄存器的读取和中断可用 20 MHz 的 SPI。另外，MPU-60×0 片上还内嵌了一个温度传感器和在工作环境下仅有 ± 1%变动的振荡器。MPU-60×0 内部结构如图 8-10 所示。

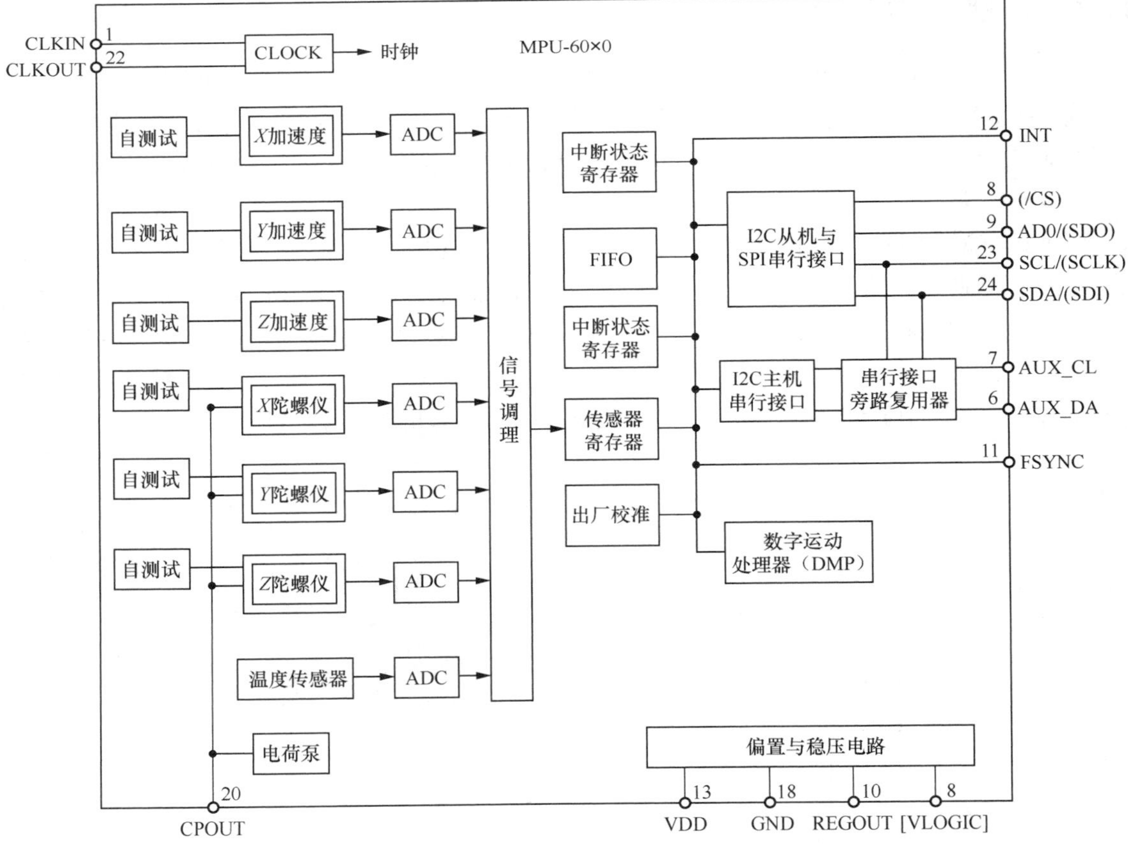

图 8-10 MPU-60×0 内部结构

MPU-60×0 工作电路如图 8-11 所示。MPU-60×0 尺寸为 4 mm × 4 mm × 0.9 mm，采用 QFN 封装，可承受最大 10000g 的冲击，并有可编程的低通滤波器。关于工作电源，MPU-60×0 可支持的 VDD 范围有（2.5 ± 5%）V、（3.0 ± 5%）V 或（3.3 ± 5%）V。另外，MPU-6050 还有一个 VLOGIC 引脚，用来为 I2C 输出提供逻辑电平，VLOGIC 电压可取（1.8 ± 5%）V 或者 VDD。

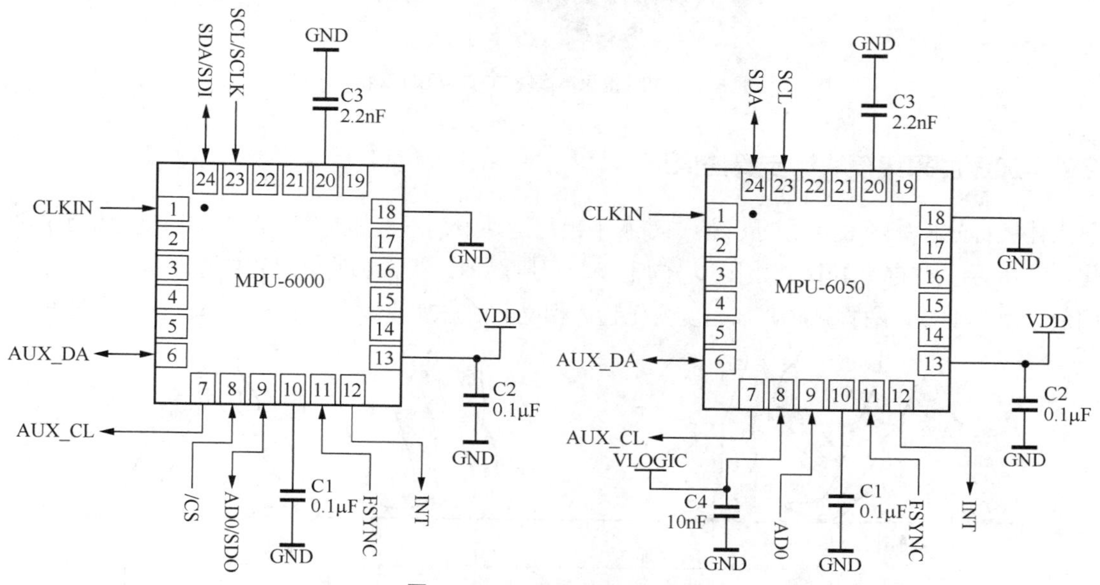

图 8-11　MPU-60×0 工作电路

8.2.3　加速度采集模块硬件设计

本章所讲解的加速度可穿戴设备开发是基于可穿戴技术开发平台 WLCK-WTechPlatform 的加速度采集模块 IOTX-ASU 进行的。该加速度采集模块使用 MPU-6050 运动处理器，通过 I2C 接口与 STM8L 通信，其电路原理如图 8-12 所示。

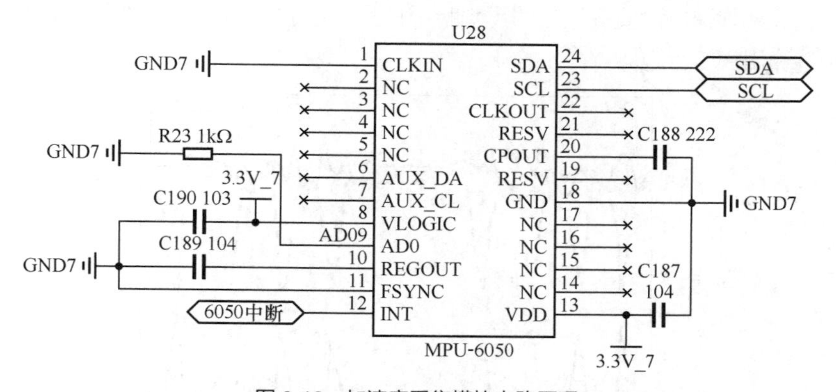

图 8-12　加速度采集模块电路原理

加速度采集模块 IOTX-ASU（见图 8-13）和蓝牙模块通过排线连接，每个模块两端有用来固定绑带的“耳朵”，能够实现在手部固定，进行可穿戴设备仿真。加速度传感器模块通过 I2C 总线与蓝牙模块通信，并由蓝牙模块将数据通过蓝牙上传给手机 App 进行显示和处理。

图 8-13　加速度采集模块 TOTX-ASU 实物

8.2.4　加速度采集模块计步算法原理

人体步行分析如图 8-14 所示。用户在水平步行运动中，垂直加速度、前进加速度会呈现周期性变化。在步行收脚的动作中，由于重心向上，单只脚触地，垂直加速度呈正向增加的趋势；之后继续向前，重心下移，两脚触底，加速度变化趋势相反。前进加速度在收脚时减小，在迈步时增加。

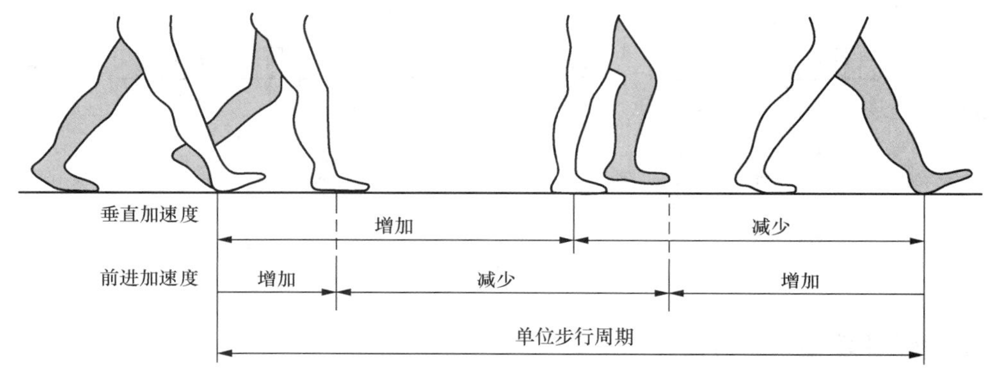

图 8-14　人体步行分析

通过加速度采集模块所采集人体步行数据（见图 8-15）可以看出，在步行运动中，垂直方向和前进方向产生的加速度与时间大致为正弦曲线，而且在某点有一个峰值。垂直方向的加速度变化最大，通过对峰值进行检测计算和加速度阈值决策，即可判断用户是否处于步行状态，实时计算用户步行的步数，还可依此进一步估算用户步行距离。

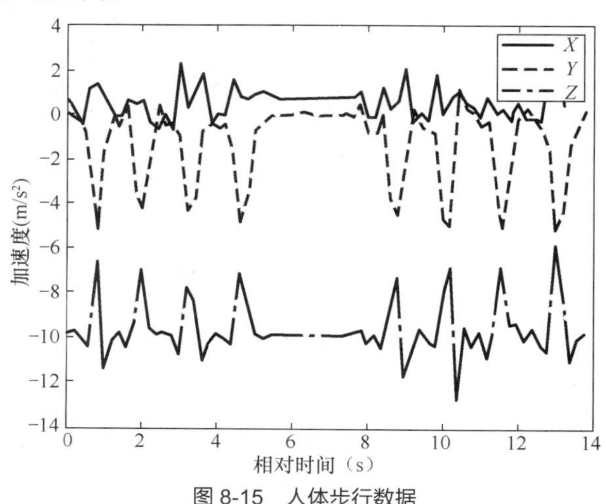

图 8-15　人体步行数据

人体运动的 3 个方向如图 8-16 所示，合理计算步数要考虑 3 个方面。

（1）要综合计算 3 个方向的加速度的矢量长度变化，记录步行轨迹。

（2）峰值检测，通过矢量长度的变化，可以判断目前加速度的方向，并和上一次保存的加速度方向进行比较。如果是相反的，即刚过峰值状态，则进入计步逻辑进行计步。通过对峰值的次数累加，可得到用户的步数。

（3）判断峰值时通过设定阈值和步频去除干扰，使计步更准确。

MPU-60×0 对陀螺仪和加速度传感器分别用了 3 个 16 bit 的 ADC，将其测量的模拟量转化为可输出的数字量。为了精确跟踪快速和慢速的运动，传感器的测量范围都是用户可控的。单片机先通过 IIC 接口将 MPU-60×0 内的 x、y、z 的 3 个轴的加速度数据读回来，再通过迭代整合运算将 3 个轴的加速度数据换算成运动步伐。

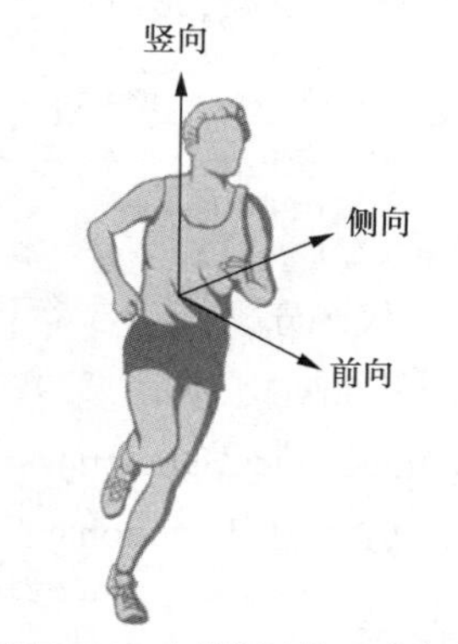

图 8-16　人体运动的 3 个方向

任务实现

8.2.5　加速度采集模块软件设计任务

1. 实验功能

（1）通过 I2C 接口实现可穿戴技术开发平台加速度采集模块单元中加速度传感器驱动。

（2）在 motion-entry()功能代码中实现人体运动计步功能，在 OLED 显示屏上显示计步数据。

2. 参考代码

（1）在 IAR-EWSTM8 开发环境中打开名为“IOTX-WearableTech\Motion\PRG\Project”的项目文件夹，打开 main.c 文件，输入函数 main()。

```
01 int main(void)
02 {
03  boardInit();
04
05  while (1)
06  {
07    tim2_appHandlerMainEntry();
08    motion_entry();
09  }
10 }
```

代码分析：第 3 行代码调用 boardInit()函数，实现心率传感模块的初始化，完成心率传感模块主时钟和各外围接口的配置；第 5 行代码是 while 循环，采用死循环方式实现主函数功能；第 7 行代码调用函数 tim2_appHandlerMainEntry()，实现定时处理；第 8 行代码调用函数 motion_entry()，实现人体计步数据的计算和显示。

（2）打开 board.c 文件，输入函数 tim2_appHandlerMainEntry()。

```
01 void tim2_appHandlerMainEntry(void)
02 {
03  if (FALSE == timeIrqed)
04  {
05    return;
```

```
06   }
07   timeIrqed = FALSE;
08
09 #if(BLE_BOARD == BLE_BOARD_TYPE_MOTOR)
10   motionDeviceHandler();
11 #endif
12 }
```

代码分析：第 3 行代码判断定时中断标志位 timeIrqed 是否有效，无效则退出 tim2_appHandler MainEntry()函数；第 9 行代码判断模块类型是否为 BLE_BOARD_TYPE_MOTOR，如果是则调用 motionDeviceHandler()函数。

（3）打开 motion.c 文件，输入函数 motionDeviceHandler()。

```
01 void motionDeviceHandler(void)
02 {
03   static uint8_t timeCnt = 255;
04   struct motionData_t acc_date;
05
06   if (0 == timeCnt)
07   {
08     timeCnt = MOTION_READ_FREP;
09     acc_date.acc_x = GetData( & motionIIC, ACCEL_XOUT_H);
10     acc_date.acc_y = GetData( & motionIIC, ACCEL_YOUT_H);
11     acc_date.acc_z = GetData( & motionIIC, ACCEL_ZOUT_H);
12     acc_date.time = getSystemMsTime();
13     motionRingQInsert( &acc_date, &motionQBuff);
14   }
15   else
16   {
17     timeCnt --;
18   }
19 }
```

代码分析：第 6 行代码判断周期采样定时器变量 timeCnt，如果为 0 则执行第 8～13 行代码，否则执行第 17 行代码，递减变量 timeCnt；第 8 行代码将 timeCnt 赋值为 MOTION_READ_FREP，设置为 50 ms；第 9～11 行代码，通过 I2C 接口分别读取加速度传感器的 x、y、z 轴方向运动数据；第 13 行代码将采集的相关数据存入队列 motionQBuff。

（4）在 motion.c 文件中，输入函数 motion_entry()。

```
01 void motion_entry(void)
02 {
03   struct motionData_t acc_date;
04   int16_t readBuff[3];
05   int8_t i;
06   char str[9] = "Step:";
07
08   if (FALSE == motionRingQCheckout(&acc_date, &motionQBuff))
09   {
10     return;
11   }
12   readBuff[0] = acc_date.acc_x;
13   readBuff[1] = acc_date.acc_y;
14   readBuff[2] = acc_date.acc_z;
15
16   for (i = 0; i < 3; i ++)
17   {
```

```
18     filter[i][2] = filter[i][1];
19     filter[i][1] = filter[i][0];
20     filter[i][0] = readBuff[i];
21     means[i] = filter[i][0] + filter[i][1] + filter[i][2];
22     means[i] /= 3;
23     if (means[i] > max[i])
24     {
25       max[i] = means[i];
26     }
27     if (means[i] < min[i])
28     {
29       min[i] = means[i];
30     }
31   }
32   sampCnt ++;
33
34   if (sampCnt > 50)
35   {
36     sampCnt = 0;
37     for (i = 0; i < 3; i ++)
38     {
39       vpp[i] = max[i] - min[i];
40       dc[i] = min[i] + (vpp[i] >> 1);
41       max[i] = 0;
42       min[i] = 1023;
43       bad_flag[i] = 0;
44       if (vpp[i] >= 160)
45       {
46         precision[i] = vpp[i] / 32; //8
47       }
48       else if ((vpp[i] >= 50) && (vpp[i] < 160))
49       {
50         precision[i] = 4;
51       }
52       else if ((vpp[i] >= 15) && (vpp[i] < 50))
53       {
54         precision[i] = 3;
55       }
56       else
57       {
58         precision[i] = 2;
59         bad_flag[i] = 1;
60       }
61     }
62   }
63
64   for (i = 0; i < 3; i++)
65   {
66     old_fixed[i] = new_fixed[i];
67     if (means[i] >= new_fixed[i])
68     {
69       if ((means[i] - new_fixed[i]) >= precision[i])
70       {
71         new_fixed[i] = means[i];
72       }
73     }
```

```
74      else if (means[i] < new_fixed[i])
75      {
76        if ((new_fixed[i] - means[i]) >= precision[i])
77        {
78          new_fixed[i] = means[i];
79        }
80      }
81    }
82
83
84    if ((vpp[0] >= vpp[1]) && (vpp[0] >= vpp[2]))
85    {
86      if ((old_fixed[0]>=dc[0]) && (new_fixed[0]<dc[0]) && (bad_flag[0]==0))
87      {
88        stepCount ++;
89        intNumToStr(stepCount, & str[strlen(str)]);
90        OLED_ShowString(2, 4, str);
91      }
92    }
93    else if ((vpp[1] >= vpp[0]) && (vpp[1] >= vpp[2]))
94    {
95      if ((old_fixed[1]>=dc[1]) && (new_fixed[1]<dc[1]) && (bad_flag[1]==0))
96      {
97        stepCount ++;
98        intNumToStr(stepCount, & str[strlen(str)]);
99        OLED_ShowString(2, 4, str);
100     }
101   }
102   else if ((vpp[2] >= vpp[1]) && (vpp[2] >= vpp[0]))
103   {
104     if ((old_fixed[2]>=dc[2]) && (new_fixed[2]<dc[2]) && (bad_flag[2]==0))
105     {
106       stepCount ++;
107       intNumToStr(stepCount, & str[strlen(str)]);
108       OLED_ShowString(2, 4, str);
109     }
110   }
111 }
```

代码分析：第 8～14 行代码将加速度传感器数据从队列 motionQBuff 中取出，赋值给数组 readBuff；第 16～31 行代码筛选加速度传感器采样数据，获取极限均值；第 32 行代码进行均值次数累计；第 34～62 行代码，均值处理次数达到门限后，求得 x、y、z 轴方向动态精度 precision[i]和动态阈值 dc[i]；第 64～81 行代码修正 x、y、z 轴方向加速度变化量 new_fixed[i]；第 84～110 行代码判断 x、y、z 轴方向数据变化趋势，进行计步计算，给出结果，赋值给 stepCount，并显示。

任务思考

判断计步数据，如果大于 10 步，则 OLED 显示屏显示“OK!”，如果小于或等于 10 步，则 OLED 显示屏显示 “More!”，修改上述代码实现该功能。

09 第9章　项目3：体温可穿戴设备开发

本章讲解体温可穿戴设备开发，通过与皮肤接触的温度传感器 MLX90615，实时采集人体在日常生活中的体温变化，间接获得人体健康状态。本章设置两个任务：任务 1 讲解 STM8L 定时器应用，针对实验中人体体温信息采集模块使用到的 STM8L 定时器，从了解 TIM2 通用定时器功能开始，学习和掌握 STM8L 定时器的配置和开发方法，完成基于人体体温信息采集模块的周期采样实验任务；任务 2 讲解温度传感器驱动开发，从介绍温度传感器特性开始，讲解人体体温信息采集模块硬件设计和软件设计，完成体温可穿戴设备开发任务。

9.1 任务1：STM8L 定时器应用

定时器/计数器既可以实现定时功能，还可以对外部信号进行计数。微处理器通过定时器实现可编程定时功能，通过软件设置定时时间，满足诸如时钟、周期性工作等要求，灵活性高。在人体体温信息采集模块中，STM8L 通过定时器周期性地获取温度传感器信号，实现体温信息计算。

任务目标

（1）掌握 STM8L 定时器原理和配置方法。

（2）掌握 STM8L 定时器开发方法。

知识准备

9.1.1 STM8L 定时器功能

STM8L 系列包含 3 种定时器类型：高级定时器（TIM1）、通用定时器（TIM2、TIM3、TIM5）和基础定时器（TIM4）。3 种定时器基本结构相同，高级定时器和通用定时器都是 16 位定时器，基础定时器是 8 位定时器。本章主要介绍通用定时器 TIM2，通用定时器由带有可编程预分频器的 16 位自动重载计数器构成，有多种用途，包括：

- 时基产生；
- 测量输入信号的脉冲长度（输入捕捉）；
- 生成输出波形（输出比较，脉宽调制和脉冲模式）；
- 中断能力的各种事件（捕获、比较、溢出）；
- 同步其他计时器或外部信号（外部时钟、复位、触发使能）。

1. **通用定时器主要功能**

（1）16 位向上、向下、上/下自动重载计数器。

（2）3 位可编程预分频器，计数器时钟频率的分频系数为 1 ~ 128 内 2 的幂。

（3）2 个独立的通道：

- 输入捕捉；
- 输出比较；
- PWM 生成（边缘对齐方式）；
- 单脉冲模式输出。

（4）定时器中断/直接存储器访问（Direct Memory Access，DMA）产生源。

- 更新（计数器溢出、计数器初始化）；
- 输入捕捉；
- 输出比较；
- 中断输入；
- 触发事件（计数器启动、停止、按内部/外部触发计数）。

2. 时基单元

时基单元（见图 9-1）包含：

- 16 位上/下双向计数器；
- 16 位自动重载寄存器；
- 3 位可编程分频器。

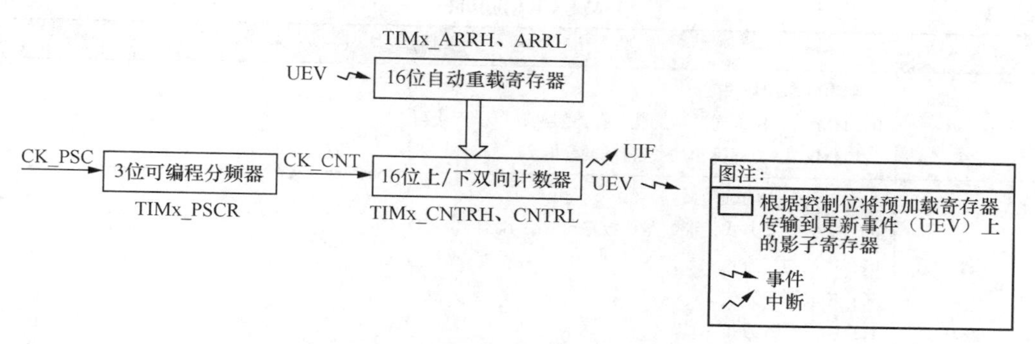

图 9-1　时基单元

计数器使用内部时钟，它直接连接到 CK_PSC 时钟，该可编程分频器产生计数器时钟 CK_CNT。可编程分频器通过 TIMx_PSCR 中的 3 个位来控制 7 位计数器，计数器时钟频率预分频器会被设置为除以 1、2、4、8、16、32、64 或 128。计数器时钟频率计算如下：

$$f_{CK\_CNT} = f_{CK\_PSC} / 2^{PSCR[2:0]}$$

3. 定时器中断

通用定时器有 5 个中断源，如下：

- 捕获/比较 2 中断；
- 捕获/比较 1 中断；
- 更新中断；
- 中断输入；
- 触发中断。

9.1.2　STM8L 定时器相关寄存器

STM8L 定时器相关寄存器包括控制寄存器 TIMx_CR1、状态寄存器 TIMx_SR1、中断使能寄存器 TIMx_IER、预分频器 TIMx_PSCR、自动重载寄存器高位 TIMx_ARRH、自动重载寄存器低位 TIMx_ARRL、计数器高位 TIMx_CNTRH、计数器低位 TIMx_CNTRL，通过设置这些寄存器相应的数值，实现定时器相关功能。

1. TIMx_CR1

地址偏移值：0x00。

复位值：0x00。

TIMx_CR1 位说明和功能如表 9-1、表 9-2 所示。

表 9-1 TIMx_CR1 位说明

位	7	6	5	4	3	2	1	0
名称	ARPE	CMS[1:0]		DIR	OPM	URS	UDIS	CEN
读写	rw	rw		rw	rw	rw	rw	rw

表 9-2 TIMx_CR1 位功能

位	功能
7	自动重载预加载使能。 0：TIMx_ARR 未通过预加载寄存器缓冲，可以直接写。 1：TIMx_ARR 通过预加载寄存器缓冲
6:5	中心对齐方式的选择。 00：边缘对齐方式，计数器计数方向取决于方向位（DIR）。 01：中心对齐方式 1。 10：中心对齐方式 2。 11：中心对齐方式 3。 注意：详见意法半导体公司 RM0031 Reference manual
4	计数器方向位。 0：计数器作为向上计数器。 1：计数器作为向下计数器
3	单脉冲模式。 0：计数器在事件更新时不停止。 1：计数器在下次事件更新时停止计数（清除 CEN 位）
2	更新请求源。 0：当 UDIS 位使能时，将设置更新中断（Update interrupt，UIF）位，并在发生以下事件之一时发送更新中断请求。 • 寄存器已更新（计数器溢出/下溢）； • 更新生成（Update generation，UG）位被软件置位； • 通过时钟/触发器控制器产生更新事件。 1： 当 UDIS 位使能时，UIF 位被置位，并且只有在寄存器被更新时才会发送更新中断请求
1	更新禁用。 0：一旦发生计数器溢出或生成软件更新或时钟/触发模式控制器生成硬件复位，就会生成更新事件（Update event，UEV）。缓冲寄存器随后加载其预加载值。 1：未生成 UEV，阴影寄存器地址（ARR、PSC、CCRi）保留其值。如果设置了 UG 位，计数器和预分频器将重新初始化
0	计数器启用。 0：计数器已禁用。 1：计数器已启用

2. TIMx_SR1

地址偏移值：0x06。

复位值：0x00。

TIMx_SR1 位说明和功能如表 9-3、表 9-4 所示。

表 9-3　　TIMx_SR1 位说明

位	7	6	5	4	3	2	1	0
名称	BIF	TIF	保留			CC2IF	CC1IF	UIF
读写	rc_w0	rc_w0				rc_w0	rc_w0	rc_w0

表 9-4　　TIMx_SR1 位功能

位	功能
7	中断标志位。 一旦中断输入激活，此标志由硬件设置。 0：未发生中断事件。 1：在中断输入上检测到活动电平
6	触发中断标志。 当产生触发事件时该位由硬件置 1（在 TRGI 信号上检测到有效的触发沿，当选择门控模式时，上升沿及下降沿都有效），由软件清零。 0：没有触发事件发生。 1：触发中断悬挂
5:3	保留
2	捕获/比较 2 中断标志。 参考 CC1IF 描述
1	捕获/比较 1 中断标志。 通道 CC1 配置为输出模式，当计数器值与比较值匹配时该位由硬件置 1，由软件清零。 0：无匹配发生。 1：TIMx_CNT 的值与 TIMx_CCR1 的值匹配。 通道 CC1 配置为输入模式，当捕获事件发生时该位由硬件置 1，由软件清零或通过读 TIMx_CCR1L 清零。 0：无输入捕获产生。 1：计数器值已被捕获（复制）至 TIMx_CCR1（在 IC1 上检测到与所选极性相同的边沿）
0	更新中断标志。 当产生更新事件时该位由硬件置 1，由软件清零。 0：无更新事件产生。 1：更新事件等待响应。 • 若 TIMx_CR1 的 UDIS=0，计数器溢出； • 若 TIMx_CR1 的 UDIS=0、URS=0，当 TIMx_EGR 寄存器的 UG=1 时产生更新事件（软件对计数器 CNT 重新初始化）

3. TIMx_IER

地址偏移值：0x05。

复位值：0x00。

TIMx_IER 位说明和功能如表 9-5、表 9-6 所示。

表 9-5　　TIMx_IER 位说明

位	7	6	5	4	3	2	1	0
名称	BIE	TIE	保留			CC2IE	CC1IE	UIE
读写	rw	rw				rw	rw	rw

表 9-6　TIMx_IER 位功能

位	功能
7	中断启用。 0：中断已禁用。 1：中断已启用
6	触发中断使能。 0：触发中断禁用。 1：触发中断使能
5:3	保留
2	允许捕获/比较 2 中断。 0：禁止捕获/比较 2 中断。 1：允许捕获/比较 2 中断
1	允许捕获/比较 1 中断。 0：禁止捕获/比较 1 中断。 1：允许捕获/比较 1 中断
0	允许更新中断。 0：禁止更新中断。 1：允许更新中断

4. TIMx_PSCR

地址偏移值：0x0E。

复位值：0x00。

TIMx_PSCR 位说明和功能如表 9-7、表 9-8 所示。

表 9-7　TIMx_PSCR 位说明

位	7	6	5	4	3	2	1	0
名称	保留					PSC[2:0]		
读写						rw	rw	rw

表 9-8　TIMx_PSCR 位功能

位	功能
7:3	保留
2:0	预分频器的值。 预分频器对输入的 CK_PSC 时钟进行分频

5. TIMx_ARRH

地址偏移值：0x0F。

复位值：0xFF。

TIMx_ARRH 说明和功能如表 9-9、表 9-10 所示。

表 9-9　TIMx_ARRH 说明

位	7	6	5	4	3	2	1	0
名称	ARP[15:8]							
读写	rw	rw	rw	rw	rw	rw	rw	rw

表 9–10　TIMx_ARRH 位功能

位	功能
7:0	自动重载值（MSB）。 当自动重载的值为 0 时，计数器不工作

6. TIMx_ARRL

地址偏移值：0x10。

复位值：0xFF。

TIMx_ARRL 说明和功能如表 9-11、表 9-12 所示。

表 9–11　TIMx_ARRL 说明

位	7	6	5	4	3	2	1	0
名称	ARP[7:0]							
读写	rw	rw	rw	rw	rw	rw	rw	rw

表 9–12　TIMx_ARRL 位功能

位	功能
7:0	自动重载值（LSB）

7. TIMx_CNTRH

地址偏移值：0x0C。

复位值：0x00。

TIMx_CNTRH 说明和功能如表 9-13、表 9-14 所示。

表 9–13　TIMx_CNTRH 说明

位	7	6	5	4	3	2	1	0
名称	CNT[15:8]							
读写	rw	rw	rw	rw	rw	rw	rw	rw

表 9–14　TIMx_CNTRH 位功能

位	功能
7:0	计数器的值（MSB）

8. TIMx_CNTRL

地址偏移值：0x0D。

复位值：0x00。

TIMx_CNTRL 说明和功能如表 9-15、表 9-16 所示。

表 9–15　TIMx_CNTRL 说明

位	7	6	5	4	3	2	1	0
名称	CNT[7:0]							
读写	rw	rw	rw	rw	rw	rw	rw	rw

表 9–16　　TIMx_CNTRL 功能

位	功能
7:0	计数器的值（LSB）

任务实现

9.1.3　STM8L 定时器实验任务

1. 实验功能

（1）在可穿戴技术开发平台 WLCK-STM8LDB 单元中实现定时器周期定时功能。

（2）采用定时器周期定时功能控制 LED9 亮、灭，即 LED9 按照定时器周期亮、灭。

2. 参考代码

（1）在 IAR-EWSTM8 开发环境中打开名为“可穿戴技术 STM8L 定时器实验”的项目文件夹，打开 main.c 文件，输入函数 main()。

```
01 int main(void)
02 {
03  asm("sim");
04  CLK_CKDIVR = 0x00;
05  LED9_Init();
06  Timer2_Init();
07  asm("rim");
08  while(1);
09 }
```

代码分析：第 3、7 行代码用于关闭总中断和打开总中断，其目的是在单片机上电初始化完成之前禁止中断，避免造成运行错误；第 4 行代码用于进行时钟初始化，STM8L 单片机内部有电阻器-电容器（Resistor-Capacitance，RC）振荡，在 STM8L 复位后使用内部 RC 振荡作为系统的主时钟，并设置预分频数为 1 分频，即 16 MHz；第 5、6 行代码分别调用了 LED9_Init()和 Timer2_Init()两个函数，完成 LED9 灯和通用定时器 TIM2 的初始化；第 8 行代码是 while 循环，等待定时器中断的产生。

（2）在 main.c 文件中，输入函数 LED9_Init()。

```
01  void LED9_Init()
02  {
03   PD_DDR_bit.DDR4 = 1;
04   PD__CR1_bit.C14 = 1;
05   PD__CR2_bit.C24 = 1;
06  }
```

代码分析：LED9 驱动电路原理如图 9-2 所示，LED9 由 STM8L 引脚 PD4 驱动，第 3 行代码设置 STM8L 引脚 PD4 为输出方向；第 4 行代码设置 PD4 为推挽输出；第 5 行代码设置 PD4 最大输出速率为 10 Mbit/s。

图 9-2　LED9 驱动电路原理

（3）在 main.c 文件中，输入函数 Timer2_Init()。

```
01 void Timer2_Init()
02 {
03  CLK_PCKENR1 |= 0x01;
04  TIM2_PSCR = 0x00;
```

```
05   TIM2_ARRH = 0x3e;
06   TIM2_ARRL = 0x80;
07   TIM2_CNTRH = 0;
08   TIM2_CNTRL = 0;
09   TIM2_IER = 0x01;
10   TIM2_SR1 = 0x00;
11   TIM2_CR1 = 0x81;
12 }
```

代码分析：第 3 行代码使能定时器 TIM2；第 4 行代码设置定时器 TIM2 预分频数为 1 分频，即设置定时器时钟预分频数=系统时钟预分频数=16 MHz；第 5、6 行代码设置 1 ms 时间自动重载数据，按照 16 MHz，1 ms 中有 16000 个脉冲，换算为十六进制数为 0x3e80；第 7、8 行代码清除计数寄存器；第 9 行代码使能定时器 TIM2 允许更新中断；第 10 行代码清除所有的中断标志；第 11 行代码使能计数器并允许自动预装。

（4）在 main.c 文件中，输入中断处理函数 TIM2_UPDATE_IRQHandler()。

```
01 #pragma vector = TIM2_OVR_UIF_vector
02 __interrupt void TIM2_UPDATE_IRQHandler(void)
03 {
04   TIM2_SR1 = 0x00;
05
06   ms_count++;
07   if(ms_count >= 1000)
08   {
09     ms_count = 0;
10     PA_ODR ^= 0x02;
11   }
12 }
```

代码分析：TIM2_UPDATE_IRQHandler()是中断函数，第 4 行代码清除中断标志；第 6 行代码，每产生一次定时中断，变量 ms_count 自加 1，用于记录 1 ms 产生的中断次数；第 7 行代码判断是否达到 1000 ms 定时；第 9 行代码复位变量 ms_count；第 10 行代码对 LED1 灯进行异或操作，即实现 LED1 灯周期亮、灭。

任务思考

将定时器 TIM2 修改为 TIM3，将 LED9 灯亮灭周期从 1 s 改为 2 s，修改上述代码实现该功能。

9.2　任务 2：温度传感器驱动开发

温度传感器是可穿戴设备的重要组成部分。温度传感器通过非接触方式测量人体体温并进行记录，体温的异常往往代表人体处在一个非正常的状态，此时通过振动等方式提示佩戴可穿戴设备对象，实现提示作用。本任务学习温度传感器工作原理，学习和掌握温度传感器驱动开发方法，完成温度传感可穿戴设备开发任务，实现体温测量功能。

任务目标

（1）掌握温度传感器工作原理。

（2）掌握温度传感器驱动开发方法。

知识准备

9.2.1 温度传感器特性

1. 非接触式测温仪表

红外测温传感器是常用的非接触式测温仪表，基于黑体辐射的基本定律，也被称为辐射测温仪表。一切温度高于绝对零度的物体都在不停地向周围空间辐射红外能量，物体的红外辐射能量大小及其波长的分布与它的表面温度有着十分密切的关系。因此，通过对物体自身的红外辐射能量的测量，便能准确地测定它的表面温度，这就是红外测温传感器所依据的客观基础。

2. 红外测温模块原理

红外测温模块原理如图 9-3 所示。红外测温模块由光学成像扫描系统、红外探测器、放大器（前置放大器和主放大器）及信号处理转换电路等组成。光学成像扫描系统汇集视场内目标的红外辐射能量，其视场的大小由红外测温模块的光学零件以及位置决定。红外辐射能量聚焦在红外探测器上并转变为相应的电信号，电信号经过放大器（前置放大和主放）和信号处理转换电路，按照仪器内部的算法和目标发射率校正后转换为被测目标的温度值。除此之外，还应考虑目标和红外测温模块所在的环境条件，如温度、污染和干扰等因素对性能指标的影响及相应的修正方法。

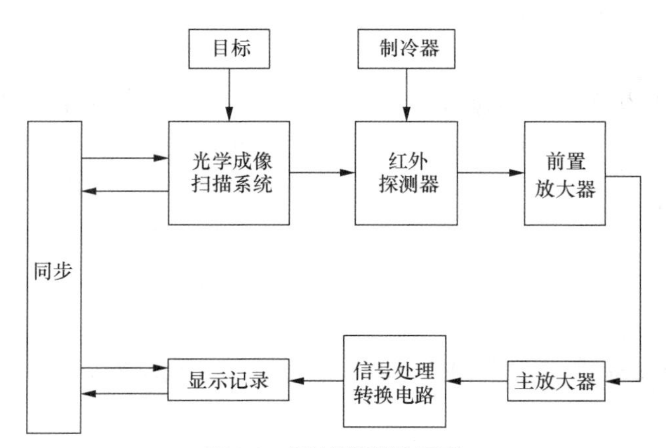

图 9-3 红外测温模块原理

3. 温度传感器 MLX90615 的特性

本章介绍的可穿戴设备使用由迈来芯（Melexis）公司生产的高精度数字式温度传感器 MLX90615（见图 9-4），其正常工作的环境温度范围是-40～85 ℃，被测目标的温度范围是-40～15 ℃，若需更精确的测温范围，可通过 SMBus 总线修改 EEPROM 中相应控制字来改变这个范围，从而提高精度。MLX90615 主要由红外热电堆传感器、低噪声放大器、16 位 ADC 和数字信号处理器（Digital Signal Processor，DSP）等组成，从而实现高精度温度测量，其内部结构如

图 9-4 MLX90615 实物

图 9-5 所示。红外热电堆传感器将采集到的红外辐射转化为电信号，并经过低噪声放大器放大后送给 ADC。ADC 输出的数字信号经 FIR/IIR 滤波器调理后送入 DSP，DSP 对数字信号进行处理后输出测量结果，并保存在 MLX90615 内部 RAM 中，可以通过 SMBus 或 PWM 方式供主控 CPU 读取。

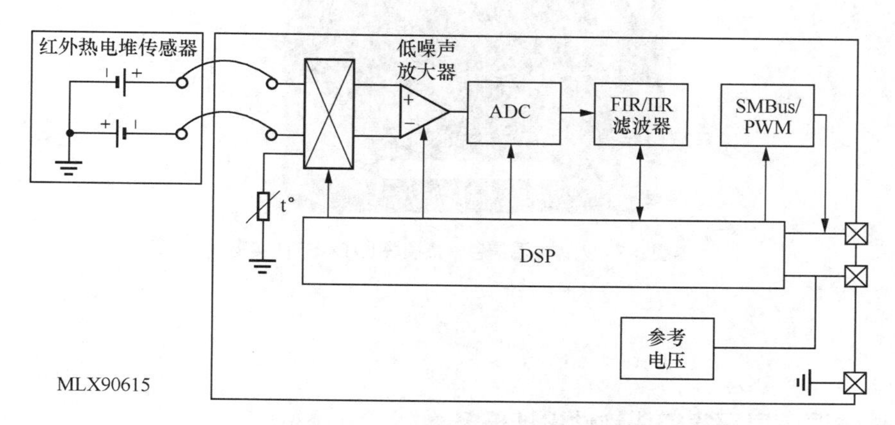

图 9-5　MLX90615 内部结构

9.2.2　人体体温信息采集模块硬件设计

本章所讲解的体温可穿戴设备开发是基于可穿戴技术开发平台 WLCK-WTechPlatform 的人体体温信息采集模块 IOTX-BTU 进行的。MLX90615 电路原理如图 9-6 所示，MLX90615 有钳位二极管连接在 SDA/SCL 和 VDD 之间，因此需要向 MLX90615 提供电源以使 SMBus 不成为负载。

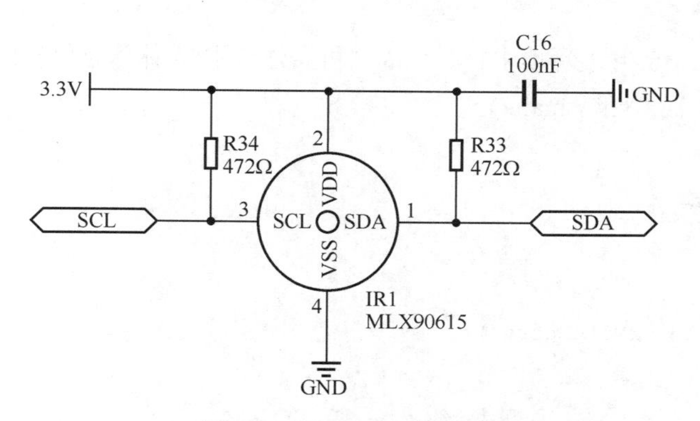

图 9-6　MLX90615 电路原理

人体体温信息采集模块 IOTX-BTU（见图 9-7）和蓝牙模块通过排线连接，每个模块两端有用来固定绑带的“耳朵”，能够实现在手部固定，进行可穿戴设备仿真。人体体温信息采集模块通过 I2C 总线与蓝牙模块通信，并由蓝牙模块将数据通过蓝牙上传给手机 App 进行显示和处理。

图 9-7　人体体温信息采集模块 IOTX-BTU 实物

任务实现

9.2.3　人体体温信息采集模块软件设计任务

1. 实验功能

（1）通过 I2C 总线和定时器中断实现可穿戴技术开发平台人体体温信息采集模块单元中温度传感器驱动。

（2）在 temperatureDeviceHandler()功能代码中实现人体体温计算，在 OLED 显示屏上显示实时人体体温数值。

2. 参考代码

（1）在 IAR-EWSTM8 开发环境中打开名为“可穿戴技术-人体体温信息采集模块”的项目文件夹，打开 main.c 文件，输入函数 main()。

```
01 int main(void)
02 {
03   boardInit();
04
05   while (1)
06   {
07     tim2_appHandlerMainEntry();
08   }
09 }
```

代码分析：第 3 行代码调用 boardInit()函数，实现人体体温信息采集模块的初始化，完成人体体温信息采集模块主时钟和各外围接口的配置；第 5 行代码采用 while 死循环方式实现主函数功能；第 7 行代码调用函数 tim2_appHandlerMainEntry()，激活人体体温信息采集功能。

（2）打开 board.c 文件，输入函数 tim2_appHandlerMainEntry()。

```
01 void tim2_appHandlerMainEntry(void)
02 {
03   if (FALSE == timeIrqed)
04   {
05     return;
06   }
```

```
07  timeIrqed = FALSE;
08
09 #if(BLE_BOARD == BLE_BOARD_TYPE_TEMPERATURE)
10  temperatureDeviceHandler();
11 #endif
12 }
```

代码分析：第 3 行代码判断模块是否有未响应的定时器中断，如无则返回；第 9 行代码判断模块是否为人体体温信息采集模块，如果是人体体温信息采集模块，则调用 temperatureDeviceHandler() 函数进行人体体温信息采集处理。

（3）在 board.c 文件中，输入函数 tim2_appHandler()。

```
01 void tim2_appHandler(unsigned char t)
02 {
03    msTimeCount ++;
04    timeIrqed = TRUE;
05 }
```

代码分析：第 3 行代码将 msTimeCount 变量自加 1，用于计算设备产生 1 ms 的个数；第 4 行代码将全局变量 timeIrqed 置为“真”，代表产生了一次新的毫秒定时中断。

（4）打开 temperature.c 文件，输入函数 temperatureDeviceHandler()。

```
01 void temperatureDeviceHandler(void)
02 {
03  uint16_t data, temp;
04  uint8_t buff[2], string[20];
05  float tmp;
06
07  if (getSystemMsTime() < 1000)
08  {
09    return;
10  }
11  msTimeCount = 0;
12
13  data = MemRead(SA << 1, RAM_Access | RAM_To);
14  tmp = CalcTemp(data);
15  temp = tmp*100;
16  tempHigh = temp/100;
17  tempLow = temp%100;
18
19  char strBuff[17] = "  ";
20  intNumToStr(tempHigh, &strBuff[strlen(strBuff)]);
21  len = strlen(strBuff);
22  strcat(strBuff, ".");
23  intNumToStr(tempLow & 0xff, & strBuff[len + 1]);
24  len = strlen(strBuff);
25  while ((len++) < 16)
26  {
27    strcat(strBuff, " ");
28  }
29  OLED_ShowString(0, 4, strBuff);
30 }
```

代码分析：第 7 行代码判断系统时间是否累计到 1000 ms，如果没有，则返回；第 11 行代码清除系统时间累计变量；第 13～17 行代码，通过 I2C 总线获取人体体温信息采集模块测量的数据，通过 CalcTemp()函数调用，将温度转换为摄氏温度，将摄氏温度的整数部分赋值给变量 tempHigh，将摄氏温度的小数部分赋值给变量 tempLow；第 19 行代码定义显示用的字符串数组 strBuff[]；第 20～28 行代码，调用函数 intNumToStr()将人体体温信息采集模块测得的 tempHigh 和 tempLow 转换为字符串并复制到数组 strBuff[]中，并在两者间增加小数点；第 29 行代码在 OLED 显示屏上显示测得的人体体温数据，如图 9-7 所示。

任务思考

（1）判断测得的人体体温，如果大于或等于 37.5 ℃，则 OLED 显示屏显示“Temp warning!”；如果小于 37.5 ℃，则 OLED 显示屏显示“Temp normal!”。

（2）执行完步骤（1）后，在下一采样周期显示测得的人体体温数据。

（3）循环执行步骤（1）和步骤（2），修改上述代码实现该功能。

10

第10章　项目4：心率可穿戴设备开发

本章讲解心率可穿戴设备开发。心率可穿戴设备通过光电式心率传感器采集人体心率信号，实时采集人体瞬时心率并累积计算，最终获取人体心率信息。本章设置两个任务：任务 1 讲解 STM8L 外部中断应用，针对实验中人体心率信息采集模块使用到的 STM8L 单片机中断，从了解 STM8L 产生中断源开始，学习和掌握 STM8L 单片机 EXTI 中断的使用方法，完成基于人体心率信息采集模块的中断实验任务；任务 2 讲解心率传感器驱动开发，从介绍心率测量原理开始，讲解人体心率信息采集模块硬件设计和软件设计，完成心率可穿戴设备开发任务，实现人体心率的实时测量。

10.1 任务1：STM8L 外部中断应用

中断是指微处理器在正常执行程序的过程中，由于微处理器内部或外部发生了另一事件（如定时时间到、超压报警等），请求微处理器迅速去处理，微处理器暂时停止当前程序的运行，而转去处理所发生的事件。在人体心率信息采集模块中，STM8L 通过外部中断功能获取心率传感器信号，实现心率信息计算。

任务目标

（1）掌握 STM8L 外部中断的设置和使用方法。

（2）掌握心率传感器开发方法。

知识准备

10.1.1 STM8L 外部中断源

STM8L 所有 GPIO 端口都可以作为外部中断使用，只需要在初始化时将 GPIO 初始化成中断模式。STM8 的外部中断采用软件优先级+硬件优先级的控制方式来控制优先级分组。软件优先级优先于硬件优先级。硬件优先级由向量号确定，向量号越小，优先级越高。STM8L 为所有 I/O 设计了 7 个中断向量，其中 PAx、PBx、PCx、PDx、PEx 的多个中断源被归入 EXTIx 中断向量中（x 是引脚编号，范围为 0～7），所以会有多个中断源进入同一个中断向量。STM8L051F3 的 17 个 GPIO 引脚如图 7-1 所示。STM8L051F3 提供了总计 11 个外部中断向量，如表 10-1 所示。

表 10-1　STM8L051F3 的 11 个外部中断向量

中断向量号	中断源	描述	向量地址
5	PVD	可编程电压检测中断	0x00 801C
6	EXTIB	端口 B 外部中断	0x00 8020
7	EXTID	端口 D 外部中断	0x00 8024
8	External interrupt 0	外部中断 0	0x00 8028
9	External interrupt 1	外部中断 1	0x00 802C
10	External interrupt 2	外部中断 2	0x00 8030
11	External interrupt 3	外部中断 3	0x00 8034
12	External interrupt 4	外部中断 4	0x00 8038
13	External interrupt 5	外部中断 5	0x00 803C
14	External interrupt 6	外部中断 6	0x00 8040
15	External interrupt 7	外部中断 7	0x00 8044

STM8L 中断控制器可以处理以下两种类型的中断源。

（1）不可屏蔽的中断，包括 RESET 中断（复位中断）、TLI 中断（最高等级的硬件中断）和 TRAP 中断（不可屏蔽的软件中断）。

（2）可屏蔽的中断，包括外部中断或者内嵌的外设中断。

外部中断可以用于把 STM8L 从停机（Halt）模式中唤醒。外部中断触发方式的选择可以通过程序设置控制外部中断控制寄存器（EXTI_CRx）来实现。当多个连接到同一个中断向量的外部引脚中断被同时选定时，它们是“逻辑或”的关系。当外部的电平信号触发中断并被锁存时，如果该给定的电平信号一直保持到中断子程序结束，那么该电平信号将再次触发中断，除非在中断子程序中禁用该中断。

10.1.2　STM8L 中断响应过程

当一个中断请求必须被响应时，其处理流程如图 10-1 所示。

（1）在当前正在执行的指令结束之后，正常的操作被挂起。

（2）PC、X、Y、A 和 CCR 被自动压入堆栈。

（3）根据 ITC_SPRx 寄存器中的值对应的中断服务向量，CCR 中的位 I1 和 I0 被相应设置。

（4）通过中断向量载入中断服务子程序的入口地址，接着对中断服务子程序的第一条指令取址。中断服务子程序必须以 IRET 指令结束，该指令会把堆栈中保存的寄存器内容出栈，同时由于运行 IRET 指令，位 I1 和位 I0 被重新恢复，程序也恢复运行。

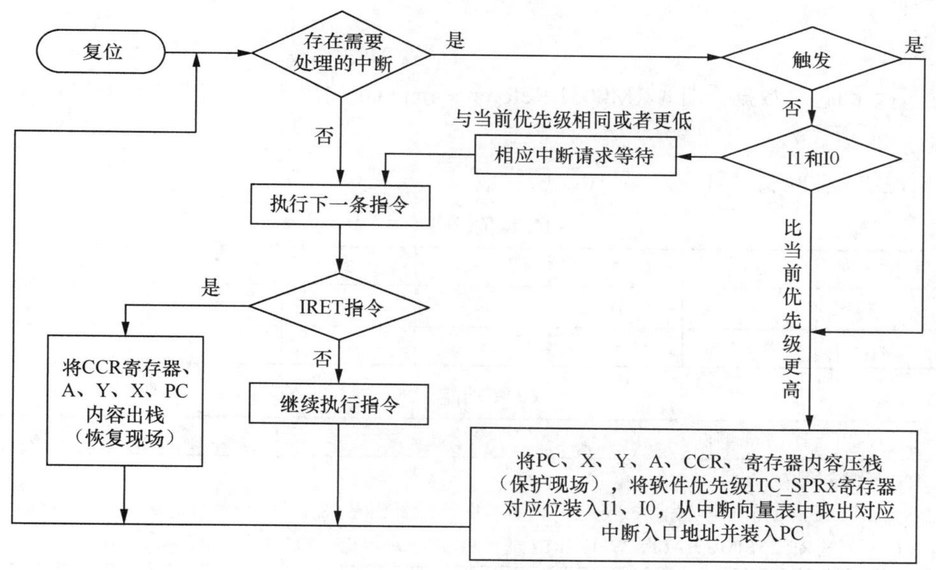

图 10-1　中断处理流程

STM8 芯片在同一时间可以有几个中断排队等待处理，中断响应是通过以下两步来决定的。

（1）具有最高软件优先级的中断被响应。

（2）如果在排队的几个中断具有相同的软件优先级，那么具有最高硬件优先级的中断先被响应。当中断请求没有立即得到响应时，该中断请求被锁存；当其软件优先级及硬件优先级均为最高时，该中断被处理。优先级处理过程如图 10-2 所示。

需要注意的重点如下。

（1）与软件优先级不同，每个中断的硬件优先级是唯一且互不相同的，这样就可保证一个时刻只有一个中断被唯一确定地处理。

（2）RESET、TLI 和 TRAP 中断拥有最高的软件优先级。

（3）一个 TLI 中断可中断除 TRAP 及 RESET 之外的 3 级中断。

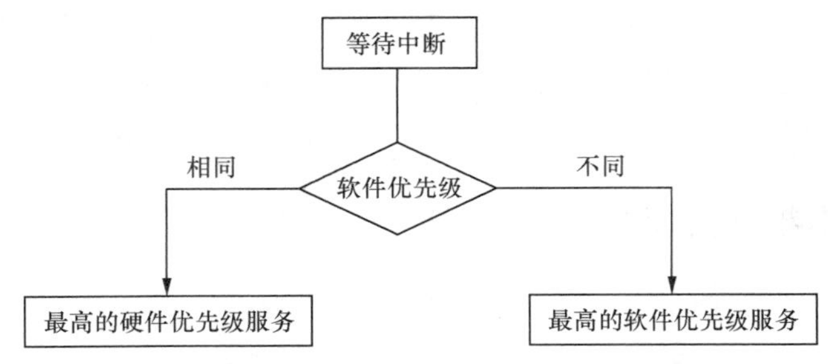

图 10-2　优先级处理过程

10.1.3　STM8L 中断相关寄存器

STM8L 外部中断主要有关寄存器包括 CPU 条件码寄存器 CCR，软件优先级寄存器 ITC_SPRx，外部中断控制寄存器 EXTI_CR1、EXTI_CR2、EXTI_CR3。通过设置这些寄存器相应的数值，实现外部中断管理。

1. CCR

地址：请参阅芯片数据手册（RM0031 Reference manual）中的通用硬件寄存器映射表。

复位值：0x28。

CCR 位说明和功能如表 10-2、表 10-3 所示。

表 10–2　　CCR 位说明

位	7	6	5	4	3	2	1	0
名称	V	—	I1	H	I0	N	Z	C
读写	r	r	rw	r	rw	r	r	r

表 10–3　　CCR 功能

<table>
<tr><th>位</th><th colspan="4">功能</th></tr>
<tr><td rowspan="6">5、3</td><td colspan="4">软件中断优先级位。
这两位表明当前中断请求的优先级。当一个中断请求发生时，相应的中断向量的软件优先级自动从(TCSPRx)载入 I[1:0]。I[1:0]可以通过 RIM、SIM、HALT、WFI、IRET 或者 PUSH/POP 等指令来软件置位和清零。</td></tr>
<tr><td>I1</td><td>I0</td><td>优先级</td><td>级别</td></tr>
<tr><td>1</td><td>0</td><td>0 级（主程序）</td><td rowspan="4">低
↓
高</td></tr>
<tr><td>0</td><td>1</td><td>1 级</td></tr>
<tr><td>0</td><td>0</td><td>2 级</td></tr>
<tr><td>1</td><td>1</td><td>3 级（=禁用软件优先级）</td></tr>
</table>

2. ITC_SPRx

地址偏移值：0x00 ~ 0x07。

复位值：0xFF。

ITC_SPRx 位说明和功能如表 10-4、表 10-5 所示。

表 10-4　ITC_SPRx 位说明

位		7	6	5	4	3	2	1	0
名称	ITC_SPR1	VECT3SPR[1:0]		VECT2SPR[1:0]		VECT1SPR[1:0]		VECT0SPR[1:0]	
	ITC_SPR2	VECT7SPR[1:0]		VECT6SPR[1:0]		VECT5SPR[1:0]		VECT4SPR[1:0]	
	ITC_SPR3	VECT11SPR[1:0]		VECT10SPR[1:0]		VECT9SPR[1:0]		VECT8SPR[1:0]	
	ITC_SPR4	VECT15SPR[1:0]		VECT14SPR[1:0]		VECT13SPR[1:0]		VECT12SPR[1:0]	
	ITC_SPR5	VECT19SPR[1:0]		VECT18SPR[1:0]		VECT17SPR[1:0]		VECT16SPR[1:0]	
	ITC_SPR6	VECT23SPR[1:0]		VECT22SPR[1:0]		VECT21SPR[1:0]		VECT20SPR[1:0]	
	ITC_SPR7	VECT27SPR[1:0]		VECT26SPR[1:0]		VECT25SPR[1:0]		VECT24SPR[1:0]	
	ITC_SPR8	保留				VECT29SPR[1:0]		VECT28SPR[1:0]	
读写		rw	rw	rw	rw	rw	rw	rw	rw

表 10-5　ITC_SPRx 位功能

位	功能
7:0	向量 x 的软件优先级位。 通过软件对这 8 个读/写寄存器（ITC_SPR1 到 ITC_SPR8）的操作，可以定义各个中断向量的软件优先级。 ITC_SPR8[7:4]由硬件强制设置 1

3. EXTI_CR1

地址偏移值：0x00。

复位值：0x00。

EXTI_CR1 位说明和功能如表 10-6、表 10-7 所示。

表 10-6　EXTI_CR1 位说明

位	7	6	5	4	3	2	1	0
名称	P3IS[1:0]		P2IS[1:0]		P1IS[1:0]		P0IS[1:0]	
读写	rw	rw	rw	rw	rw	rw	rw	rw

表 10-7　EXTI_CR1 位功能

位	功能
7:6	端口第 3 位的中断触发位。 这些位仅在 CCR 寄存器的 I1 和 I0 位都为 1（3 级）时才可以写入。它们定义了端口 A、B、C、D 和/或 E 外部中断的第 3 位的灵敏度。 00：下降沿和低电平触发。 01：仅上升沿触发。 10：仅下降沿触发。 11：上升沿和下降沿触发
5:4	端口第 2 位的中断触发位。 这些位仅在 CCR 寄存器的 I1 和 I0 位都为 1（3 级）时才可以写入。它们定义了端口 A、B、C、D 和/或 E 外部中断的第 2 位的灵敏度。 00：下降沿和低电平触发。 01：仅上升沿触发。 10：仅下降沿触发。 11：上升沿和下降沿触发

续表

位	功能
3:2	端口第 1 位的中断触发位。 这些位仅在 CCR 寄存器的 I1 和 I0 位都为 1（3 级）时才可以写入。它们定义了端口 A、B、C、D 和/或 E 外部中断的第 1 位的灵敏度。 00：下降沿和低电平触发。 01：仅上升沿触发。 10：仅下降沿触发。 11：上升沿和下降沿触发
1:0	端口第 0 位的中断触发位。 这些位仅在 CCR 寄存器的 I1 和 I0 位都为 1（3 级）时才可以写入。它们定义了端口 A、B、C、D、E 和/或 F 外部中断的第 0 位的灵敏度。 00：下降沿和低电平触发。 01：仅上升沿触发。 10：仅下降沿触发。 11：上升沿和下降沿触发

4. EXTI_CR2

地址偏移值：0x01。

复位值：0x00。

EXTI_CR2 位说明和功能如表 10-8、表 10-9 所示。

表 10–8　　EXTI_CR2 位说明

位	7	6	5	4	3	2	1	0
名称	P7IS[1:0]		P6IS[1:0]		P5IS[1:0]		P4IS[1:0]	
读写	rw	rw	rw	rw	rw	rw	rw	rw

表 10–9　　EXTI_CR2 位功能

位	功能
7:6	端口第 7 位的中断触发位。 这些位仅在 CCR 寄存器的 I1 和 I0 位都为 1（3 级）时才可以写入。它们定义了端口 A、B、C、D 和/或 E 外部中断的第 7 位的灵敏度。 00：下降沿和低电平触发。 01：仅上升沿触发。 10：仅下降沿触发。 11：上升沿和下降沿触发
5:4	端口第 6 位的中断触发位。 这些位仅在 CCR 寄存器的 I1 和 I0 位都为 1（3 级）时才可以写入。它们定义了端口 A、B、C、D 和/或 E 外部中断的第 6 位的灵敏度。 00：下降沿和低电平触发。 01：仅上升沿触发。 10：仅下降沿触发。 11：上升沿和下降沿触发
3:2	端口第 5 位的中断触发位。 这些位仅在 CCR 寄存器的 I1 和 I0 位都为 1（3 级）时才可以写入。它们定义了端口 A、B、C、D 和/或 E 外部中断的第 5 位的灵敏度。

续表

位	功能
3:2	00：下降沿和低电平触发。 01：仅上升沿触发。 10：仅下降沿触发。 11：上升沿和下降沿触发。
1:0	端口第 4 位的中断触发位。 这些位仅在 CCR 寄存器的 I1 和 I0 位都为 1（3 级）时才可以写入，它们定义了端口 A、B、C、D、E 和/或 F 外部中断的第 4 位的灵敏度。 00：下降沿和低电平触发。 01：仅上升沿触发。 10：仅下降沿触发。 11：上升沿和下降沿触发

5. EXTI_CR3

地址偏移值：0x02。

复位值：0x00。

EXTI_CR3 位说明和功能如表 10-10、表 10-11 所示。

表 10–10　　EXTI_CR3 位说明

位	7	6	5	4	3	2	1	0
名称	PFIS[1:0]		PEIS[1:0]		PDIS[1:0]		PBIS[1:0]	
读写	rw	rw	rw	rw	rw	rw	rw	rw

表 10–11　　EXTI_CR3 位功能

位	功能
7:6	端口 F 的中断触发位。 这些位仅在 CCR 寄存器的 I1 和 I0 位都为 1（3 级）时才可以写入。当启用 F[3:0]和/或端口 F[7:4]的 EXTIF 时，它们定义了端口 F 外部中断的触发。 00：下降沿和低电平触发。 01：仅上升沿触发。 10：仅下降沿触发。 11：上升沿和下降沿触发
5:4	端口 E 的中断触发位。 这些位仅在 CCR 寄存器的 I1 和 I0 位都为 1（3 级）时才可以写入。当启用 E[3:0]和/或端口 E[7:4]的 EXTIE 时，它们定义了端口 E 外部中断的触发。 00：下降沿和低电平触发。 01：仅上升沿触发。 10：仅下降沿触发。 11：上升沿和下降沿触发
3:2	端口 D 的中断触发位。 这些位仅在 CCR 寄存器的 I1 和 I0 位都为 1（3 级）时才可以写入。当启用 D[3:0]和/或端口 D[7:4]的 EXTID 时，它们定义了端口 D 外部中断的触发。 00：下降沿和低电平触发。 01：仅上升沿触发。 10：仅下降沿触发。 11：上升沿和下降沿触发

续表

位	功能
1:0	端口 B 的中断触发位。 这些位仅在 CCR 寄存器的 I1 和 I0 位都为 1（3 级）时才可以写入。当启用 B[3:0]和/或端口 B[7:4]的 EXTIB 时，它们定义了端口 B 外部中断的触发。 00：下降沿和低电平触发。 01：仅上升沿触发。 10：仅下降沿触发。 11：上升沿和下降沿触发

10.1.4 STM8L 中断实验任务

1. 实验功能

（1）通过外部中断实现可穿戴技术开发平台 WLCK-STM8LDB 单元中独立按键 KEY4 驱动。

（2）在按键 KEY4 功能代码中，实现 LED9 的控制，即每按下一次 KEY4，LED9 灯亮灭翻转一次。

2. 参考代码

（1）在 IAR-EWSTM8 开发环境中打开名为“可穿戴技术-STM8L 外部中断实验”的项目文件夹，打开 main.c 文件，输入函数 main()。

```
01  int main(void)
02  {
03    asm("sim");
04    CLK_CKDIVR = 0x00;
05    LED9_Init();
06    KEY4_Init();
07    asm("rim");
08    while(1)
09    {
10      ;
11    }
12  }
```

代码分析：第 3、7 行代码用于关闭总中断和打开总中断，其目的是在单片机上电初始化完成之前禁止中断，避免造成运行错误；第 4 行代码用于进行时钟初始化，STM8L 单片机内部有 RC 振荡，在 STM8L 复位后先使用内部 RC 振荡作为系统的主时钟，并设置为 1 分频，即 16MHz；第 5、6 行代码分别调用了 LED9_Init()和 KEY4_Init()两个函数，完成 LED 灯和按键的初始化；第 8～11 行代码是 while 循环，等待外部中断的产生。

（2）在 main.c 文件中，输入函数 LED9_Init()。

```
01  void LED9_Init()
02  {
03    PD_DDR_bit.DDR4 = 1;
04    PD__CR1_bit.C14 = 1;
05    PD__CR2_bit.C24 = 1;
06  }
```

代码分析：LED9 驱动电路原理如图 10-3 所示。LED9 由 STM8L 引脚 PD4 驱动，第 3 行代码，设置 STM8L 引脚

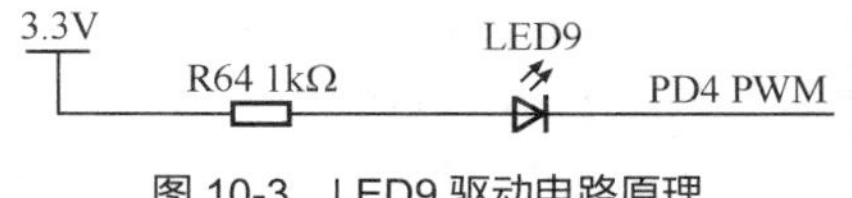

图 10-3　LED9 驱动电路原理

PD4 为输出方向；第 4 行代码设置 PD4 为推挽输出；第 5 行代码设置 PD4 最大输出速率为 10 Mbit/s。

（3）在 main.c 文件中，输入函数 KEY4_Init()。

```
01  void KEY4_Init()
02  {
03    PC_DDR_bit.DDR5 = 0;
04    PC_CR1_bit.C15 = 1;
05    PC_CR2_bit.C25 = 1;
06
07    EXTI_CR2_bit.P5IS = 2;
08    EXTI_CONF_bit.PCHIS = 0;
09  }
```

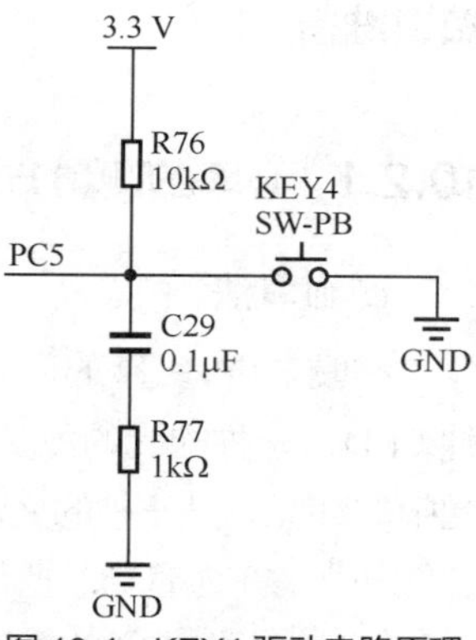

图 10-4　KEY4 驱动电路原理

代码分析：KEY4 驱动电路原理如图 10-4 所示。KEY4 由 STM8L 引脚 PC5 驱动，第 3 行代码设置端口 PC5 为输入方向；第 4 行代码设置 PC5 为带上拉电阻输入；第 5 行代码使能外部中断；第 7 行代码设置 PC5 外部中断为下降沿触发中断；第 8 行代码设置 PC[7:4]作为外部通用中断。

（4）在 main.c 文件中，输入中断处理函数 GPIOC_Line5_IRQHandler()。

```
01  #pragma vector = EXTI5_vector
02  __interrupt void GPIOC_Line5_IRQHandler(void)
03  {
04    if(EXTI_SR1_bit.P5F == 1)
05    {
06      EXTI_SR1_bit.P5F = 1;
07      PD_ODR ^= 0x10;
08    }
09  }
```

代码分析：第 4 行代码判断 EXTI_SR1 中 PC5 是否发生中断；第 6 行代码清除 EXTI_SR1 的中断标志位；第 7 行代码对 LED9 灯进行异或操作，即实现“呼吸灯”控制。

任务思考

（1）修改 KEY4 为 KEY2，修改上述代码实现该功能。

（2）修改 KEY2 按键处理代码实现功能：每次按下按键后，LED9 灯每秒闪烁 1 次，闪烁 3 次后熄灭。

10.2　任务 2：心率传感器驱动开发

心率传感器是可穿戴设备的重要组成部分。心率传感器测量人体心率，供可穿戴设备记录并以此分析人体生命状态，实现各种提醒作用，比如身体信号超负荷告警等。本任务学习心率传感器工作原理，学习和掌握心率传感器软件驱动开发方法，完成心率传感器可穿戴设备开发任务，实现心率测量功能。

任务目标

（1）掌握心率传感器工作原理。

（2）掌握心率传感器驱动开发方法。

知识准备

10.2.1 心率的测量方法

1. 血氧法

一般来讲，完整的血氧饱和度仪通常有两种 LED，一种的光的波长为 660 nm，是可见光中的红光，另一种的光的波长超过 900 nm，是红外光。在血管中，携带氧的氧合血红蛋白（HbO_2）和不携带氧的血红蛋白（Hb）对两种光的吸收率是不同的。两种血红蛋白对光的吸收率曲线如图 10-5 所示。

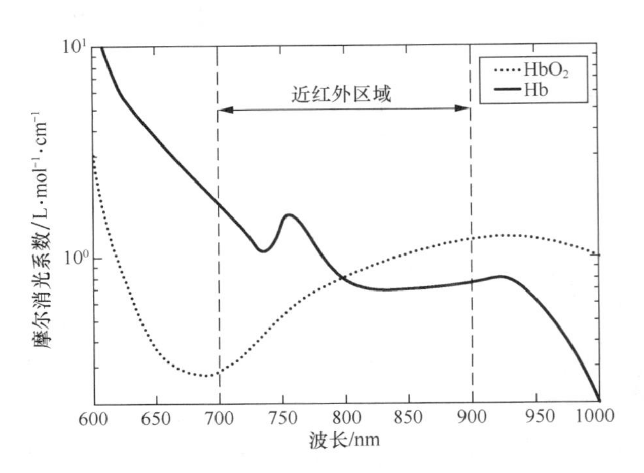

图 10-5 两种血红蛋白对光的吸收率曲线

血管中的氧含量变化周期：有消耗—心脏泵血增加—再消耗。该变化周期正好与人体心率一致，因此通过对该周期的计算，我们可以测量出人的心率。

血氧法的优势是能够同时提供心率和血氧饱和度两种信息；其劣势是在应用时，必须要有接收端获取透射光信号，只有指尖和耳垂这样足够薄的人体组织才能满足要求，其他部位如手腕，因为太厚，会导致可见光无法穿透。因此，血氧法的使用范围比较受限制，智能手表和手环很少采用这个方法。

2. 光电体积法

光电体积法是通过追踪可见光（绿光）在人体组织中的反射来测量心率的。通常采用两个绿色 LED 向手腕发出可见光，并在中间设置一个光电传感器感应反射光。光电体积法测量心率的装置如图 10-6 所示。

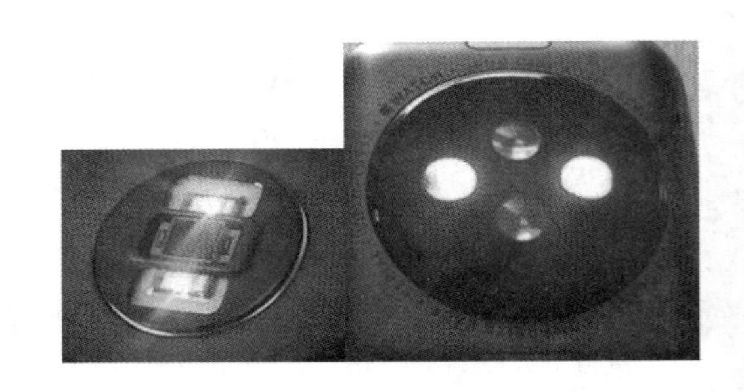

图 10-6 光电体积法测量心率的装置

人体的皮肤、骨骼、肌肉、脂肪等对光的反射是固定的，而毛细血管、动脉和静脉的容积随着脉搏不停地变大/变小，所以对光的反射是波动的。这个波动的频率就是脉搏，一般也跟心率是一致的。

这种方法只能得到心率信号，但是其对运动带来的噪声抵抗力比较强，很适合目前的智能手表和手环。在此基础上，还可以采用加速度传感器去补偿运动噪声的算法来提高测量精度。之所以采用绿色 LED，是因为绿光受外界温度变化造成的信号漂移的影响程度是最小的。但是考虑到皮肤情况的不同（肤色不同、是否有汗水等），高端产品会根据情况自动使用绿光、红光和红外光等多种光。

3. 心电信号法

窦房结有节律地控制心脏收缩与舒张从而向躯干泵血。这个控制信号是一个电信号（人体神经信号在神经上都表现为电信号），其会逐渐扩散到体表，可以在皮肤上通过电极测量。医院使用的心电仪一般就采用这个原理，心电图实例如图 10-7 所示。这个节奏就是心率，除此之外，心电信号还可以为医生诊断提供很多参考信息。

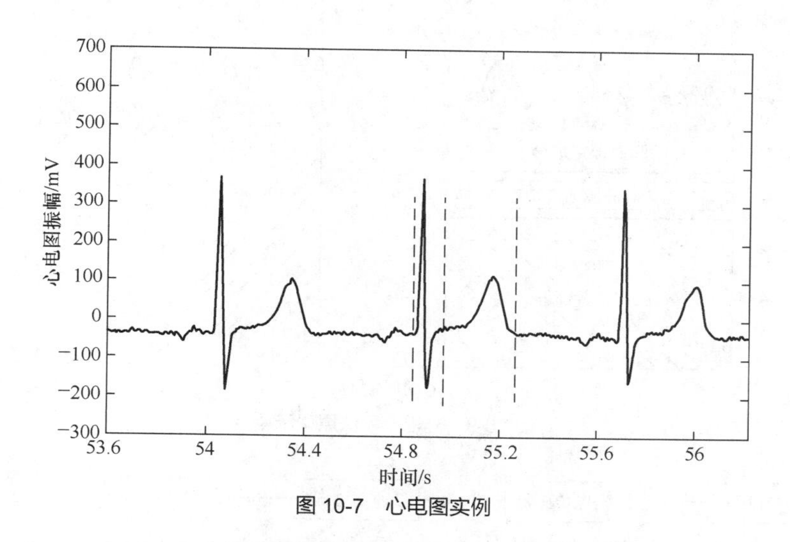

图 10-7 心电图实例

目前市面上十分精确的可穿戴心率测量仪器——心率带，采用的就是这个方法。但是，由于心电信号的波长非常长，为了测得高精度的信号，信号电极和参考电极在躯干空间上需要隔得足够远，一般是如左手和右手，或手和脚等较远的两点。

4. 动脉血压法

动脉血压法其实是较为古老的心率测量方法，如同中医的把脉，如图 10-8 所示。在手腕或者颈部两侧，都可以经皮肤感受到动脉的压力有规律地涨落。压力传感器可以将这个压力信号转换成心率。

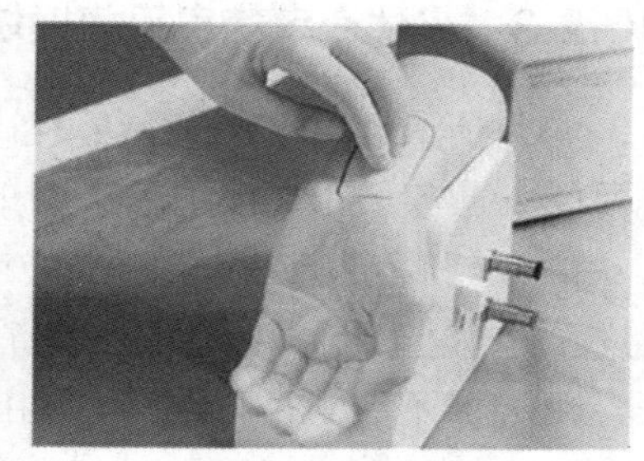

图 10-8 中医把脉示意

10.2.2 光电容积法心率测量的原理

光电容积法的基本原理是利用人体组织在血管搏动时造成的透光率不同来进行脉搏测量。该方法所使用的心率传感器由光源和光电传感器两部分组成，通过绑带或夹子将心率传感器固定在人的手腕上。光源一般采用对动脉血中氧合血红蛋白有选择性的、具有一定波长（500 ~ 700 nm）的 LED。当光束透过人体外周血管时，由于动脉搏动充血容积变化，这束光的透光率发生改变，此时由光电传感器接收经人体组织反射的光信号，并转变为电信号输出。由于脉搏是随心脏的搏动而呈周期性变化的信号，动脉血管容积也周期性地变化，因此光电传感器电信号变化周期就是脉搏率。光电容积法原理示意如图 10-9 所示，I_{AC} 代表动脉血搏动成分映射的可变信号部分，它的变化反映了脉搏变化；I_{DC} 则代表光电传感器输出的电信号中稳定的部分。

相关文献和实验结果表明，560 nm 的光波可以反映皮肤浅部微动脉信息，适合用于提取脉搏信号。心率传感器信号处理示意如图 10-10 所示。采用特定 LED 主动发射峰值波长为 515 nm 的绿光，再通过光电传感器接收反射光谱。脉搏信号的频带一般为 0.05 ~ 200 Hz，信号幅度均很小，一般在毫伏级水平，容易受到各种信号干扰。因此光电传感器输出的微弱信号需经过低通滤波器以及运放电路滤波和放大，才可以被 A/D 转换电路处理。

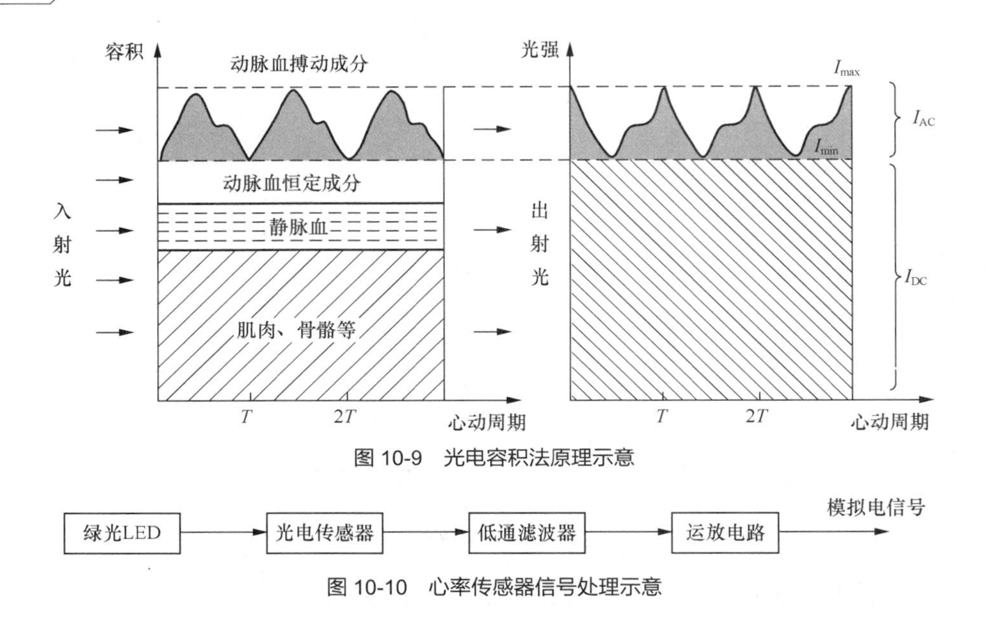

图 10-9 光电容积法原理示意

绿光LED → 光电传感器 → 低通滤波器 → 运放电路 → 模拟电信号

图 10-10 心率传感器信号处理示意

10.2.3 人体心率信息采集模块硬件设计

本章所讲解的心率可穿戴设备开发是基于可穿戴技术开发平台 WLCK-WTechPlatform 的人体心率信息采集模块 IOTX-HRU 进行的。该心率采集模块使用 SON1303 光电式心率传感器。SON1303 采用的反射式光电传感器使测量方式更加自由，其应用遍及可穿戴设备以及新式测试方法的脉搏测量仪器，能扩大脉搏测量配套设备的应用范围。SON1303 内部集成高科技纳米涂层环境光检测传感器，可过滤不需要的光源，减少由其他光源干扰的误判动作，准确度高。SON1303 采用了适合测量脉搏用的 570 nm 发光波长的绿光，与红外光相比其反射率更高，测量感度更高，同时提高了信噪比。

人体心率信息采集模块电路原理如图 10-11 所示。人体心率信息采集模块集成了 SON1303 和 SON3130。SON1303 作为心率传感器，配合 SON3130 使用；SON3130 是高阻型运算放大器。通过图 10-11 所示电路，SON3130 可对 SON1303 采集到的信号进行放大并输出给 STM8L051F3 的 PB5 引脚进行处理。

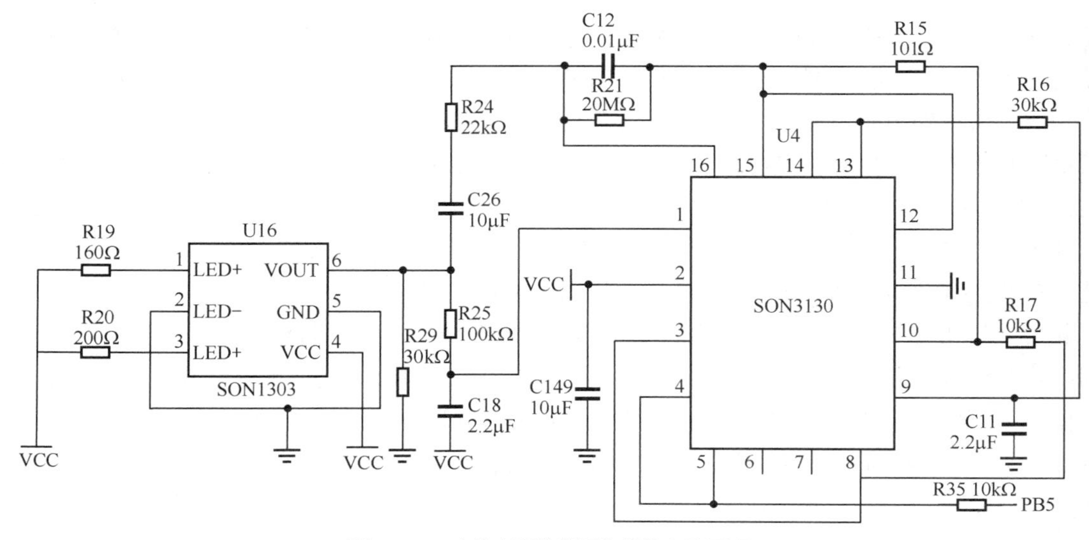

图 10-11 人体心率信息采集模块电路原理

人体心率信息采集模块 IOTX-HRU（见图 10-12）和蓝牙模块通过排线连接，每个模块两端有用来固定绑带的耳朵，能够实现在手部固定，进行可穿戴设备仿真。心率信息采集模块通过 I2C 总线与蓝牙模块通信，并由蓝牙模块将数据通过蓝牙上传给手机 App 进行显示和处理。

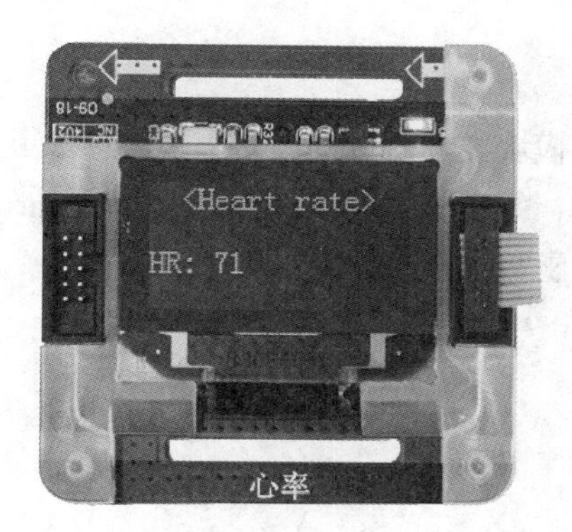

图 10-12　人体心率信息采集模块 IOTX-HRU 实物

任务实现

10.2.4　人体心率信息采集模块软件设计任务

1. 实验功能

（1）通过外部中断实现可穿戴技术开发平台人体心率信息采集模块 IOTX-HRU 单元中心率传感器驱动。

（2）在 heart_processEntry()功能代码中实现人体心率计算，在 OLED 显示屏上显示瞬时心率。

2. 参考代码

（1）在 IAR-EWSTM8 开发环境中打开名为“可穿戴技术-人体心率信息采集模块”的项目文件夹，打开 main.c 文件，输入函数 main()。

```
01 int main(void)
02 {
03   boardInit();
04
05   while (1)
06   {
07     heart_processEntry();
08   }
09 }
```

代码分析：第 3 行代码调用 boardInit()函数，实现人体心率信息采集模块的初始化，完成人体心率信息采集模块主时钟和各外围接口的配置；第 5 行代码是 while 循环，采用死循环方式实现主函数功能；第 7 行代码调用函数 heart_processEntry()，实现人体心率数据的计算和显示。

（2）打开 stm8l15x_it.c 文件，输入函数 INTERRUPT_HANDLER()。

```
01 INTERRUPT_HANDLER(EXTI5_IRQHandler, 13)
02 {
03 #if(BLE_BOARD == BLE_BOARD_TYPE_HEART)
```

```
04    if (RESET != EXTI_GetITStatus(EXTI_IT_Pin5))
05    {
06      EXTI_ClearITPendingBit(EXTI_IT_Pin5);
07      heart_appHandler();
08    }
09  #endif
10  }
```

代码分析：第 3 行代码判断模块类型是否是人体心率信息采集模块；第 4 行代码判断外部中断 PB5 是否复位；第 6 行代码清除中断标志位；第 7 行代码调用 heart_appHandler()函数。

（3）打开 heart.c 文件，输入函数 heart_appHandler()。

```
01  void heart_appHandler(void)
02  {
03    heartSkip = TRUE;
04    time = getSystemMsTime();
05  }
```

代码分析：第 3 行代码设置 heartSkip 标志位为真，用于 heart_processEntry()进行判断；第 4 行代码获取系统时钟并赋值给全局变量 time。

（4）在 heart.c 文件中，输入函数 heart_processEntry()。

```
01  void heart_processEntry(void)
02  {
03    static uint32_t oldTime = 0;
04    uint32_t newTime, rateSum;
05    uint16_t tmpRate, i;
06
07    if(heartSkip ==FALSE) return;
08
09    newTime = time;
10
11    tmpRate = 60000 / (newTime - oldTime);
12    oldTime = newTime;
13    if (tmpRate > 0 && tmpRate < 140)
14    {
15      heartRateBuff[heartCnt ++] = (uint8_t)tmpRate;
16      heartCnt %= HEART_MARK_TIME_BUFF_SIZE;
17      rateSum = 0;
18      for (i = 0; i < HEART_MARK_TIME_BUFF_SIZE;i ++)
19      {
20        rateSum += heartRateBuff[i];
21      }
22      heartRate = rateSum / HEART_MARK_TIME_BUFF_SIZE;
23      char strBuff[17] = "  ";
24      uint8_t len;
25      intNumToStr(heartRate, & strBuff[strlen(strBuff)]);
26      strcat(strBuff, "BPM   ");
27      len = strlen(strBuff);
28      while ((len++) < 16)
29      {
30        strcat(strBuff, " ");
31      }
32      OLED_ShowString(0, 4, strBuff);
```

```
33    }
34  }
```

代码分析：第 3 行代码定义了静态变量 oldTime，代表计算瞬时心率上一时刻的系统时间；第 4、5 行代码定义了 newTime、rateSum、tmpRate、i 变量，代表当前系统时间、心率累加和、瞬时心率计算值、循环变量；第 7 行代码判断 heartSkip，决定是否进行瞬时心率计算；第 9 行代码获取当前系统时间；第 11 行代码计算当前瞬时心率；第 12 行代码更新 oldTime 变量；第 13 行代码判断当前瞬时心率计算值是否在有效范围内，即大于 0、小于 140；第 15 行代码将当前瞬时心率计算值赋值给心率缓存数组 heart Rate Buff[]；第 16 行代码修改心率缓存数组下标；第 17 行代码清空心率累加和；第 18 行代码执行 for 循环，计算心率缓存数组中瞬时心率累加和；第 22 行代码计算心率的平均值；第 25 行代码将心率平均值转换为字符串；第 26～31 行代码，准备在 OLED 显示屏上显示的字符串；第 32 行代码在 OLED 显示屏上显示心率数值，如图 10-13 所示。

任务思考

判断瞬时心率，当大于 150 次/min 时，在 OLED 显示屏上显示“Warning!!!”。修改上述代码实现该功能。

11

第11章　项目5：紫外线可穿戴设备开发

本章讲解紫外线可穿戴设备开发。紫外线可穿戴设备通过紫外线传感器将紫外线信号转换为可测量的电信号并对紫外线辐射量进行标定，实现紫外线信号强度实时呈现。本章设置两个任务：任务 1 讲解 STM8L ADC 的应用，针对实验中紫外线传感模块使用到 STM8L 单片机的 ADC，从了解 A/D 转换的原理开始，学习和掌握 STM8L 单片机 ADC 配置和使用方法，完成基于紫外线传感模块的 ADC 实验任务；任务 2 讲解紫外线传感器驱动开发，从介绍紫外线传感器检测原理开始，讲解紫外线传感模块硬件设计和软件设计，完成紫外线可穿戴设备开发任务。

11.1　任务 1：STM8L ADC 的应用

ADC 是指一种将模拟信号转变为数字信号（A/D 转换）的电子元件。通常的 ADC 将一个输入电压信号转换为一个输出数字信号，供应用程序进行处理。在紫外线传感模块中，STM8L 通过 ADC 实时获取紫外线传感器信号，实现室外紫外线信号测量。

任务目标

（1）掌握 STM8L ADC 的原理和配置方法。

（2）掌握 STM8L ADC 的开发方法。

知识准备

11.1.1　STM8L ADC 的原理

A/D 转换一般要经过滤波、采样、保持、量化、编码几个步骤，如图 11-1 所示。在实际应用中，这些过程有的是合并进行的，例如，采样和保持、量化和编码往往都是在转换过程中同时实现的。

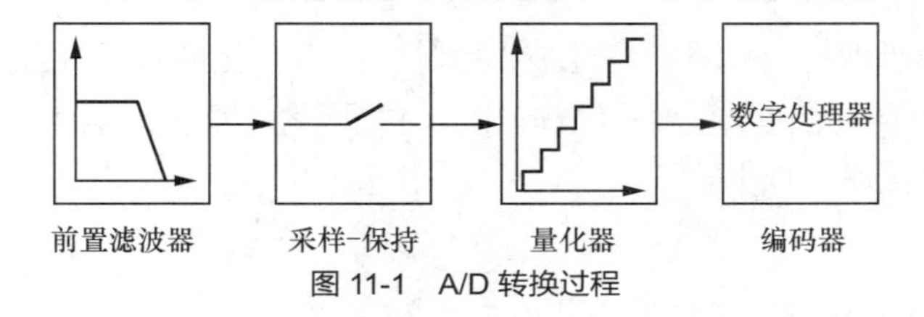

图 11-1　A/D 转换过程

1. 采样和保持

采样就是对连续变化的模拟信号进行定时测量，抽取其样值。采样结束后，将此取样信号保持一段时间，使 ADC 有充分的时间进行 A/D 转换。采样－保持电路就是用于完成该任务的。其中，采样脉冲的频率越高，采样越密，采样值就越多，其采样－保持电路的输出信号就越接近于输入信号的波形。因此，对采样频率就有一定的要求，必须满足采样定理，即：

$$f_s \geqslant 2f_{max}$$

当采样频率 f_s 大于等于模拟信号中最高频率成分 f_{max} 的两倍时，采样值才能不失真地反映原来的模拟信号。

2. 量化和编码

任何一个数字量的大小只能是某个最小数量单位的整数倍，为将模拟信号转换为数字量，在 A/D 转换过程中，还必须将采样－保持电路的输出电压，按某种近似方式转化到相应的离散电平上，这一转化过程称为数值量化，简称量化。量化后的数值最后还需通过编码过程用一个代码表示出来。经编码后得到的代码就是 ADC 输出的数字量。

量化过程中所取最小数量单位称为量化单位，用Δ表示。量化和编码示意如表 11-1 所示。如果要把变化范围为 0～7 V 的模拟电压转换为 3 位二进制代码的数字信号，由于 3 位二进制代码只有 2^3=8 个数值，因此将模拟电压按变化范围分成 8 个等级。每个等级规定一个基准值，例如[0V, 1V)为一个等级，基准值为 0 V，二进制代码为 000，下一个等级是[1V, 2V)，基准值为 2 V，二进制代码为 001，其他各等级以此类推。显然，相邻两级间的差值就是 Δ=1 V，而各级基准值是 Δ 的整数倍。模拟信号经过以上处理，就转换成以 Δ 为单位的数字量。量化的方法一般有两种：只舍不入法和有舍有入法。

ADC 采样值与采样电压的转换关系用公式 $d_{out}=V_s/V_{ref}\cdot 2^n$ 表示，其中 d_{out} 是量化后以 Δ 为单位的数字量，V_s 是采样后的输入模拟电压，V_{ref} 是参考电压，n 是分辨率。

表 11–1　量化和编码示意

模拟电压 U_1	量化结构	二进制码
0～1/8V	0V	000
1/8～2/8V	1/8V=Δ	001
2/8～3/8V	2/8V=2Δ	010
3/8～4/8V	3/8V=3Δ	011
4/8～5/8V	4/8V=5Δ	100
5/8～6/8V	5/8V=5Δ	101
6/8～7/8V	6/8V=6Δ	110
7/8～8/8V	7/8V=7Δ	111

在量化过程中，由于取样电压不一定能被 Δ 整除，所以量化前后不可避免地存在误差，此误差称为量化误差，用 ε 表示。量化误差属于原理误差，它是无法消除的。ADC 的位数越多，各离散电平之间的差值越小，量化误差越小。

3. 主要技术参数

转换精度和转换时间是描述 ADC 的主要技术参数。

（1）转换精度。

① 分辨率。

ADC 的分辨率以输出二进制（或十进制）数的位数来表示，它说明 ADC 对输入信号的分辨能力。从理论上讲，n 位输出的 ADC 能区分 2^n 个不同等级的输入模拟电压，能区分输入电压的最小值为满量程输入的 $1/2^n$。在最大输入电压一定时，输出位数越多，分辨率越高。例如，一个具有 8 位分辨率的 ADC 可以将模拟信号编码成 256（$2^8=256$）个不同的离散值，即 0～255（无符号整数）或–128～127（带符号整数），至于使用哪一种，则取决于具体的应用。

② 转换误差。

转换误差通常是以输出误差的最大值形式给出的。它表示 ADC 实际输出的数字量和理论上的输出数字量之间的差别，常用 LSB 的倍数表示。例如给出转换误差 $\leqslant\pm$LSB/2，就表明实际输出的数字量和理论上应得到的输出数字量之间的误差小于最低位的一半。

（2）转换时间。

转换时间是指 ADC 从转换控制信号到来开始，到输出端得到稳定的数字信号所经过的时间。ADC 的转换时间与转换电路的类型有关。不同类型的转换器转换速度相差甚远。其中并行比较 ADC 的转换速度最高，8 位二进制数输出的单片集成 ADC 转换时间可达 50 ns 以内；逐次比较型 ADC 次之，它们多数的转换时间为 10～50 μs；间接 ADC 的速度最慢，如双积分 ADC 的转换时间大都在几十毫秒至几百毫秒之间。在实际应用中，应从系统数据总的位数、精度要求、输入模拟信号的范围以及输入信号极性等方面综合考虑 ADC 的选用。

STM8L 只有一个 ADC 外设，该系列最多有 28 个 ADC 通道，可以选择 8 位或 12 位转换精度。STM8L ADC 的主要特点如下。

- 可配置的分辨率（最大 12 位）。
- 模拟通道数：4 个快速通道（转换时间为 1 μs）+ 24 个慢通道。
- 内部通道连接温度传感器和内部参考电压。
- 可配置单次或连续转换。
- 可编程采样时间。
- 施密特触发器禁用能力。
- 转换时间可达到 1 μs（当 SYSCLK=16 MHz 时）。
- 电压范围：1.8 ~ 3.6 V。

11.1.2　STM8L ADC 相关寄存器

STM8L ADC 寄存器主要包括 ADC 配置寄存器 ADC_CR1、ADC_CR2、ADC_CR3，ADC 状态寄存器 ADC_SR，ADC 数据高位寄存器 ADC_DRH，ADC 数据低位寄存器 ADC_DRL。通过设置这些寄存器相应的数值，实现 STM8L ADC 管理。

1. ADC_CR1

地址偏移值：0x00。

复位值：0x00。

ADC_CR1 位说明和功能如表 11-2、表 11-3 所示。

表 11-2　ADC_CR1 位说明

位	7	6	5	4	3	2	1	0
名称	OVERIE	RES[1:0]		AWDIE	EOCIE	CONT	START	ADON
读写	rw	rw		rw	rw	rw	rw	rw

表 11-3　ADC_CR1 位功能

位	功能
7	溢出中断使能。 该位由软件置位和清零。如果设置，它将启用溢出事件产生的中断。 0：溢出中断禁止。 1：溢出中断使能
6:5	可配置分辨率。 这些位由软件设置和清除。这些位用于配置 ADC 分辨率。 00：12 位分辨率。 01：10 位分辨率。 10：8 位分辨率。 11：6 位分辨率

续表

位	功能
4	模拟看门狗中断使能。 该位由软件置位和清零。如果设置，它将启用模拟看门狗产生的中断。 0：模拟看门狗中断禁用。 1：模拟看门狗中断使能
3	EOC 的中断使能。 该位由软件置位和清零。它在转换结束时启用中断。 0：禁止 EOC 中断。 1：EOC 中断使能
2	持续转换。 该位由软件置位和清零。如果置位，转换将持续进行，直到该位复位。 0：单次转换模式。 1：连续转换模式
1	转换开始。 该位由软件置位，由硬件清零。 设置后将会开始转换（启用状态）。一个 ADC 时钟周期后由硬件自动复位。 注意：如果该位在转换期间被设置，则不会被考虑
0	A/D 转换器开/关。 该位由软件设置和复位。它将 ADC 从掉电模式唤醒。 0：ADC 禁用（掉电模式）。 1：ADC 使能（从掉电模式唤醒）

2. ADC_CR2

地址偏移值：0x01。

复位值：0x00。

ADC_CR2 位说明和功能如表 11-4、表 11-5 所示。

表 11-4　　　ADC_CR2 位说明

位	7	6	5	4	3	2	1	0
名称	PRESC	TRIG_EDGE1	TRIG_EDGE0	EXTSEL1	EXTSEL0	SMTP1[2:0]		
读写	rw	rw	rw	rw	r	rw	rw	rw

表 11-5　　　ADC_CR2 位功能

位	功能
7	时钟预分频器。 该位由软件置位和清零。如果设置，它将 ADC 时钟频率除以 2。 0：f_{ADC_CLK} = CK。 1：f_{ADC_CLK} = CK/2
6:5	外部触发的有效边沿。 这些位由软件设置和清除。它们为外部触发器选择活动边沿。 00：保留。 01：上升沿敏感。 10：下降沿敏感。 11：上升沿和下降沿均敏感

续表

位	功能
4:3	外部事件选择。 这两个位选择软件启动或可以触发转换的 3 个外部事件之一。 00：触发器禁用，软件启动启用。 01：触发器 1 启用。 10：触发器 2 使能。 11：触发器 3 使能
2:0	采样时间选择。 这些位由软件设置/复位。它们用于为前 24 个通道选择以下采样时间之一。 000：4 个 ADC 时钟周期。 001：9 个 ADC 时钟周期。 010：16 个 ADC 时钟周期。 011：24 个 ADC 时钟周期。 100：48 个 ADC 时钟周期。 101：96 个 ADC 时钟周期。 110：192 个 ADC 时钟周期。 111：384 个 ADC 时钟周期

3. ADC_CR3

地址偏移值：0x02。

复位值：0x1F。

ADC_CR3 位说明和功能如表 11-6、表 11-7 所示。

表 11-6　　ADC_CR3 位说明

位	7	6	5	4	3	2	1	0
名称	SMTP2[2:0]			CHSEL[4:0]				
读写	rw	rw	rw	rw	rw	rw	rw	rw

表 11-7　　ADC_CR3 位功能

位	功能
7:5	采样时间选择。 这些位由软件设置/复位。它们用于为通道 24、VREFINT 和 TS 选择以下采样时间之一。 000：4 个 ADC 时钟周期。 001：9 个 ADC 时钟周期。 010：16 个 ADC 时钟周期。 011：24 个 ADC 时钟周期。 100：48 个 ADC 时钟周期。 101：96 个 ADC 时钟周期。 110：192 个 ADC 时钟周期。 111：384 个 ADC 时钟周期
4:0	通道选择。 这些位由软件设置和清除。它们用于选择模拟看门狗要检查的通道。 00000：选择 ADC 通道 0。 00001：选择 ADC 通道 1。

续表

位	功能
4:0	…… 10111：选择 ADC 通道 23。 11000：选择 ADC 通道 24。 11001：选择 ADC 通道 25。 11010：选择 ADC 通道 26。 11011：选择 ADC 通道 27。 11100：选择 ADC 通道 VREFINT。 11101：选择 ADC 通道 TS

4. ADC_SR

地址偏移值：0x03。

复位值：0x00。

ADC_SR 位说明和功能如表 11-8、表 11-9 所示。

表 11-8　ADC_SR 位说明

位	7	6	5	4	3	2	1	0
名称	保留					OVER	AWD	EOC
读写						rw_0	rw_0	rw_0

表 11-9　ADC_SR 位功能

位	功能
7:3	保留，由硬件强制置为 0
2	溢出标志。 当 ADC 处于断电模式时，此位通过软件写入 0 或硬件重置。转换完成后，第二次转换完成，并且 DMA 未读取第一个转换值，则按硬件设置。它不能由软件设置。 0：未发生溢出。 1：溢出发生
1	模拟监视器标志。 当 ADC 处于断电模式时，此位由软件写入 0 或硬件重置。当 ADC 转换的模拟电压高于或低于 ADC_xTRx 寄存器中较低/较高阈值定义的参考电压阈值时，即设置。 它不能由软件设置。 0：未发生模拟监视器事件。 1：模拟看门狗事件发生
0	转换结束。 此位由转换结束时的硬件设置。通过写入 0 或读取转换数据的 LSB ，或者当 ADC 处于断电模式时，软件可以清除它。 在扫描转换的情况下，此位设置在序列最后一个通道的转换结束时。 它不能由软件设置。 0：转换未完成。 1：转换完成

5. ADC_DRH

地址偏移值：0x04。

复位值：0x00。

ADC_DRH 位说明和功能如表 11-10、表 11-11 所示。

表 11–10　ADC_DRH 位说明

位	7	6	5	4	3	2	1	0
名称	保留				CONV_DATA[11:8]			
读写					r	r	r	r

表 11–11　ADC_DRH 位功能

位	功能
7:4	保留，由硬件强制为 0
3:0	数据高位。 这些位由硬件设置/重置并且是只读的。它们包含转换数据的 4 个 LS 位。转换后的电压数据位右对齐，其配置取决于编程的分辨率，如下所述。 12 位分辨率：位 3:0 = CONV_DATA[11:8]。 10 位分辨率：位 3:2 =保留；位 1:0 = CONV_DATA[9:8]。 8 位分辨率：位 3:0 =保留。 6 位分辨率：位 3:0 =保留

6. ADC_DRL

地址偏移值：0x05。

复位值：0x00。

ADC_DRL 位说明和功能如表 11-12、表 11-13 所示。

表 11–12　ADC_DRL 位说明

位	7	6	5	4	3	2	1	0
名称	CONV_DATA[7:0]							
读写	r	r	r	r	r	r	r	r

表 11–13　ADC_DRL 位功能

位	功能
7:0	数据低位。 这些位由硬件设置/重置并且是只读的。它们包含转换数据的 8 个 LS 位。转换后的电压数据位右对齐，其配置取决于编程的分辨率，如下所述。 12 位分辨率：位 7:0 = CONV_DATA[7:0]。 10 位分辨率：位 7:0 = CONV_DATA[7:0]。 8 位分辨率：位 7:0 = CONV_DATA[7:0]。 6 位分辨率：位 7:6 = 保留；位 5:0 = CONV_DATA[5:0]

任务实现

11.1.3 STM8L ADC 实验任务

1. 实验功能

（1）在可穿戴技术开发平台 WLCK-STM8LDB 单元中实现 ADC 周期采样功能。

（2）采用 LED 数码管显示 ADC 采集数据。

2. 参考代码

（1）在 IAR-EWSTM8 开发环境中打开名为“可穿戴技术-STM8L ADC 实验”的项目文件夹，打开 main.c 文件，输入函数 main()。

```
01 void main()
02 {
03   disableInterrupts()
04   CLK_SYSCLKDivConfig(CLK_SYSCLKDiv_1);
05   ADCFunc_Init();
06   LEDDisplay_Init();
07   TIM4_Init();
08   enableInterrupts();
09
10   while(1)
11   {
12     delay(1000);
13     ADC_Data_Read(&ADCData, SAMPLINGTIMES);
14     LED[0] = ADCData / 1000;
15     LED[1] = ADCData / 100 % 10;
16     LED[2] = ADCData % 100 / 10;
17     LED[3] = ADCData % 10;
18   }
19 }
```

代码分析：第 3、8 行代码用于关闭总中断和打开总中断，其目的是在单片机上电初始化完成之前禁止中断，避免造成运行错误；第 4 行代码用于进行时钟初始化，STM8L 单片机内部有 RC 振荡，在 STM8L 复位后先使用内部 RC 振荡作为系统的主时钟，并设置为 1 分频，即 16 MHz；第 5 行代码调用 ADCFunc_Init()函数，完成 STM8L 单片机 ADC 初始化；第 6 行代码调用函数 LEDDisplay_Init()，初始化 LED 数码管；第 7 行代码调用函数 TIM4_Init()，完成通用定时器 TIM4 的初始化；第 10 行代码是 while 循环，每次读取 ADC 数值，并赋值给 LED 显示数组 LED[]，准备在 4 位 LED 数码管显示。

（2）在 main.c 文件中，输入函数 ADCFunc_Init()。

```
01 void ADCFunc_Init()
02 {
03   CLK_PeripheralClockConfig(CLK_Peripheral_ADC1, ENABLE);
04   GPIO_Init(GPIOA , GPIO_Pin_6, GPIO_Mode_In_FL_No_IT);
05
06   ADC_Init(ADC1,
07            ADC_ConversionMode_Single,
08            ADC_Resolution_12Bit,
09            ADC_Prescaler_2);
10
```

```
11  ADC_ChannelCmd(ADC1,
12                 ADC_Channel_0,
13                 ENABLE);
14
15  ADC_Cmd(ADC1 , ENABLE);
16 }
```

代码分析：ADC1 转换电路原理如图 11-2 所示。STM8L 选用引脚 PA6 为 ADC 转换通道。第 3 行代码使能 ADC1 时钟；第 4 行代码设置 PA6 为悬空输入，并且禁止中断功能；第 6～9 行代码调用 STM8L 库函数 ADC_Init()，初始化 ADC1 为单次转换模式，精度为 12 位，时钟设置为 2 分频；第 11～13 行代码调用 STM8L 库函数 ADC_ChannelCmd()，设置 ADC 通道 0 采样；第 15 行代码调用 STM8L 库函数 ADC_Cmd()，启动 ADC1。

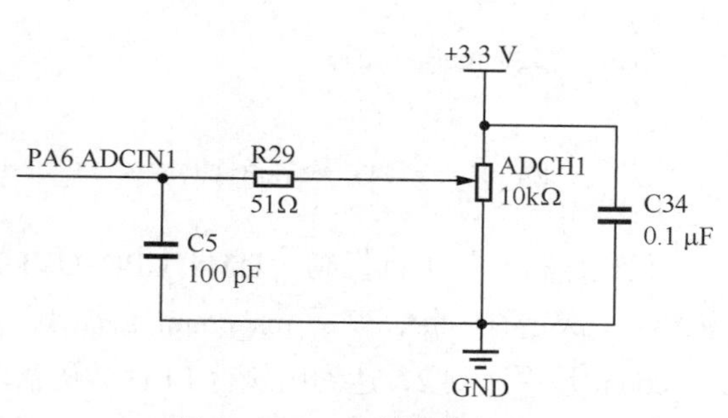

图 11-2　ADC1 转换电路原理

（3）在 main.c 文件中，输入函数 ADC_Data_Read()。

```
01 void ADC_Data_Read(uint16_t  *AD_Value , uint16_t SamplingTimes)
02 {
03  unsigned long ADCSum;
04  uint16_t ADCdata , i;
05
06  for(i = 0; i < SamplingTimes; i++ )
07  {
08   ADC_SoftwareStartConv(ADC1);
09   while(ADC_GetFlagStatus(ADC1, ADC_FLAG_EOC) == 0);
10   ADC_ClearFlag(ADC1, ADC_FLAG_EOC);
11   ADCdata = ADC_GetConversionValue(ADC1);
12   ADCdata[i] = ADCdata;
13  }
14
15  for(i = 0 ; i < SamplingTimes ; i++)
16  {
17   ADCSum +=  ADCdata[i];
18  }
19  *AD_Value =  ADCSum / SamplingTimes;
20 }
```

代码分析：第 3、4 行代码分别定义了 ADC 转换数值累加和 ADCSum、ADC 采样数值 ADCdata 和循环变量 i；第 6 行代码是 for 循环，按照函数入参 SamplingTimes 决定采样次数；第 8 行代码启动 ADC1，开始进行 A/D 转换工作；第 9 行代码采用 while 循环，判断 ADC1 是否完成 A/D 转换；第 10 行代码调用库函数 ADC_ClearFlag()，清除 A/D 转换完成标志；第 11 代码调用库函数 ADC_GetConversionValue()，获取 ADC1 的采样值；第 12 行代码将 ADC 采样数值赋值给数组 ADCdata[]；第 15～18 行代码是 for 循环，将数组 ADCdata[]里面的所有数值累加，并赋值给 ADCSum；第 19 行代码求得 A/D 转换的平均值，赋值给指针变量 AD_Value。

（4）打开 stm8l15x_it.c 文件，输入中断处理函数 INTERRUPT_HANDLER()。

```
01 INTERRUPT_HANDLER(TIM4_UPD_OVF_TRG_IRQHandler, 25)
02 {
03  ms_count++;
```

```
04   if(ms_count >= 2)
05   {
06     ms_count = 0;
07     LED_Update(SCode[LED[SMGnum]], BCode[SMGnum]);
08     SMGnum++;
09     if(SMGnum >= 4)
10     {
11       SMGnum = 0 ;
12     }
13   }
14   TIM4_ClearITPendingBit(TIM4_IT_Update);
15 }
```

代码分析：第 1 行代码，TIM4_UPD_OVF_TRG_IRQHandler 是 TIM4 中断向量；第 3 行代码，每产生一次定时中断，变量 ms_count 自加 1，用于记录 1 ms 内产生的中断次数；第 4 行代码判断 ms_count 是否达到 2，达到则执行 LED 数码管动态扫描；第 7 行代码调用函数 LED_Update()，刷新指定位的 LED 数码管以显示数字；第 8～12 行代码，将 LED 位码变量 SMGnum 自加 1，如果大于 4 则清零，再从第 1 个 LED 数码管开始显示；第 14 行代码清除定时器 TIM4 的中断标志位。

任务思考

根据参考电压，运用 ADC 采样值与采样电压的转换关系，将 ADC 采样值对应为采样电压，判断采样电压值大于或等于 1 V 时，点亮 LED1；小于 1 V 时，熄灭 LED1。修改上述代码实现该功能。

11.2 任务 2：紫外线传感器驱动开发

紫外线传感器是可穿戴设备的重要组成部分。紫外线传感器通过测量环境中紫外线强度提示佩戴可穿戴设备对象，做好个人防护。本任务学习紫外线传感器工作原理，学习和掌握紫外线传感器驱动开发方法，完成紫外线传感器可穿戴设备开发任务，实现人体运动环境紫外线强度的实时测量。

任务目标

（1）掌握紫外线传感器工作原理。

（2）掌握紫外线传感器驱动开发方法。

知识准备

11.2.1 紫外线传感器检测原理

紫外线是电磁波谱中波长为 10～400 nm 的辐射的总称。根据波长的不同，一般把紫外线分为 UVA、UVB、UVC 这 3 个波段，具体如下：UVA，波长为 315～400 nm，长波；UVB，波长为 280～315 nm，中波；UVC，波长为 100～280 nm，短波。

当紫外线照射人体时，能促使人体合成维生素 D，以防止患佝偻病；紫外线还具有杀菌作用，医院里的病房就利用紫外线消毒。但紫外线照射会让皮肤产生大量自由基，导致细胞膜的过氧化反应，使黑色素细胞产生更多的黑色素，并往上分布到表皮角质层，造成黑色斑点。紫外线中 UVB 致癌性最强，晒红及晒伤作用为 UVA 的 1000 倍，而 UVC 可被臭氧层所阻隔。

过强的紫外线会伤害人体，应注意防护，可以通过可穿戴设备，实时检测紫外线强度，提示环境变化。

紫外线传感器（见图 11-3）是利用光敏元件将紫外线信号转换为电信号的传感器，它的工作模式通常分为两类：光伏模式和光导模式。光伏模式是指不需要串联电池，串联电阻中有电流，而传感器相当于一个小电池，输出电压，这种传感器制作比较难、成本比较高；光导模式是指需要串联一个电池工作，传感器相当于一个电阻，电阻值随光的强度变化而变化，这种传感器制作容易、成本较低。

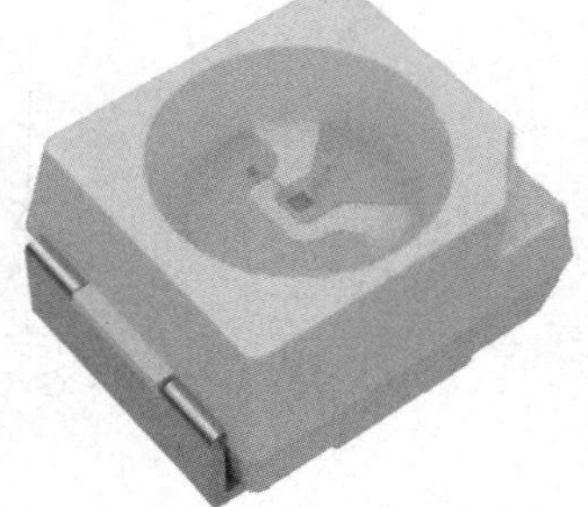

图 11-3　紫外线传感器实物

紫外线传感器主要电气特性如下。

- 低照度响应。
- 暗电流低。
- 输出电流与紫外线强度成线性关系。

紫外线传感器的典型应用如下。

- 测量紫外线强度：手机、数码相机、MP4、PDA、GPS 等便携式移动产品。
- 用于紫外线检测器：全部紫外线波段的检测器、单 UVA 波段检测器、紫外线强度检测器、紫外线杀菌灯辐照检测器。

11.2.2　紫外线传感模块硬件设计

本章所讲解的紫外线可穿戴设备开发是基于可穿戴技术开发平台 IOTX-WTechPlatform 的紫外线传感模块 IOTX-UV 进行的。该模块采用 GUVA-S12SD 紫外线传感器，可放置在自然环境中检测紫外线强度。

GUVA-S12SD 在 25℃下的特性如表 11-14 所示。

表 11–14　　GUVA–S12SD 在 25℃下的特性

项目	符号	测试条件	最小值	典型值	最大值	单位	项目
暗电流	I_D	$V_R = 0.1$ V			1 nA	nA	暗电流
光电流	I_{PD}	紫外线灯，光照强度=1 mW/cm^2		113 nA		nA	光电流
		1 UVI		26 nA		nA	
温度系数	I_{TC}	紫外线灯		0.08% / °C		% / °C	
灵敏度	R	$\lambda = 300$ nm, $V_R = 0$ V		0.14 A/W		A/W	
测量波长范围	λ	10% of r	240 nm		370 nm	nm	

紫外线传感模块电路原理如图 11-4 所示。GUVA-S12SD 配合一路运算放大器组成紫外线传感模块的采集输出电路。MUC 端则需要配置好 ADC 引脚，从而对输出电路电压进行线性测量。

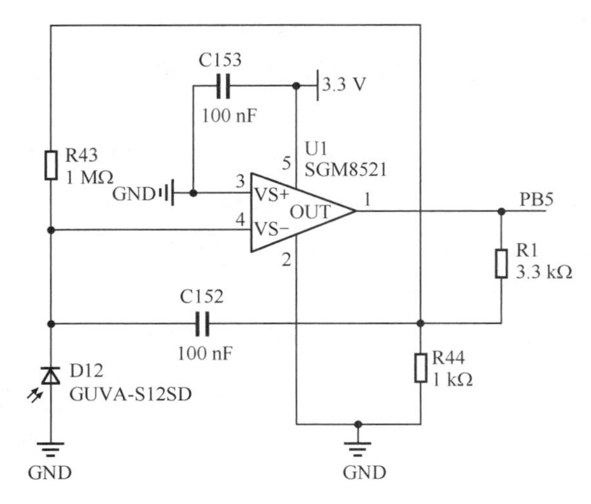

图 11-4　紫外线传感模块电路原理

紫外线传感模块 IOTX-UVModule（见图 11-5）和蓝牙模块通过排线连接，每个模块两端有用来固定绑带的“耳朵”，能够实现在手部固定，进行可穿戴设备仿真。紫外线传感模块通过 I2C 总线与蓝牙模块通信，并由蓝牙模块将数据通过蓝牙上传给手机 App 进行显示和处理。

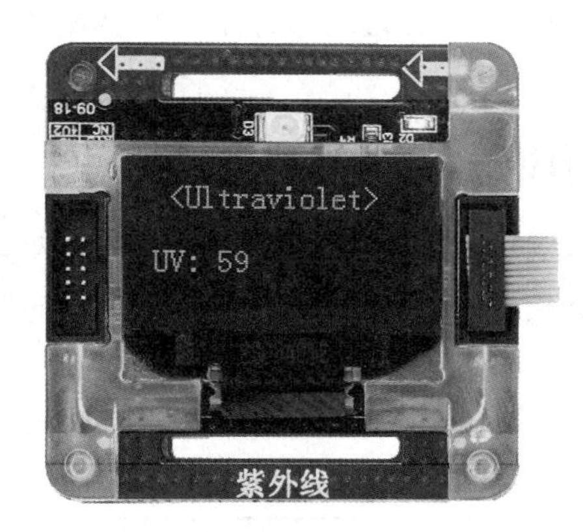

图 11-5　紫外线传感模块 IOTX-UVModule 实物

任务实现

11.2.3　紫外线传感模块采集软件设计任务

1. 实验功能

（1）通过 ADC 实现可穿戴技术开发平台紫外线传感模块中的紫外线传感器驱动。

（2）在 analog_ultravioletProcess()功能代码中实现紫外线强度计算，在 OLED 显示屏上显示实时紫外线强度。

2. 参考代码

（1）在 IAR-EWSTM8 开发环境中打开名为“可穿戴技术-紫外线传感模块”的项目文件夹，打开 main.c 文件，输入函数 main()。

```
01 int main(void)
02 {
03  boardInit();
04
05  while (1)
06  {
07   tim2_appHandlerMainEntry();
08
09 #ifdef ANALOG_EN
10   analog_entry();
11 #endif
12  }
13 }
```

代码分析：第 3 行代码调用 boardInit()函数，实现紫外线传感模块的初始化，完成紫外线传感模块主时钟和各外围接口的配置；第 5 行代码采用 while 死循环方式实现主函数功能；第 7 行代码调用函数 tim2_appHandlerMainEntry()，激活 ADC 功能；第 9～11 行代码判断模块是否需要启动 ADC，如果是，调用函数 analog_entry()进行处理。

（2）打开 board.c 文件，输入函数 tim2_appHandlerMainEntry()。

```
01 void tim2_appHandlerMainEntry(void)
02 {
03  if (FALSE == timeIrqed)
04  {
05   return;
06  }
07  timeIrqed = FALSE;
08
09 #ifdef ANALOG_EN
10  analogDeviceHandler();
11 #endif
12 }
```

代码分析：第 3 行代码判断模块是否有未响应的定时器中断，如无则返回；第 9～11 行代码判断模块是否需要启动 ADC，如果是，则调用函数 analogDeviceHandler()启动 ADC 数据采集处理。

（3）打开 Analog.c 文件，输入函数 analogDeviceHandler()。

```
01 void analogDeviceHandler(void)
02 {
03  static uint8_t timeCnt = 255;
04  struct analogAdcDate_t adcData;
05
06  if (0 == timeCnt)
07  {
08   timeCnt = ANALOG_READ_FREP;
09   adcData.adcM = ADC_GetConversionValue(ADC1);
10   analogDataInput(adcData);
11  }
12  else
13  {
14   timeCnt --;
15  }
16 }
```

代码分析：第 6～9 行代码判断延时参数 timeCnt，如果设置的延时时间到了，则调用函数

ADC_GetConversionValue()，获取 ADC 的采样数值，并赋值给变量 adcData.adcM；第 10 行代码调用函数 analogDataInput()，将变量 adcData 放置到缓冲队列进行处理。

（4）在 Analog.c 文件中，输入函数 analog_entry()。

```
01 void analog_entry(void)
02 {
03  struct analogAdcDate_t data;
04
05  if (FALSE == analogRingQCheckout(&data, & adcValQring))
06  {
07   return;
08  }
09
10 #if(BLE_BOARD == BLE_BOARD_TYPE_ULTRAVIOLET)
11  analog_ultravioletProcess(data);
12 #endif
13 }
```

代码分析：第 5 行代码调用 analogRingQCheckout()函数获取缓冲队列的 ADC 采样数值，并赋值给变量 data；第 10～12 行代码判断模块是不是紫外线传感模块，若是则调用函数 analog_ultraviolet Process()函数，处理 ADC 采样数据。

（5）在 Analog.c 文件中，输入函数 analog_ultravioletProcess()。

```
01 void analog_ultravioletProcess(struct analogAdcDate_t data)
02 {
03  uint16_t i;
04  uint32_t tmpMeans = 0;
05
06  for (i = 1; i < WARE_MEANS_BUFF_SIZE; i ++)
07  {
08   wareMeansBuff[i-1] = wareMeansBuff[i];
09   tmpMeans += wareMeansBuff[i];
10  }
11
12  wareMeansBuff[WARE_MEANS_BUFF_SIZE - 1] = data.adcM;
13  tmpMeans += data.adcM;
14  ultravioletValue = ((tmpMeans * 100) / WARE_MEANS_BUFF_SIZE) / 300;
15  if (ultravioletValue > 100)
16  {
17   ultravioletValue = 100;
18  }
19
20  uint8_t strBuff[17];
21  intNumToStr(ultravioletValue,strBuff);
22  strcat(strBuff,"UV:     ");
23  OLED_ShowString(0, 4, strBuff);
24 }
```

代码分析：第 6～10 行代码用 for 循环实现采样数组 wareMeansBuff[]操作，采用 FIFO 队列，挤出最先进入队列的数值；第 12 行代码将最新采样的 ADC 采样数值放入数组 wareMeansBuff[]最后一个元素中；第 13 行代码计算最新的采样数值的累加和并赋值给变量 tmpMeans；第 14 行代码计算紫外线强度相对值，并赋值给变量 ultravioletValue；第 20～23 行代码在 OLED 显示屏上显示测得的紫外线强度相对值，如图 11-5 所示。

任务思考

（1）判断测得的紫外线强度，如果大于 30，则 OLED 显示屏显示“UV warning!”；如果小于或等于 30，则 OLED 显示屏显示“UV OK!”。

（2）执行完步骤（1）后，在下一个采样周期显示测得的紫外线强度。

（3）循环执行步骤（1）和步骤（2），修改上述代码实现该功能。

12

第12章　项目6：蓝牙透传模块开发

本章讲解蓝牙透传模块开发，可穿戴设备通过蓝牙技术实现与移动终端的数据通信，最终完成移动端 App 和云端健康应用数据的同步。本章设置两个任务：任务 1 讲解 STM8L UART 应用，针对实验中蓝牙透传模块使用到的 STM8L UART 功能，学习和掌握 STM8L 单片机 UART 配置和使用方法，完成基于蓝牙透传模块的 UART 实验任务；任务 2 讲解蓝牙透传模块开发，完成蓝牙透传模块硬件设计和软件设计任务，实现可穿戴设备级联。

12.1　任务 1：STM8L UART 应用

通用异步收发传输器 UART 普遍地集成在各类单片机上，可以通过两根通信线实现两个 UART 设备间的数据交互。在蓝牙透传模块中，STM8L 通过 UART 与蓝牙芯片通信，实现蓝牙数据发送与接收功能。

任务目标

（1）掌握 STM8L UART 设置和使用方法。

（2）掌握 STM8L UART 功能开发方法。

知识准备

12.1.1　STM8L UART 原理

1. 串行通信基本概念

串行通信按同步方式可分为异步通信和同步通信两种。在异步通信中，数据通常是以 B 为单位组成数据帧进行传送的。收、发端各有一套彼此独立、互不同步的通信机构，由于收、发数据的帧格式相同，因此可以相互识别接收到的数据信息。异步通信帧格式如图 12-1 所示。

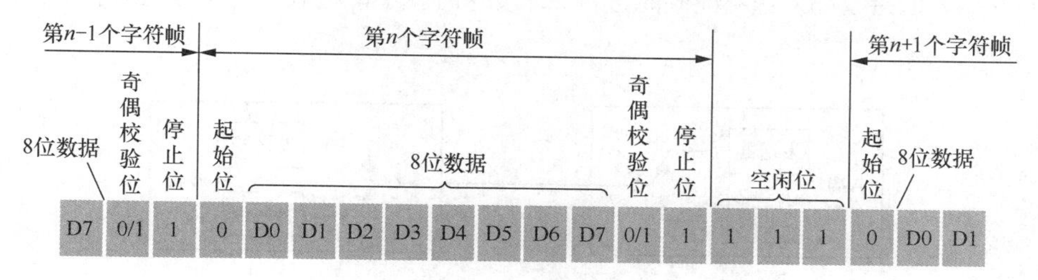

图 12-1　异步通信帧格式

UART 也可作为协议，是异步串口通信协议的一种，其工作原理是将传输数据的每个字节逐位进行传输。

图 12-1 中各个数据位意义如下。

（1）起始位：在没有数据传送时，通信线上处于逻辑“1”状态。发送端在发送数据时，首先发送 1 个逻辑“0”信号，这个低电平便是帧格式的起始位。发送端通过这个起始位通知接收端，它要开始发送一帧数据。接收端在检测到这个低电平之后，就准备接收数据信号。

（2）数据位：该位在起始位之后。数据位的位数通常是 5～8 位，构成一个字符。字符通常采用 ASCII，从最低位开始传送，靠时钟定位。

（3）奇偶校验位：该位用于提供给接收端进行校验。数据位加上这一位，使得字符帧中包含“1”的位数应为偶数（偶校验）或奇数（奇校验），以此来校验资料传送的正确性。奇偶校验是收、发双方预先约定好的差错检验方式之一，有时也可不用奇偶校验。

（4）停止位：它是一个字符帧的结束标志，可以是 1 位、1.5 位、2 位的高电平。由于数据是在传输线上传输的，并且每一个设备都有自己的时钟，极有可能在通信过程中两台设备间出现不同步现象，因此，停止位不仅表示传输的结束，还为系统提供校正时钟同步的机会。停止位的位数越多，不同时钟同步的容忍程度越大，同时，整体数据传输率相应也越慢。

（5）空闲位：处于逻辑“1”状态，表示当前线路上没有数据传送。

波特率：是串行通信中一个重要概念，它是指传输数据的速率。当传输 1 个码元符号对应 1 个位时，波特率亦称比特率，下面将在这种情形下解释波特率：此时波特率的定义是每秒传输二进制数码的位数，如波特率为 1200 bit/s 是指每秒钟能传输 1200 位二进制数码。波特率的倒数即每位数据传输时间。例如，波特率为 1200 bit/s 时，每位的传输时间为：

$$T_d = \frac{1}{1200} = 0.833 \text{ ms}$$

2. 串行通信制式

在串行通信中，数据是在通信双方之间传送的。按照数据传送方向，串行通信可分为 3 种制式。

（1）单工制式。

单工制式是指通信双方只能单向传送数据，如图 12-2 所示。

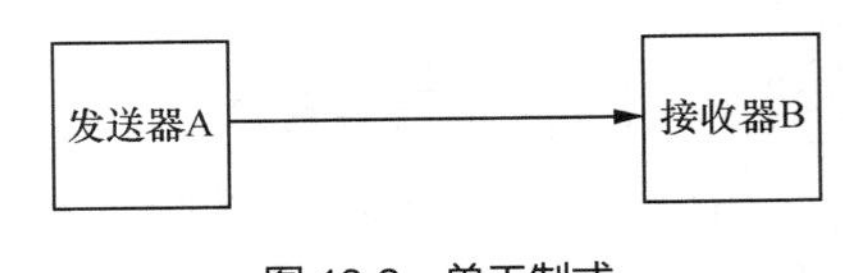

图 12-2　单工制式

（2）半双工制式。

半双工制式是指通信双方都具有发送器和接收器，双方既可发送也可接收，但接收和发送不能同时进行，即发送时就不能接收，接收时就不能发送，如图 12-3 所示。

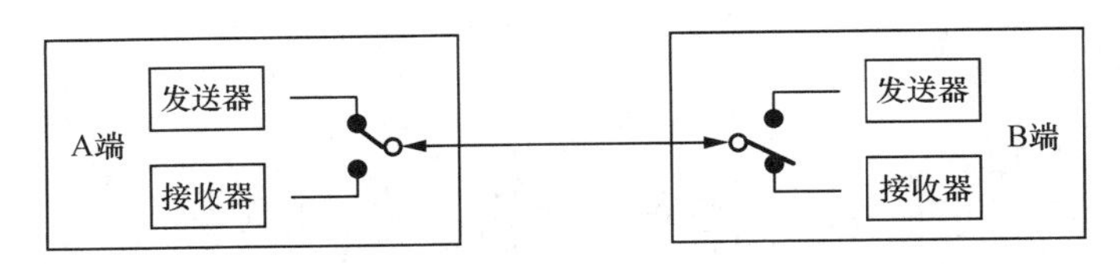

图 12-3　半双工制式

（3）全双工制式。

全双工制式是指通信双方均设有发送器和接收器，并且将信道划分为发送信道和接收信道，两端数据允许同时收发，如图 12-4 所示，因此全双工制式通信效率比前两种高。

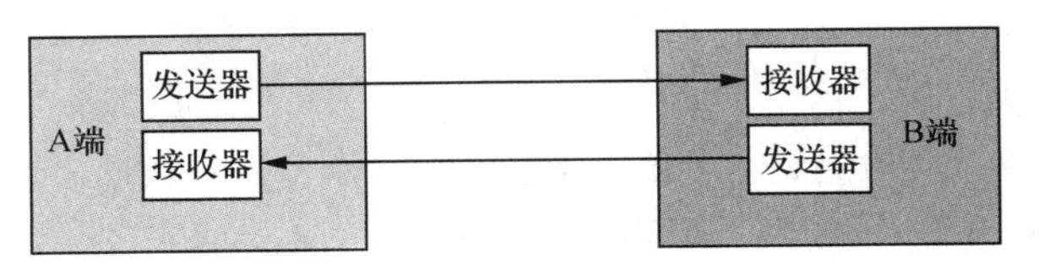

图 12-4　全双工制式

3. STM8L UART 特性

STM8L UART 具有如下特性。

- 全双工制式，异步通信。
- 不归零编码（Non Return to Zero Code，NRZ）标准格式。

- 高精度波特率发生器，通用可编程发送和接收波特率高达 $f_{SYSCLK}/16$。
- 数据位（8 或 9 位）可编程。
- 停止位个数可设置，支持 1 个或 2 个停止位。
- 高位在前或低位在前可设置。
- 同步模式下时钟输出功能，实现同步通信。
- 单线半双工制式通信。
- 使用 DMA 可配置多缓冲区通信。
- 接收器和发送器具有独立使能位。
- 智能卡模式。支持 ISO/IEC 7816-3 标准定义的智能卡异步协议，支持智能卡用到的 1.5 个停止位。
- IrDA SIR 编解码器。普通模式下支持 3/16 位时长。
- 发送检测标志，包括接收缓冲区满、发送缓冲区空、发送结束标志。
- 校验控制：发送奇偶校验位，接收数据的奇偶检查。
- 8 个中断源和中断标志，包括发送数据寄存器空、发送完成、接收数据寄存器满、检测到线路空闲、溢出错误、帧错误、噪声错误、奇偶错误等。
- 降低功耗模式。
- 多机通信，如果地址不匹配则进入静默模式。
- 从静默模式唤醒（检测到线路空闲或检测到地址标记）。
- 两个接收唤醒模式：地址位（MSB）和线路空闲。

12.1.2 STM8L UART 相关寄存器

STM8L UART 相关寄存器主要包括状态寄存器 USART_SR，数据寄存器 USART_DR，波特率寄存器 USART_BRR1、USART_BRR2，控制寄存器 USART_CR1、USART_CR2、USART_CR3，通过设置这些寄存器相应的数值，实现串口配置管理。

1. USART_SR

地址偏移值：0x00。

复位值：0xC0。

USART_SR 位说明和功能如表 12-1、表 12-2 所示。

表 12-1　　USART_SR 位说明

位	7	6	5	4	3	2	1	0
名称	TXE	TC	RXNE	IDLE	OR	NF	FE	PE
读写	r	rc_w0	r	r	r	r	r	r

表 12-2　　USART_SR 位功能

位	功能
7	发送数据寄存器空。 当 TDR 的内容已传输到移位寄存器时，此位由硬件设置。如果 USART_CR2 中的 TIEN=1，则生成中断。它通过写入 USART_DR 清除。 0：没有数据被传到移位寄存器。 1：有数据被传到移位寄存器

续表

位	功能
6	发送完成。 如果包含数据的帧的传输完成并设置了 TXE 位，则 TC 位由硬件设置。 如果 USART_CR2 的 TCIEN=1，则生成中断。 TC 位通过软件序列（读取到 USART_SR，然后写入 USART_DR）或将位编程为“0”来清除。 此清除序列仅建议用于多缓冲区通信。 0：发送未完成。 1：发送完成
5	接收数据寄存器非空。 当 RDR 移位寄存器的内容已传输到 USART_DR 时，此位由硬件设置。如果 USART_CR2 中的 RIEN=1，则生成中断。它通过读取到 USART_DR 清除。 0：没收到数据。 1：收到的数据已经可读
4	检测到空闲线路。 检测到空闲线路时，此位由硬件设置。如果 USART_CR2 中的 ILIEN=1，则生成中断。它由软件序列（读取到 USART_SR，然后读取到 USART_DR）清除。 0：没有检测到线路空闲。 1：检测到线路空闲
3	溢出错误。 当移位寄存器中当前接收的单词准备好在 RXNE=1 时传输到 RDR 中时，此位由硬件设置。如果 USART_CR2 中的 RIEN=1，则生成中断。它由软件序列（读取到 USART_SR，然后读取到 USART_DR）清除。 0：没有溢出错误。 1：检测到溢出错误
2	噪声检测标志。 当在接收的帧上检测到噪声时，此位由硬件设置。它由软件序列（读取到 USART_SR，然后读取到 USART_DR）清除。 0：没有检测到噪声。 1：检测到噪声
1	帧错误。 当检测到非同步、过度噪声或中断字符时，此位由硬件设置。它由软件序列（读取到 USART_SR，然后读取到 USART_DR）清除。 0：没有检测到帧错误。 1：检测到帧错误或者收到断开字符
0	校验错误标志。 当接收器模式下出现奇偶校验错误时，此位由硬件设置。它由软件序列（读取到 USART_SR，然后读取到 USART_DR）清除。在清除 RXNE 标志之前，必须等待设置它。如果 USART_CR1 中的 PIEN=1，则生成中断。 0：没有校验错误。 1：有校验错误

2. USART_DR

地址偏移值：0x01。

复位值：0x00。

USART_DR 位说明和功能如表 12-3、表 12-4 所示。

表 12-3　**USART_DR 位说明**

位	7	6	5	4	3	2	1	0
名称	DR[7:0]							
读写	rw							

表 12-4　**USART_DR 位功能**

位	功能
7:0	数据值。 包含接收或传输的数据字符，具体取决于它是被读取的还是写入的。 USART_DR 执行双重功能（读取和写入），因为它由两个寄存器组成，一个用于传输（TDR），一个用于接收（RDR）。 TDR 提供内部总线和输出换档寄存器之间的并行接口。 RDR 提供输入移位寄存器和内部总线之间的并行接口

3. USART_BRR1

地址偏移值：0x02。

复位值：0x00。

USART_BRR1 位说明和功能如表 12-5、表 12-6 所示。

表 12-5　**USART_BRR1 位说明**

位	7	6	5	4	3	2	1	0
名称	USART_DIV[11:4]							
读写	rw	rw	rw	rw		rw	rw	rw

表 12-6　**USART_BRR1 位功能**

位	功能
7:0	USART_DIV 的所有位。 这 8 位定义了 16 位 USART 分频器（USART_DIV）的第二和第三小段

4. USART_BRR2

地址偏移值：0x03。

复位值：0x00。

USART_BRR2 位说明和功能如表 12-7、表 12-8 所示。

表 12-7　**USART_BRR2 位说明**

位	7	6	5	4	3	2	1	0
名称	USART_DIV[15:12]				USART_DIV[3:0]			
读写	rw				rw			

表 12-8 USART_BRR2 位功能

位	功能
7:4	USART_DIV 的 MSB。 这 4 位定义了 USART 分频器的 MSB（USART_DIV）
3:0	USART_DIV 的 LSB。 这 4 位定义了 USART 分频器的 LSB（USART_DIV）

5. USART_CR1

地址偏移值：0x04。

复位值：0x00。

USART_CR1 位说明和功能如表 12-9、表 12-10 所示。

表 12-9 USART_CR1 位说明

位	7	6	5	4	3	2	1	0
名称	R8	T8	USARTD	M	WAKE	PCEN	PS	PIEN
读写	rw	rw	rw	rw	rw	rw	rw	rw

表 12-10 USART_CR1 位功能

位	功能
7	接收数据位 8。 此位用于在 M=1 时存储接收字的第 9 位
6	传输数据位 8。 此位用于在 M=1 时存储传输字的第 9 位
5	USART 禁用（低功耗）。 设置此位后，USART 预缩放器和输出在当前字节传输结束时停止，以降低功耗。此位由软件设置和清除。 0：USART 已启用。 1：USART 预缩放器和输出已禁用
4	字长。 这个位决定串口字长，由软件置 1 和清零。 0：1 个起始位，8 位数据位，*n* 个停止位（*n* 取决于 USART_CR3 中的 STOP[1:0]位）。 1：1 个起始位，9 个数据位，1 个停止位。 注意：在数据传输和接收期间，不得修改这个位
3	接收器唤醒方式。 这个位决定 USART 从静默模式唤醒的方式，由软件置 1 和清零。 0：空闲线。 1：地址标记
2	校验控制使能。 这个位选择硬件校验控制（产生和检测）功能。当校验控制被打开时，计算好的校验位被插入最高位（M=1 时是第 9 位，M=0 时是第 8 位），并检测接收数据的校验位，由软件置 1 和清零。一旦这个位被置 1，在当前字节之后就激活了校验控制（在收发的时候都有）。 0：校验控制禁止。 1：校验控制使能

续表

位	功能
1	校验选择。 这个位选择在校验生成和检测功能被打开的时候（PCE=1）使用奇校验还是使用偶校验，由软件置 1 和清零，校验方式会在当前字节结束后生效。 0：偶校验。 1：奇校验
0	奇偶校验中断启用。 此位由软件设置和清除。 0：禁用奇偶校验中断。 1：每当 USART_SR 中的 PE=1 时生成奇偶校验中断

6. USART_CR2

地址偏移值：0x05。

复位值：0x00。

USART_CR2 位说明和功能如表 12-11、表 12-12 所示。

表 12–11　　USART_CR2 位说明

位	7	6	5	4	3	2	1	0
名称	TIEN	TCIEN	RIEN	ILIEN	TEN	REN	RWU	SBK
读写	rw	rw	rw	rw	rw	rw	rw	rw

表 12–12　　USART_CR2 位功能

位	功能
7	发送寄存器空中断使能。 由软件置 1 和清零。 0：中断禁止。 1：在 USART_SR 中的 TXE 被置 1 的时候会产生 USART 中断
6	发送完毕中断使能。 由软件置 1 和清零。 0：中断禁止。 1：在 USART_SR 中的 TC 位被置 1 的时候会产生 USART 中断
5	接收寄存器非空中断使能。 由软件置 1 和清零。 0：中断禁止。 1：在 USART_SR 中的 OR 或者 RXNE 被置 1 的时候会产生 USART 中断
4	空闲中断使能。 由软件置 1 和清零。 0：中断禁止。 1：在 USART_SR 中的 IDLE 位被置 1 的时候会产生 USART 中断
3	发送器使能。 这个位打开发送器。由软件置 1 和清零。 0：发送器关闭。 1：发送器打开

续表

位	功能
2	接收器使能。 这个位打开接收器。由软件置 1 和清零。 0：接收器被关闭。 1：接收器被打开并开始等待起始位
1	接收器唤醒。 此位确定 USART 是否处于静音模式。它由软件设置和清除，并且在识别唤醒序列时，硬件可以清除它。 0：处于活动模式的接收器。 1：静音模式下的接收器
0	发送中断。 此位用于发送中断字符。它可以由软件设置和清除。它应由软件设置，并在停止中断位期间由硬件重置 0：未传输中断字符。 1：中断字符将被传输

7. USART_CR3

地址偏移值：0x06。

复位值：0x00。

USART_CR3 位说明和功能如表 12-13、表 12-14 所示。

表 12-13　　USART_CR3 位说明

位	7	6	5	4	3	2	1	0
名称	保留		STOP[1:0]		CLKEN	CPOL	CPHA	LBCL
读写			rw		rw	rw	rw	rw

表 12-14　　USART_CR3 位功能

位	功能
7:6	保留位
5:4	停止位。 这些位用于编程 STOP 位。 00：1 个停止位。 01：保留。 10：2 个停止位。 11：1.5 个停止位
3	时钟启用。 此位允许用户启用 USART_CK 引脚。 0：USART_CK 引脚已禁用。 1：USART_CK 引脚已启用
2	时钟极性。 此位允许用户选择 USART_CK 引脚上的时钟输出的极性。它与 CPHA 位结合使用，以生成所需的时钟/数据关系。 0：空闲时 USART_CK 为 0。 1：空闲时 USART_CK 为 1

续表

位	功能
1	时钟相。 此位允许用户在 USART_CK 引脚选择时钟输出的阶段。它与 CPOL 位结合使用，以生成所需的时钟/数据关系。 0：第一个时钟转换是第一个数据捕获边缘。 1：第二个时钟转换是第一个数据捕获边缘
0	最后位时钟脉冲。 此位允许用户选择与上次传输的数据位（MSB）关联的时钟脉冲是否必须在 USART_CK 引脚上输出。 0：最后一个数据位的时钟脉冲未输出到 USART_CK 引脚。 1：最后一个数据位的时钟脉冲已输出到 USART_CK 引脚

任务实现

12.1.3　STM8L UART 实验任务

1. 实验功能

（1）实现可穿戴技术开发平台 WLCK-STM8LMCSU 单元中 UART1 初始化配置。

（2）在串口中断函数代码中，实现将接收到的数据通过串口发送回去。

2. 参考代码

（1）在 IAR-EWSTM8 开发环境中打开名为“可穿戴技术-STM8L UART 实验”的项目文件夹，打开 main.c 文件，输入函数 main()。

```
01 int main(void)
02 {
03   asm("sim");
04   CLK_CKDIVR = 0x00;
05   UART1_Init(9600);
06   asm("rim");
07   while(1)
08   {
09     ;
10   }
11 }
```

代码分析：第 3、6 行用于关闭总中断和打开总中断，其目的是在单片机上电初始化完成之前禁止中断，避免造成运行错误；第 4 行代码设置 STM8L 内部时钟为 1 分频，即 16 MHz；第 5 行代码调用函数 UART1_Init()，初始化 UART1 相关配置；第 7 行代码是 while 循环，等待 UART 中断的产生。

（2）在 main.c 文件中，输入函数 UART1_Init()。

```
01 void UART1_Init(unsigned int baudrate)
02 {
03   unsigned int brval;
04   brval = 16000000 / baudrate;
05
06   CLK_PCKENR1_bit.PCKEN15 = 1;
```

```
07
08   USART1_BRR2 = ((unsigned char)((brval & 0xf000) >> 8 )) |
                   ((unsigned char)(brval & 0x000f));
10   USART1_BRR1 = ((unsigned char)((brval & 0x0ff0) >> 4));
11   USART1_CR1_bit.USARTD = 0;
12   USART1_CR2_bit.RIEN = 1;
13   USART1_CR2_bit.TEN = 1;
14   USART1_CR2_bit.REN = 1;
15
16 }
```

代码分析：UART 驱动电路原理如图 12-5 所示。实验平台通过串口转 USB 芯片实现串口通信。第 3、4 行代码计算当前系统时钟下串口波特率所需的分频数，并且赋值给变量 brval；第 6 行代码使能 UART1 时钟；第 8～10 行代码设置 USART1_BRR1 和 USART1_BRR2；第 11 行代码配置 USART1_CR1，使能 UART1；第 12～14 行代码配置 USART1_CR2，使能接收中断，使能发送器和接收器。

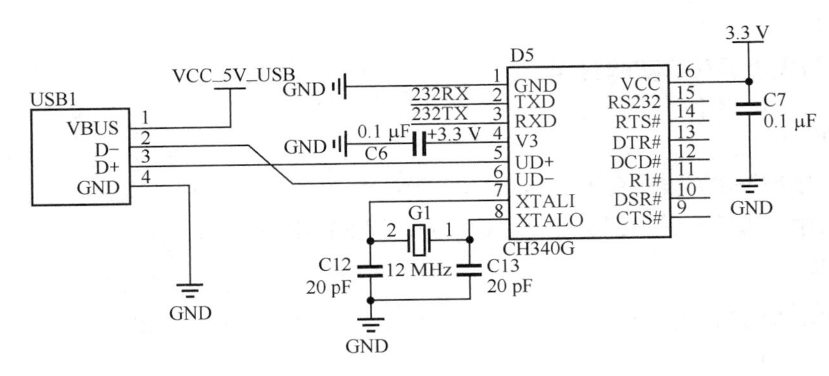

图 12-5　UART 驱动电路原理

（3）在 main.c 文件中，输入函数 UART1_Send()。

```
01 void UART1_Send(unsigned char data)
02 {
03   while(!(USART1_SR & 0X80));
04   USART1_DR = data;
05 }
```

代码分析：第 3 行代码判断 USART1_SR 的 TXE 位，确定 USART1_DR 是否为空，为空则执行第 4 行代码；第 4 行代码向 USART1_DR 写入数据，并发送。

（4）在 main.c 文件中，输入串口中断函数 UART1_RX_RXNE()。

```
01 #pragma vector = USART_R_RXNE_vector
02 __interrupt void UART1_RX_RXNE(void)
03 {
04   unsigned char data;
05   data = USART1_DR;
06   UART1_Send(data);
07 }
```

代码分析：第 4 行代码定义变量 data；第 5 行代码从 USART1_DR 中读出数据，并赋值给 data；第 6 行代码调用函数 UART1_Send()将数据 data 通过串口发送出去。

任务思考

设置波特率为 38400，向串口 1 发送十六进制数据 01、02、03，串口返回值为十六进制数据 04、05、06，修改上述代码实现该功能。

12.2　任务 2：蓝牙透传模块开发

蓝牙透传模块是可穿戴设备的重要组成部分。可穿戴设备通过 IIC 总线接入各类可穿戴传感模块，实现多个传感器级联在人体上佩戴，然后通过蓝牙透传模块将数据发送给移动终端 App 等。本任务学习蓝牙模块透传工作原理，学习和掌握蓝牙透传模块单片机串口驱动开发和 IIC 驱动应用方法，完成蓝牙透传模块可穿戴设备开发任务，实现蓝牙透传功能。

任务目标

（1）掌握蓝牙透传模块工作原理。
（2）掌握蓝牙透传模块串口驱动开发方法。

知识准备

12.2.1　蓝牙芯片介绍

Nordic Semiconductor nRF51822 是一款功能强大的多协议单芯片解决方案，适用于超低功耗无线应用。它集成了 Nordic 最新的一流性能无线电收发器、ARM® Cortex™ M0 CPU 和 256KB/128KB 闪存和以及 32KB/16KB RAM 内存。nRF51822 支持低功耗蓝牙（以前称为智能蓝牙）和 2.4 GHz 协议栈。

nRF51822 使用 32 位 ARM® Cortex™ M0 CPU 和大容量闪存，总共 256KB/128KB，其中 40KB～180KB 可用于应用程序开发。代码密度和执行速度明显高于 8/16 位平台。可编程外设互连（PPI）系统提供 16 通道总线，用于直接和自主系统外设通信，无需 CPU 干预。这为外围设备之间的交互带来了可预测的延迟时间，以及 CPU 空闲相关的节能优势。

该器件具有 ON 和 OFF 2 种全局电源模式，但所有系统块和外围设备都具有单独的电源管理控制，允许仅根据实现特定任务所需/不需要的系统块自动切换 RUN/IDLE。新无线电构成了 nRF51822 性能的基础。该无线电支持低功耗蓝牙，并与 Nordic Semiconductor 的 nRF24L 系列产品实现了空中兼容。输出功率现在可以以 4dB 的步长从最大+4dBm 降到–20dBm。灵敏度在每个级别都有所提高，并提供从–96 到–85dBm 的灵敏度范围（取决于数据速率），其中蓝牙低功耗为–93dBm。

nRF51822 为开发人员提供了应用代码开发和嵌入式协议栈之间的清晰分离。这意味着与嵌入式堆栈的编译、链接和运行时依赖项以及相关的调试都变得更加简单。低功耗蓝牙堆栈是 Nordic Semiconductor 提供的预编译二进制文件，应用程序代码需要单独编译。嵌入式堆栈接口使用异步和事件驱动模型，无需 RTOS 框架。nRF51822 支持无线设备固件升级（OTA-DFU）功能，允许在现场更新应用软件和 SoftDevices。

nRF51822 芯片如图 12-6 所示。它采用紧凑的 6mm × 6mm QFN 封装，具有 48 个 GPIO 接口。

图 12-6　nRF51822 芯片

nRF52822 芯片特性如下：

- 多协议 2.4GHz 无线应用。
- 32 位 ARM Cortex M0 处理器。
- 256KB/128KB 闪存和 32KB/16KB RAM。
- 可下载的软件堆栈。
- 引脚与其他 nRF51 系列器件兼容。
- 独立于协议栈的应用程序开发。
- 与 nRF24L 系列完全兼容。
- 从+4dBm 到–20dBm 的可编程输出功率。
- RSSI 功能。
- 使用 EasyDMA 的 RAM 映射 FIFO。
- 动态空中有效载荷长度高达 256B。
- 灵活且可配置的 31 针 GPIO。
- 可编程外设接口（PPI）。
- 简单的开/关全局电源模式。
- 全套数字接口，包括：SPI/2 线/UART。
- 10 位 ADC。
- 128 位 AES ECB/CCM/AAR 协处理器。
- 正交解调器。
- 低成本外部晶振 16MHz（误差范围为正负百万分之四十）。
- 低功耗 16MHz 晶体和 RC 振荡器。
- 超低功耗 32kHz 晶体和 RC 振荡器。
- 宽电源电压范围（1.8 V 至 3.6 V）。
- 片上 DC/DC 降压转换器。

- 所有外围设备的单独电源管理。
- 封装选项：48 引脚 6×6 QFN/WLCSP、薄型 CSP。

nRF52840 芯片应用范围如下：

- 蓝牙低功耗应用。
- 可穿戴设备。
- 信标。
- 配件。
- 计算机外围设备。
- 电视、机顶盒和媒体系统的 CE 遥控器。
- 接近和安全警报标签。
- 运动和健身传感器。
- 医疗保健和家用生活传感器。
- 电脑游戏控制器。
- 玩具和电子游戏。
- 家庭/工业控制和数据采集。
- 智能家电。

12.2.2 蓝牙透传模块硬件设计

本章所讲解的蓝牙透传模块可穿戴设备开发是基于可穿戴技术开发平台 WLCK-WTechPlatform 的蓝牙透传模块 IOTX-BLE 进行的。其电路原理如图 12-7 所示。其内部有 2 颗芯片，1 颗是 STM8L 芯片，另外 1 颗是 nRF52840。2 颗芯片通过 UART 端口进行通信，实现蓝牙透传功能。其实物如图 12-8 所示。

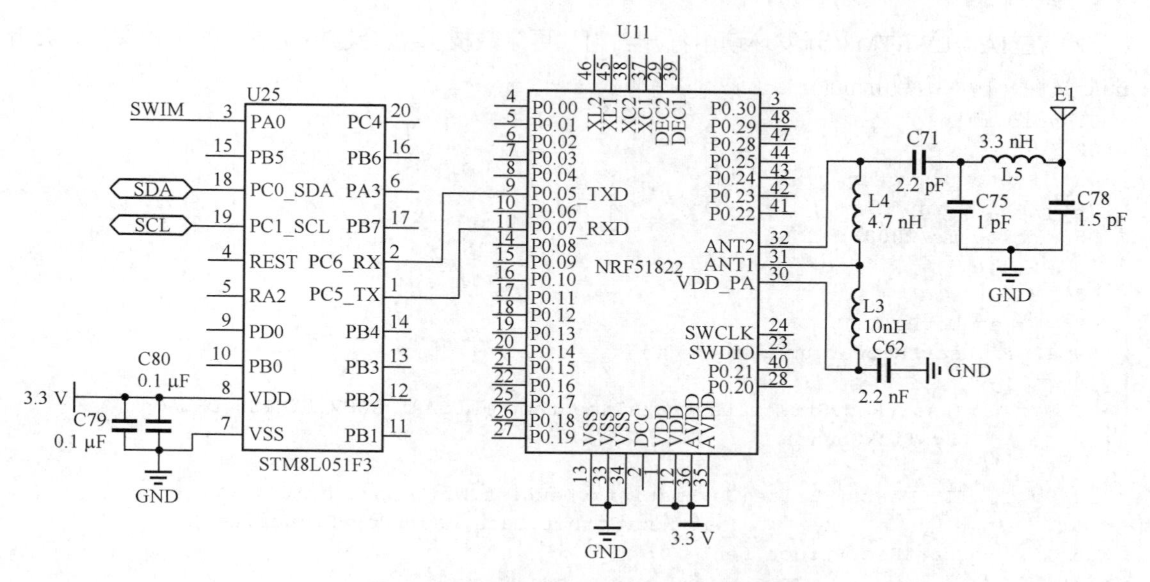

图 12-7　蓝牙透传模块 IOTX-BLE 电路原理

可穿戴传感模块通过排线与蓝牙透传模块级联在一起，如图 12-9 所示。两者之间通过 IIC 总线通信。可穿戴设备通过 IIC 总线实现多个可穿戴传感模块级联，然后通过蓝牙透传模块将所有可穿戴传感模块的数据发送给移动终端 App，App 通过蓝牙与蓝牙透传模块通信，下发振动指定给可穿戴传感模块。

图 12-8　蓝牙透传模块 IOTX-BLE 实物

图 12-9　可穿戴传感模块与蓝牙透传模块级联实物

任务实现

12.2.3　蓝牙透传模块软件设计任务

1. 实验功能

（1）通过 UART 实现可穿戴技术开发平台蓝牙透传模块 IOTX-BLE 单元中串口驱动。

（2）在 ReadDevPoll()功能代码中实现蓝牙透传。

2. 参考代码

（1）在 IAR-EWSTM8 开发环境中打开名为“可穿戴技术-蓝牙透传模块”的工程文件，打开 main.c 文件，输入函数 main()。

```
01 void main()
02 {
03  System_Init();
04  DeviceListInit();
05  delay_ms(2000);
06  while(1)
07  {
08    ReadDevPoll();
09    if(usartRecvStruct.Len != 0)
10    {
11      if(usartRecvStruct.LastDataTimeStamp + USART_RECV_FINISH_DELAY<
12         SysTickCount)
13      {
14        IIC_Master_Write(DevListInfo.DevList.WriteDevList[0],
15                         usartRecvStruct.Data,usartRecvStruct.Len);
16        usartRecvStruct.Len = 0;
17      }
18    }
19  }
20 }
```

代码分析：第 3 行代码调用 System_Init()函数，实现蓝牙透传模块的初始化；第 4 行代码调用 DeviceListInit()函数来初始化设备列表，这些可穿戴设备都是通过 IIC 与蓝牙透传模块级联；第 6 行代码，while 循环语句实现对可穿戴设备数据的读取和蓝牙接口的透传功能；第 8 行代码调用函数 ReadDevPoll()，查询设备列表中各个设备是否有 IIC 数据要透传，如果有则通过透传功能，向终端 App 发送数据；第 9 行代码判断是是否要向振动模块发送指令，如果有则发送指令给振动模块。

（2）打开 SysInit.c 文件，输入函数 System_Init()。

```
01 void System_Init(void)
02 {
03   SYSCLK_Init();
04   Time_Init();
05   IIC_Init();
06   UART_Init();
07   enableInterrupts();
08 }
```

代码分析：第 3 行代码调用函数 SYSCLK_Init()，完成模块时钟初始化，设置 STM8L 时钟 2 分频；第 4 行代码调用函数 Time_Init()，初始化定时器 TIM2；第 5 行代码调用函数 IIC_Init()，初始化 IIC 接口，实现与其他可穿戴传感模块的 IIC 通信；第 6 行代码调用函数 UART_Init()，初始化串口，实现与蓝牙芯片之间的透传通信；第 7 行代码调用函数 enableInterrupts()，使能单片机中断。

（3）在 main.c 文件中输入函数 DeviceListInit()。

```
01 void DeviceListInit(void)
02 {
03     DevListInfo.DevList.ReadDevList[0] = BLE_BOARD_TYPE_HEART<<1;
04     DevListInfo.DevList.ReadDevList[1] = BLE_BOARD_TYPE_MOTION<<1;
05     DevListInfo.DevList.ReadDevList[2] = BLE_BOARD_TYPE_TEMPERATURE<<1;
06     DevListInfo.DevList.ReadDevList[3] = BLE_BOARD_TYPE_ULTRAVIOLET<<1;
07
08     DevListInfo.DevList.WriteDevList[0] = BLE_BOARD_TYPE_MOTOR<<1;
09
10     DevListInfo.OneDevDataLen = IIC_ReadDataLen_def;
11 }
```

代码分析：第 3 行到第 6 行代码，将可穿戴模块类型赋值到数组 DevListInfo.DevList.ReadDevList[]保存；第 8 行代码，将振动模块类型赋值到数组 DevListInfo.DevList.WriteDevList[]保存；第 10 行代码，设定 IIC 读取数据长度给变量 DevListInfo.OneDevDataLen。

（4）在 main.c 文件中输入函数 ReadDevPoll()。

```
01 void ReadDevPoll(void)
02 {
03   uint8_t i,status;
04   for(i=0;i<BLE_BOARD_READ_DEV_COUNT;i++)
05   {
06     status = IIC_Master_Read(DevListInfo.DevList.ReadDevList[i],
07                              DevListInfo.OneDevData,
08                              DevListInfo.OneDevDataLen);
09     if(status == 0)
10     {
11       USART_SendData8_Arr(DevListInfo.OneDevData,
12                           DevListInfo.OneDevDataLen);
13       delay_ms(20);
14     }
15     else
```

```
16    {
17      delay_ms(2);
18    }
19   }
20 }
```

代码分析：第 3 行代码定义循环变量 i 和状态变量 status；第 4 行代码，采用 for 循环，轮询所有 IIC 接口上级联的所有可穿戴设备；第 6 行到第 8 行代码调用函数 IIC_Master_Read()读取 IIC 总线上从设备，读取挂在 IIC 总线上的可穿戴设备传感数据，并将函数返回值赋值给状态变量 status；第 9 行代码判断变量 status，如果为 0，代表 IIC 接收到传感数据，调用函数 USART_SendData8_Arr()通过串口发送 IIC 接口接收到的传感器数据给蓝牙芯片，实现蓝牙透传功能。

（5）打开 DeviceDrive.c 文件，输入函数 USART_SendData8_Arr()。

```
01 void USART_SendData8_Arr(uint8_t *SendDataArr, uint16_t len)
02 {
03  uint16_t i;
04  for(i=0;i<len;i++)
05  {
06    while(RESET ==USART_GetFlagStatus(USART1,USART_FLAG_TXE));
07    USART_SendData8(USART1,SendDataArr[i]);
08  }
09 }
```

代码分析：第 4 行代码采用 for 循环将 IIC 接口接收到的传感数据按字节发送；第 6 行代码采用 while 循环判断串口发送是否完成，否则等待直到串口空闲；第 7 行代码调用函数 USART_SendData8()，将可穿戴传感数据通过串口 1 发送给蓝牙芯片。

（6）打开 SysInit.c 文件，输入函数 UART_Init()。

```
01 void UART_Init(void)
02 {
03  GPIO_Init(GPIOC, GPIO_Pin_5, GPIO_Mode_Out_PP_High_Fast);
04  GPIO_Init(GPIOC, GPIO_Pin_6, GPIO_Mode_In_PU_No_IT);
05  CLK_PeripheralClockConfig(CLK_Peripheral_USART1,ENABLE);
06  USART_Init(USART1,38400,USART_WordLength_8b,USART_StopBits_1,
07             USART_Parity_No,
08             (USART_Mode_TypeDef)(USART_Mode_Rx|USART_Mode_Tx));
09  USART_ClearITPendingBit(USART1,USART_IT_RXNE);
10  USART_ITConfig(USART1,USART_IT_RXNE,ENABLE);
11  USART_Cmd(USART1,ENABLE);
12 }
```

代码分析：第 3 行代码调用函数 GPIO_Init()将串口 TX 发送管脚初始化为高电平互补推挽输出模式；第 4 行代码调用函数 GPIO_Init()将串口 RX 接收管脚初始化为不带中断上拉输入模式；第 5 行代码打开串口时钟源；第 6 行到第 8 行代码调用函数 USART_Init()，初始化串口 1、38400 波特率、停止位、奇偶校验等内容；第 9 行代码清除串口接收中断标志位；第 10 行代码接收中断使能；第 11 行代码使能串口 1。

（7）打开 SysInit.c 文件，输入函数 SYSCLK_Init()。

```
01 void SYSCLK_Init(void)
02 {
03    CLK_SYSCLKDivConfig(CLK_SYSCLKDiv_2);
04 }
```

代码分析：第 3 行代码调用函数 CLK_SYSCLKDivConfig()，将 CPU 时钟分频系数设置为 2，以开启 STM8L 的低功耗功能。

（8）打开 SysInit.c 文件，输入函数 Time_Init()。

```
01 void Time_Init(void)
02 {
03     CLK_PeripheralClockConfig(CLK_Peripheral_TIM2, ENABLE);
04     TIM2_SetCounter(0);
05     TIM2_TimeBaseInit(TIM2_Prescaler_8, TIM2_CounterMode_Up, 1000);
06     TIM2_ARRPreloadConfig(DISABLE);
07     TIM2_ClearFlag(TIM2_FLAG_Update);
08     TIM2_ITConfig(TIM2_IT_Update, ENABLE);
09     TIM2_Cmd(ENABLE);
10 }
```

代码分析：第 3 行代码调用函数 CLK_PeripheralClockConfig()，启用 TIM2 定时器的时钟；第 4 行代码调用函数 TIM2_SetCounter()，设置 TIM2 定时器计数初始值为 0；第 5 行代码调用函数 TIM2_TimeBaseInit()，设置 TIM2 定时器的预分频器为 8，模式为向上计数，计数值为 1000；第 6 行代码调用函数 TIM2_ARRPreloadConfig()，设置 ARR 缓冲器禁止写入新值，以便在更新事件发生时载入覆盖以前的值；第 7 行代码调用 TIM2_ClearFlag()函数，将 TIM2 定时器的更新标志位清除为默认状态；第 8 行代码调用 TIM2_ITConfig()函数，开启 TIM2 定时器的更新中断功能；第 9 行代码调用 TIM2_Cmd()函数，启动 TIM2 定时器。

（9）打开 SysInit.c 文件，输入函数 IIC_Init()。

```
01 void IIC_Init(void)
02 {
03     CLK_PeripheralClockConfig(CLK_Peripheral_I2C1, ENABLE);
04     I2C_DeInit(I2C1);
05     I2C_Init(I2C1,50000, 0x0A,I2C_Mode_I2C, I2C_DutyCycle_2,
            I2C_Ack_Enable, I2C_AcknowledgedAddress_7bit);
06     I2C_Cmd(I2C1, ENABLE);
07     I2C_ITConfig(I2C1, (I2C_IT_TypeDef)(I2C_IT_ERR |
            I2C_IT_EVT | I2C_IT_BUF), ENABLE);
08 }
```

代码分析：第 3 行代码调用函数 CLK_PeripheralClockConfig()，启用单片机 I2C 接口的时钟；第 4 行代码调用函数 I2C_DeInit()，复位 I2C 的初始化功能，以防止 I2C 被多次初始化；第 5 行代码调用函数 I2C_Init()，设置 I2C 接口的频率为 500KHz，地址为 0x0A，模式为 I2C 模式，占空比为 2，并默认启用 ACK 应答，I2C 接口应答地址设置为 7bit；第 6 行代码调用函数 I2C_Cmd()，启动 I2C 接口；第 7 行代码调用 I2C_ITConfig()函数，开启 I2C 接口的相关中断事件功能。

任务思考

修改上述函数，实现增加压力传感器透传接入，并将其数据上报给终端 App。

13 第13章　项目7：华为运动健康三方设备接入开发

本章讲解华为运动健康三方设备接入开发，可穿戴设备通过蓝牙技术实现与华为运动健康 App 的对接，最终实现对移动端 App 和云端的健康数据的应用。本章设置两个任务：任务 1 讲解华为运动健康三方设备接入开发原理，学习华为运动健康 App 接入框架，了解华为三方设备接入流程，完成资源包开发和测试验证；任务 2 讲解心率可穿戴设备接入，完成第三方蓝牙标准协议设备接入华为运动健康 App，实现在开发版 App 模板中查看心率数据。

13.1　任务 1：华为三方设备接入开发原理

华为运动健康 App 提供专业的运动记录、减脂塑型训练、科学睡眠和健康管理等功能。同时，华为运动健康云平台也是一个数据接入和服务汇聚的开放平台，通过引入优秀的三方服务和应用，构建可持续发展的生态环境，为用户提供更加丰富和专业的运动健康服务，实现多方共赢。

任务目标

（1）学习华为运动健康云平台接入框架和流程。

（2）学习华为三方设备接入流程。

知识准备

13.1.1　接入框架简介

华为运动健康云平台架构如图 13-1 所示。华为运动健康云平台提供 3 种形式的开放接口：①在云侧提供能读写运动健康数据的华为运动健康云业务接口（IF1）；②在端侧提供接入三方服务的华为运动健康 JS API（IF3）；③通过三方设备接口（包括标准蓝牙协议和非标准蓝牙协议）为三方设备提供测量和上传数据的三方设备接口（IF4）。

HMS APP（华为运动健康 App），华为运动健康 App 运行在手机上（以下简称 App 或端侧），为用户提供专业的运动记录、减脂塑型训练、科学睡眠和健康管理等功能。

华为云平台：提供了安全可靠的数据存储能力，用户可选择将历史数据上传并保存到云侧。

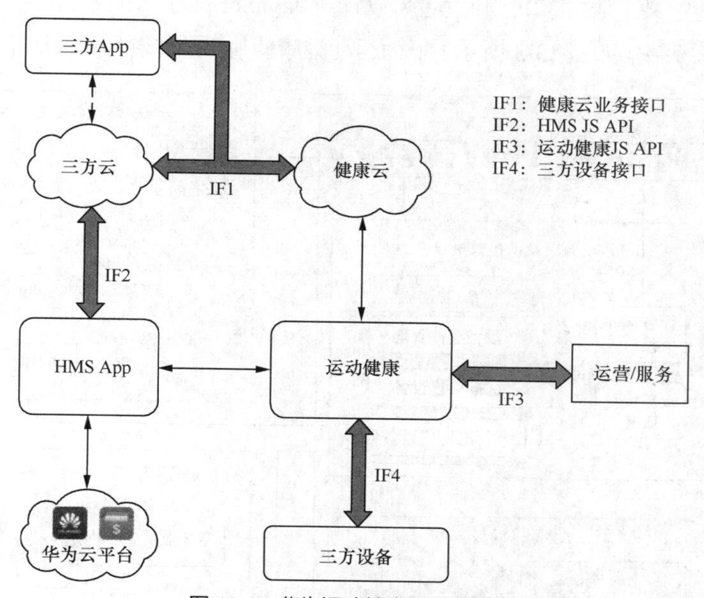

图 13-1　华为运动健康云平台架构

本章重点描述 IF4，即三方设备与华为运动健康 App 的通信接口，并指导开发人员完成华为运动健康 App 对接资源的开发、导入和验证，实现其产品与华为运动健康 App 的功能对接。

华为运动健康 App 接入框架如图 13-2 所示，当前程序框架支持三方设备通过蓝牙接口和其他接口接入。华为运动健康 App 接入三方设备后，用户可以在设备管理界面绑定设备，绑定成功后可以使用设备进行测量。

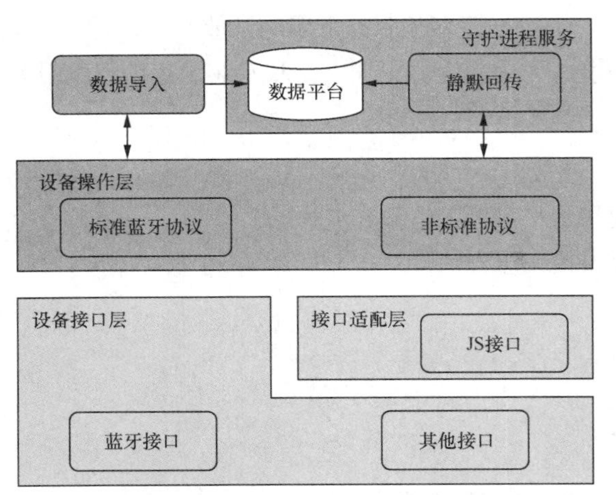

图 13-2　华为运动健康 App 接入框架

设备接口层封装与三方设备通信的基础接口。

设备操作层定义和实现了设备测量过程中所需要的各种协议，其包括开始测量、停止测量、上报数据等操作的接口。

设备操作层通过蓝牙标准或非标准协议与华为云平台守护进程服务进行数据通信，以实现将设备所测量数据导入至云侧数据平台，或从云侧静默回传业务数据至设备端的功能。

接口适配层则是定义了 JS 接口，开发者可以通过 JavaScript 引入的方式提供数据调用功能。

华为运动健康系统结构如图 13-3 所示。华为运动健康使用“插件管理”模块下载和管理设备资源。

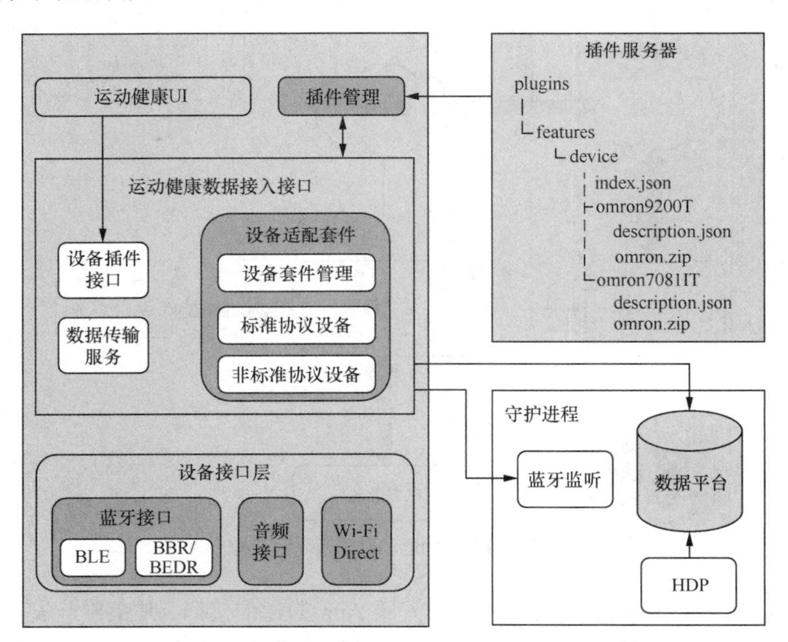

图 13-3　华为运动健康系统结构

运动健康 UI 可以调用设备插件接口，通过数据传输服务将所需要测量的设备数据发送至前台界面。设备适配套件也可以通过蓝牙监听获取测量数据并上传至云侧守护进程的数据平台中，通过数据平台流入 HDP 大数据中心后还可以进行更进一步的设备数据分析等功能。

设备接口层除了蓝牙接口外，也支持音频接口和 Wi-Fi Direct 功能接口。设备适配套件提供设备套件管理，并支持标准协议设备，也支持非标准协议设备。

三方设备厂商按照华为运动健康平台提供的规范开发对接服务套件——软件开发工具包（Software Development Kit，SDK），解析其设备协议，将 SDK 和设备其他资源（如产品图片、操作说明等文件）按照华为运动健康平台所提供运动健康插件的形式打包，具体形式如图 13-3 所示，华为团队审核通过后，将 SDK 加密上传到华为服务器。用户查询到新的可用设备后，可以通过“插件管理”模块下载相关的插件。

13.1.2　接入流程

华为三方设备接入流程如图 13-4 所示，第三方厂商与华为商务事业部签署保密协议后，获取设备接入 SDK，按其指导开发软件版本，并且使用 SDK 中提供的测试程序验证通过后，即可提交到华为测试。

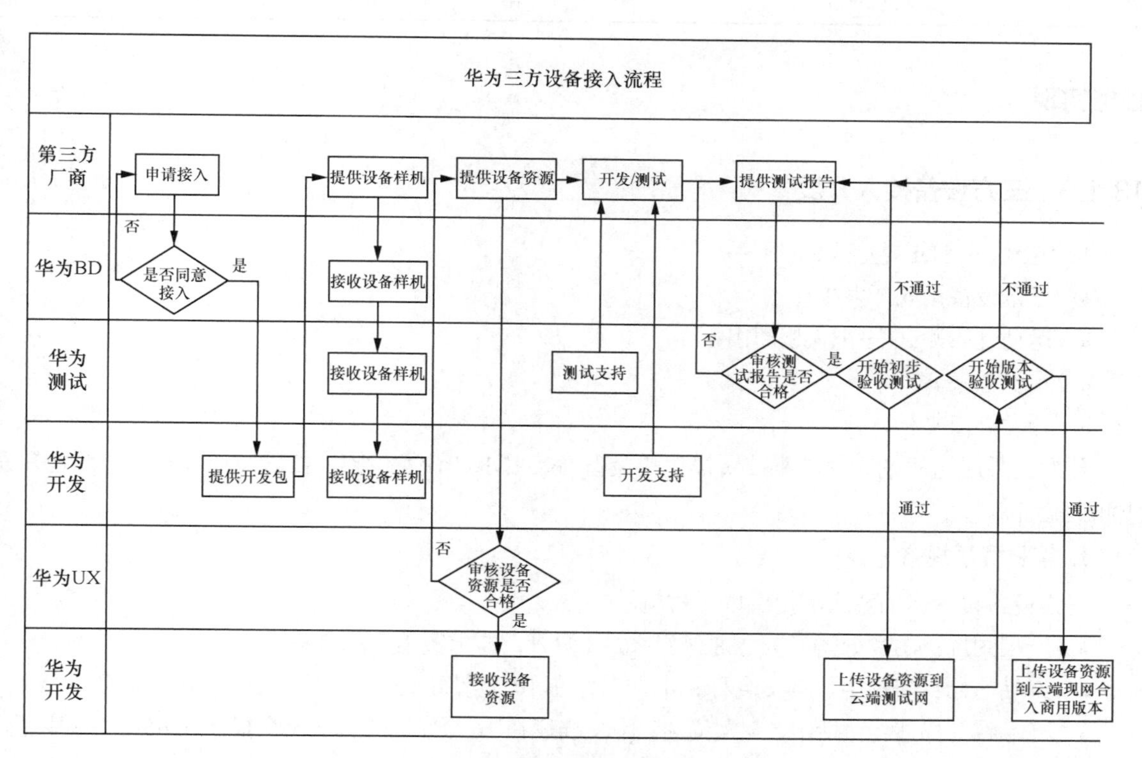

图 13-4　华为三方设备接入流程

13.1.3　标准协议的测量设备

华为运动健康当前预置了 4 种标准协议测量设备，包括心率耳机、体脂秤、血压计、血糖仪。各设备使用的蓝牙协议如表 13-1 所示。

表 13-1　　4 种标准协议测量设备的蓝牙协议

设备类型	采集数据	标准蓝牙协议
心率耳机	心率	HRP
体脂秤	体重、体脂率	WSP
血压计	收缩压、舒张压、心率	BLP
血糖仪	血糖值	GLP

13.1.4　非标准协议的测量设备

非标准协议的蓝牙接口需要三方设备厂商实现 DeviceProvider 类中的方法来进行扫描，通过华为提供的接口返回设备列表，再进行设备绑定。当前支持的设备接入类型包括且不限于表 13-2 所列类型。

表 13-2　　非标准协议的设备接入类型

设备接入类型	接入方式
音频接口	DeviceProvider 接口
Wi-Fi 接口	DeviceProvider 接口

任务实现

13.1.5　三方设备接入开发

华为提供的 SDK 包括以下组件。

- 三方设备接入开发指导。
- 运动健康测试程序和测试用例。
- 示例程序。
- 开发接口文档。

开发人员应当仔细阅读本小节所描述的设备对接要求和开发步骤，按后文指导开发资源包并完成测试验证。

1. **素材资源规格**

三方设备接入运动健康需提供以下材料。

- 产品图片：图片分辨率为 288 像素 × 288 像素，要求覆盖产品全景。
- 产品名称：包括中、英文名称，中文名称在 10 个字符以内，英文名称在 30 个字符以内。
- 产品特征描述：包括中、英文描述，中文描述在 16 个字符以内，英文描述在 45 个字符以内。
- 产品近景特写：图片分辨率为 800 像素 × 800 像素，3 ~ 5 张，包括产品正视图、侧视图。
- 产品主要卖点：包括中、英文卖点，通常为 3 ~ 5 个（与产品近景特写图片数量一致）卖点。
- 购买链接：购买链接要保证处于可访问、可购买状态。
- 产品使用指导：含手绘图和使用方法描述。图片大小控制在 960 像素 × 960 像素以内，数量以 2 ~ 5 张为宜，并配以简要的中、英文使用方法描述，指导用户使用该产品。

（1）覆盖产品全景的图片。

① 要求。

- 图片覆盖完整产品。
- PNG 格式，分辨率为 288 像素 × 288 像素。
- 背景为白色或者透明。

② 示例。

覆盖产品全景的图片示例如图 13-5 所示。

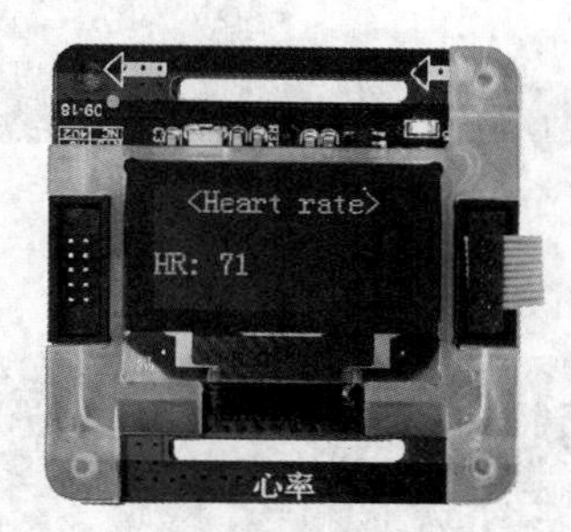

图 13-5　覆盖产品全景的图片示例

（2）产品名称。

① 要求。

语言种类：中、英文两种语言。

字数：中文名称在 10 个字符以内，英文名称在 30 个字符（含空格）以内。

②示例：SZPT 心率可穿戴设备（SZPT Heart rate wearable device）。

（3）产品特征描述。

① 要求。

- 语言种类：中、英文两种语言。
- 字数：中文描述在 16 个字符以内，英文描述在 45 个字符（含空格）以内。

② 示例：智能蓝牙管理，测量心率（Smart BLE, Heart rate measurement）。

2. 素材资源打包方法

为了能够在运动健康 App 的健康设备列表中显示出对接的三方设备，需要按要求提供图片及文字素材，在华为开发者联盟中创建产品的资源包。

（1）在 PC 上登录华为开发者联盟运动健康的网址。

（2）选择左侧菜单栏中的“应用服务”，单击页面右上角的“自定义桌面”按钮，如图 13-6 所示。

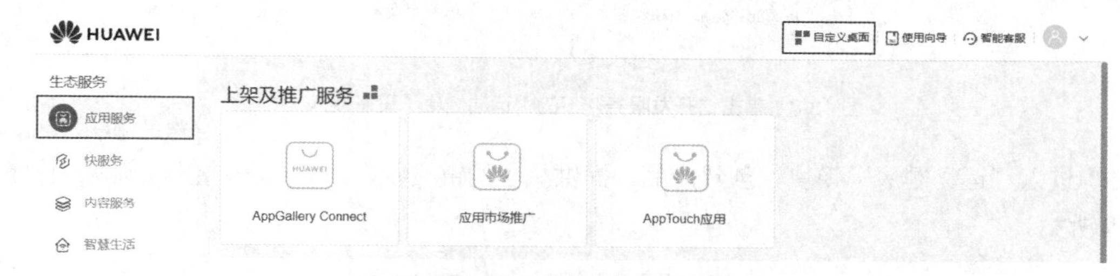

图 13-6　单击“自定义桌面”按钮

（3）选择“智慧生活”选项卡，单击“运动健康（设备接入）”，再单击“关闭”按钮，设置“智慧生活”自定义桌面，如图 13-7 所示。

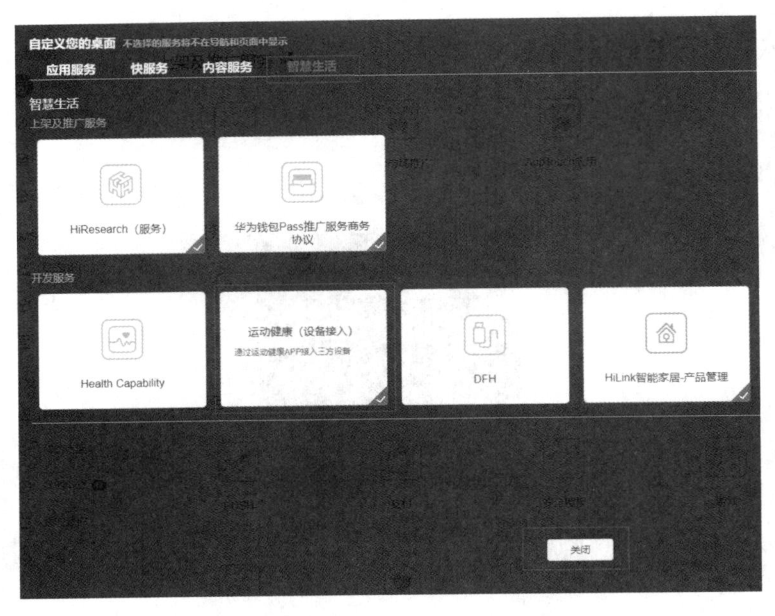

图 13-7　设置“智慧生活”自定义桌面

（4）选择左侧菜单栏中的“智慧生活”，单击右侧“开发服务”下的“运动健康（设备接入）”，如图 13-8 所示。

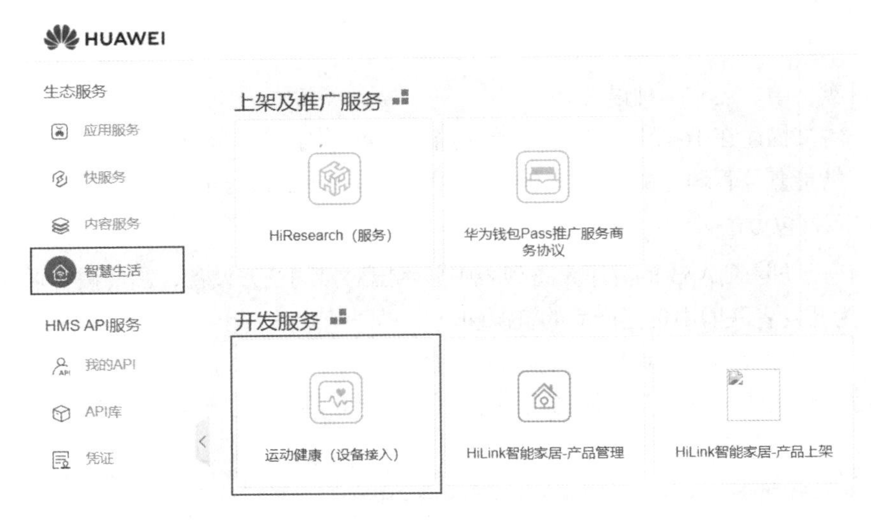

图 13-8　单击“开发服务”下的“运动健康（设备接入）”

（5）进入“运动健康”模块，创建产品，提供相应的链接及介绍。单击“创建产品”按钮，如图 13-9 所示。

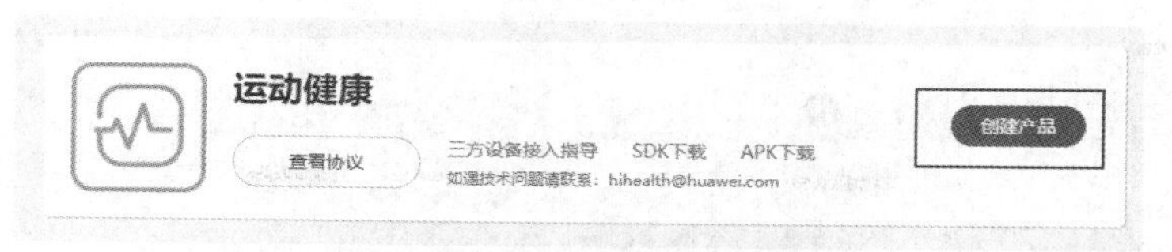

图 13-9　单击“创建产品”按钮

（6）在“产品基本信息”区域按照要求和提示填写产品基本信息。按图 13-10 所示，选择产品类型，输入产品的中、英文名称和描述，并选择产品的图片。

图 13-10　“产品基本信息”区域 1

（7）输入版本号，并选择测量方式（第三方设备）和产品协议类型，如图 13-11 所示，单击“下一步”按钮。

图 13-11　“产品基本信息”区域 2

（8）在“产品扫描确定规则”区域输入产品名称特征并选择匹配规则，运动健康 App 扫描设备时将根据这一规则查找匹配的设备。如接入设备名称为“HRS-0123”，则产品名称特征为“HRS-”，匹配规则选择“前包含”，如图 13-12 所示。需要注意的是，这里的字符需要区分大小写；如果有多组名称，可以用“;”隔开，如“honor watch S1;hw-metis-;HUAWEI FIT”。

对于需要输入配对码的蓝牙设备，则需要勾选“绑定时需要输入配对码”复选框。设置完成后单击“下一步”按钮。

图 13-12 “产品扫描确定规则”区域

（9）在“产品卖点”区域输入产品的购买链接和产品卖点描述，并选择对应的近景特写图片，单击“下一步”按钮，如图 13-13 所示。本项目使用产品全景图和产品名称作为产品近景特写和产品卖点描述的内容，以简化操作，实际开发中通常提供 3～5 张包括产品正面、侧面 45° 特写的图片，并添加数量相同的产品卖点描述。

图 13-13 “产品卖点”区域

（10）如果还需要添加产品使用指导信息，则在“产品使用指导信息”区域勾选对应的复选框。

“绑定向导界面”以图文形式指导用户完成手机与设备的绑定过程。对于绑定操作复杂的设备，建议勾选此复选框以添加绑定向导。

“测量指导界面”以图文形式指导用户进行测量。对于测量过程比较复杂或者操作比较烦琐的设备，建议勾选此复选框。

添加完所有的信息后单击“提交审核”按钮，如图 13-14 所示。

图 13-14　“产品使用指导信息”区域

（11）弹出“提示”对话框，如图 13-15 所示，单击“前往详情页面”，下载压缩资源包。

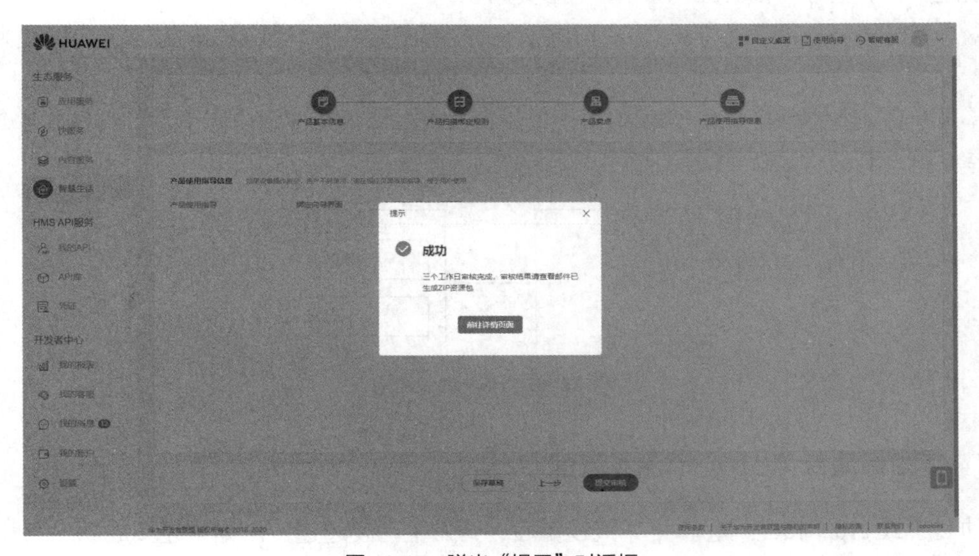

图 13-15　弹出“提示”对话框

任务思考

按照上述流程，新申请一个三方设备并接入华为运动健康平台，应该做好哪些准备工作？

13.2　任务 2：心率可穿戴设备接入

本任务实现将心率可穿戴设备通过蓝牙通信接入华为健康云 App。本任务学习通过添加新设备的方式加入心率可穿戴设备，实现在模板数据查看界面查看心率可穿戴设备的心率测量数据。

任务目标

（1）掌握华为健康云 App 心率可穿戴设备测量协议和心率测量流程。
（2）掌握心率可穿戴设备接入华为健康云 App 的测试方法。

知识准备

13.2.1 华为健康云 App 心率可穿戴设备测量协议

遵循标准蓝牙协议的心率可穿戴设备应支持心率传感配置（Heart Rate Sensor Profile，HRP）协议，符合其第 3 章（Heart Rate Sensor Role Requirements）的要求；遵循私有蓝牙协议的心率可穿戴设备和非蓝牙设备需要按照插件规则上传三方动态库到华为插件服务器，实现 SDK 提供的设备扫描接口功能并反馈设备信息。

针对蓝牙设备：心率可穿戴设备在待机时应关闭蓝牙（停止广播，断开连接），用户测量时开启蓝牙并发起广播；蓝牙广播时应携带公共设备地址。

针对非蓝牙设备：心率可穿戴设备在待机时应关闭连接，用户测量时开启连接并进行测量和数据传输。

心率可穿戴设备应保证测量结果传输的完整性。HRP 协议允许用户使用手机从心率可穿戴设备获取心率数据，其结构如图 13-16 所示。

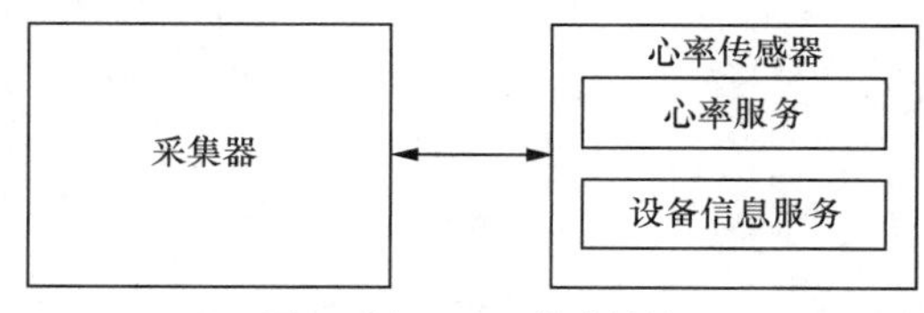

图 13-16　HRP 协议结构

13.2.2 华为健康云 App 心率测量流程

运动健康云 App 扫描到心率可穿戴设备后，开始主动发起连接。如果连接成功，则开始发现服务流程；如果 30 s 内连接失败，运动健康云 App 就主动断开心率可穿戴设备，并不再连接。在连接的实际过程中有一定的概率会出现发现服务失败的情况，在这种情况下代码中有两次重新连接的机会。发现服务成功之后，心率可穿戴设备应至少返回 HRS（UUID：0x180d）这项服务，并设置特征值 HeartRateMeasurement 的 Notification 属性。如果在这段时间内出现断开的情况（比如心率带松掉、手环更换电池等），运动健康云 App 依然会再次连接成功（在设备重新可用的情况下）。在结束测量时，运动健康云 App 断开心率可穿戴设备的连接，此时测量结束。心率测量流程如图 13-17 所示。

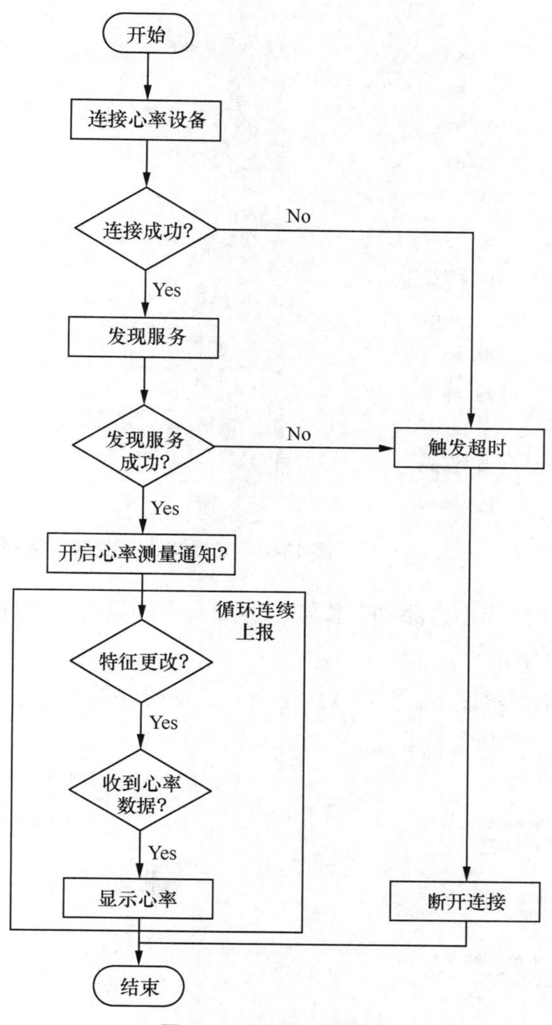

图 13-17　心率测量流程

任务实现

13.2.3　心率可穿戴设备接入测试

（1）在测试过程中，确保测试手机的网络（移动网络/Wi-Fi）处于关闭状态（防止云端资源和本地测试资源出现冲突而造成本地资源无法显示的现象）。在手机上打开安装后的运动健康 App，选择“我的”→“设置”→“设备测试”，打开“设备测试”页面，如图 13-18 所示。

（2）事先将用素材资源打包方法生成的资源包“resource.zip”（可参考 SDK 中包含的资源示例）复制到手机 SD 卡上。在“设备测试”页面选择“设备接入”选项，在弹出的“打开文件”页面中选中“文件管理”，在相应的目录下找到资源包“resource.zip”，点击确定后程序将跳转到“我的设备”页面，如图 13-19 所示。

图 13-18 “设备测试”页面

图 13-19 选择文件并跳转到“我的设备”页面

（3）按程序向导的提示，点击“添加”按钮，选择对应的设备类型和产品，找到导入资源的设备，添加设备，如图 13-20 所示。

（4）点击该设备，开始搜索设备，如图 13-21 所示。请确保蓝牙设备处于广播状态。

图 13-20 添加设备

图 13-21 搜索设备

（5）搜索到设备后，点击设备即可自动绑定成功。显示“绑定成功”页面，如图 13-22 所示。

（6）当前 Android 安装包中心率可穿戴设备在跑步时会显示心率，点击“感受心率 开始跑步”。设备显示如图 13-23 所示，页面显示心率数据，说明接入设备的功能正常。

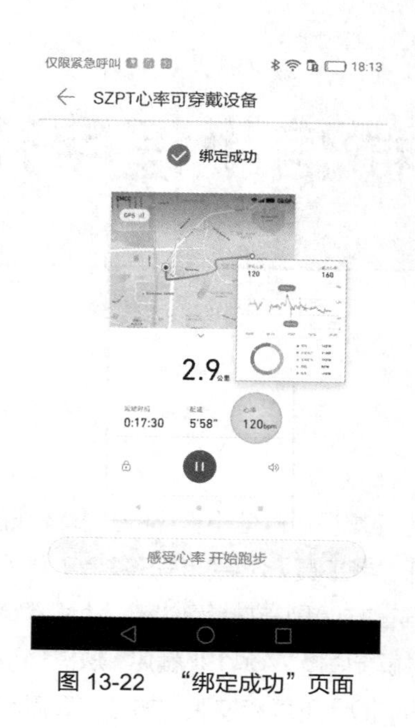

图 13-22　“绑定成功”页面

图 13-23　设备显示

任务思考

按照上述步骤，接入加速度可穿戴设备，实现 App 显示功能。

14

第14章　项目8：微信小程序开发

本章讲解微信小程序的开发，为后续可穿戴设备微信小程序的开发做准备。本章设置两个任务：任务 1 讲解使用微信开发者工具，介绍微信开发者工具的功能，具体讲解常用小程序快捷键、快速打开官方 API 文档等内容，让读者掌握微信开发者工具的基本使用方法；任务 2 讲解 Hello World 小程序，从搭建小程序开发环境开始，详细讲解开发者账号申请、IDE 下载和安装的方法，最后完成 Hello World 小程序的开发。

14.1　任务 1：使用微信开发者工具

为了帮助开发者简单和高效地开发和调试微信小程序，微信官方在原有的公众号网页调试工具的基础上，推出了全新的微信开发者工具，集成了公众号网页调试和小程序调试两种开发模式。

任务目标

（1）掌握微信开发者工具的使用方法。

（2）掌握微信开发者工具的快捷键。

（3）掌握官方 API 文档的使用方法。

知识准备

14.1.1　微信开发者工具功能

开发任何程序，通常都需要一个集成开发环境（Integrated Development Environment，IDE），IDE 的使用可以极大地提高程序编写和开发效率。

对于微信小程序的开发，微信官方推出了对应的 IDE，提供了 PC 端基于 Chrome 内核的开发者工具。这不仅提供了一个用于用户编写代码的环境，还在其中增加了调试、代码高亮、项目管理、代码提示、自动完成等功能。

对于微信小程序而言，绝大部分的 API 都能在模拟器上呈现出正确的状态，但是部分 API 是通过模拟返回的，所以并不能显示出真实的用户信息或者需要的数据。

下面，我们详细介绍微信开发者工具的界面，为后续开发微信小程序做准备。

1. 界面功能

（1）登录。

下载微信开发者工具并打开，首先就会看到登录对话框，如图 14-1 所示。可以使用微信扫码（图 14-1 中的二维码只是示意，请扫描自己操作生成的二维码）登录微信开发者工具，微信开发者工具将使用登录的微信账号的信息进行小程序的开发和调试。

图 14-1　登录对话框

（2）小程序列表。

登录成功后，会看到启动页中已经存在的小程序列表，如图 14-2 所示。

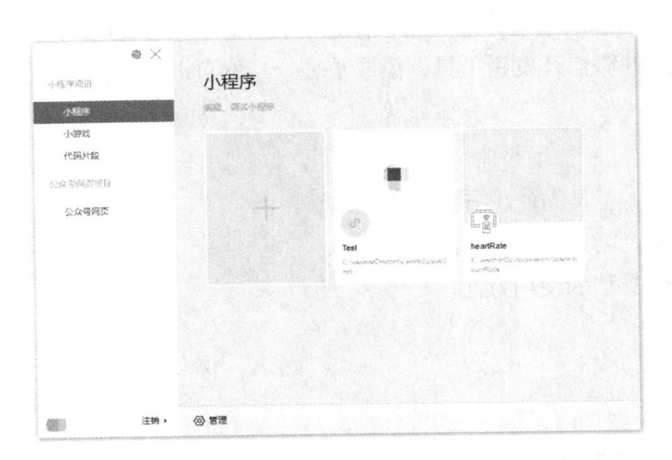

图 14-2　小程序列表

（3）新建项目。

当符合以下条件时，可以在本地新建一个小程序项目，如图 14-3 所示。

首先，需要一个小程序的 AppID（小程序 ID），如没有 AppID，可以选择申请使用测试号，登录的微信账号需要是该小程序的开发人员。其次，需要选择一个空目录，或者选择非空目录下存在 app.json 或 project.config.json。当选择空目录时，可以选择是否在该目录下生成一个简单的项目。

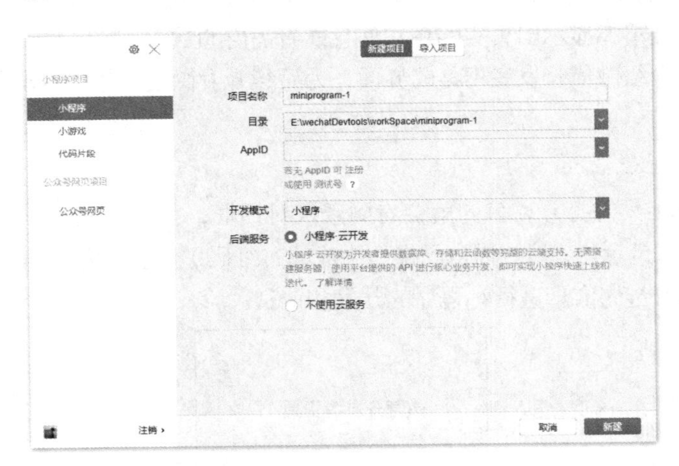

图 14-3　新建小程序项目

（4）多开项目。

微信开发者工具支持同时打开多个项目，每次打开项目时会从新窗口打开，入口有以下几种。

① 从项目选择页打开项目，处于微信开发者工具主界面时可以从菜单栏的“项目”→“查看所有项目”打开项目选择页。

② 从菜单栏的“项目”→“打开最近项目”列表中打开，项目会从新窗口打开。

③ 选择菜单栏的“项目”→“新建项目”，可以新建一个项目。

④ 使用命令行或 HTTP 调用工具打开项目。

（5）管理项目。

在小程序列表页单击“管理”按钮，如图 14-4 所示，可对本地小程序项目进行删除和批量删除。

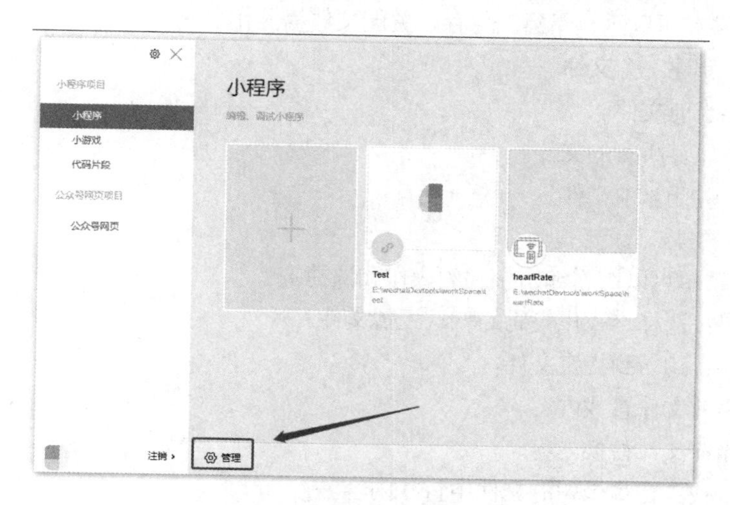

图 14-4　单击“管理”按钮

（6）微信开发者工具主界面。

微信开发者工具主界面从上到下、从左到右分别为菜单栏、工具栏、模拟器、目录树、编辑器和调试器六大部分，如图 14-5 所示。

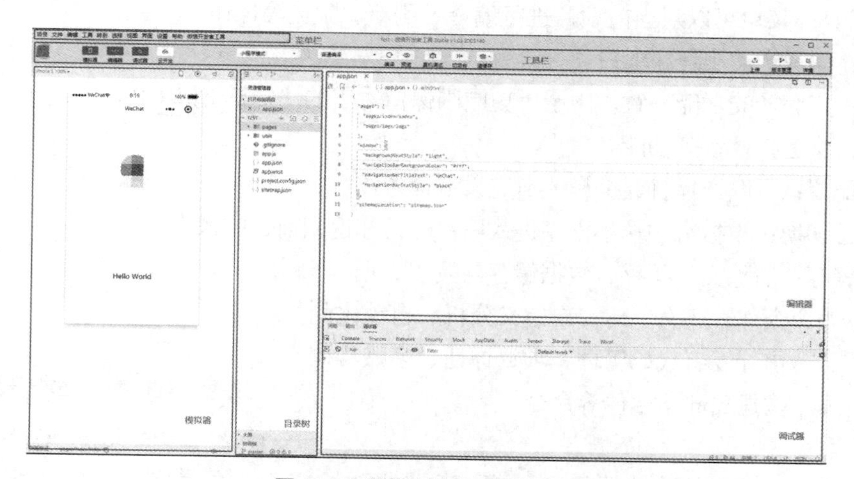

图 14-5　微信开发者工具主界面

2. 菜单栏

下面对菜单栏中常用的菜单进行介绍。

（1）项目。

通过“项目”菜单可以进行快速新建或者打开项目等操作。常用的功能如下。

- 新建项目：快速新建项目。
- 打开最近项目：可以查看最近打开的项目列表，并选择是否进入对应项目。

- 查看所有项目：在新窗口中打开启动页的小程序列表。
- 关闭当前项目：关闭当前项目，回到启动页的小程序列表。

（2）文件。

通过“文件”菜单可以进行新建、保存、关闭文件等操作。

- 新建文件：新建一个文件。
- 保存：保存当前文件。
- 保存所有：保存所有的文件。
- 关闭文件：关闭当前文件。

（3）编辑。

通过“编辑”菜单可以查看编辑相关的操作和快捷键。

- 格式化代码：选择格式化代码的默认配置文件。
- 跳转到文件：跳转到指定文件。
- 查找：在当前文件查找内容。
- 替换：在当前文件替换内容。
- 在文件中查找：在目录树的文件中查找内容。
- 在文件中替换：在目录树的文件中替换内容。

除上述常用编辑命令外，还有切换行注释、切换块注释、清除编译器缓存、打开编译器扩展目录、管理编译器扩展等命令。

（4）工具。

通过“工具”菜单可以对当前项目进行编译、刷新、预览等操作。

- 编译：编译当前小程序项目。
- 刷新：与编译的功能一致，由于历史原因保留对应的快捷键 Ctrl + R。
- 预览：快速打开预览功能。
- 编译配置：可以选择普通编译或自定义编译条件。
- 前后台切换：模拟客户端小程序进入后台运行和返回前台的操作。
- 清除缓存：清除文件缓存、数据缓存与授权数据。

除上述常用命令外，还有上传、自定义分析、自动化测试、素材管理、微信开发者代码管理、项目详情、多账号调试、工具栏管理、构建 npm、插件等命令。

（5）界面。

“界面”菜单控制主界面中模块的显示与隐藏。如图 14-6 所示，勾选对应命令则会在主界面中显示该区域，不勾选则隐藏该区域。

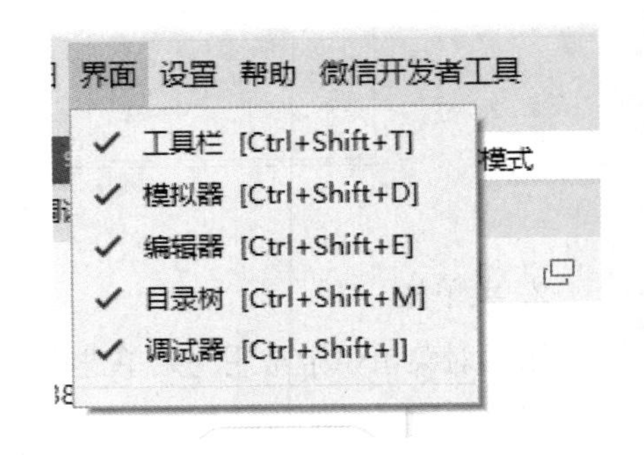

图 14-6 “界面”菜单

（6）设置。

通过“设置”菜单可以对微信开发者工具的通用项、外观、编辑器等进行设置。

- 通用设置：设置启动项目及语言。

- 外观设置：设置编辑器的配色主题、字体、字号、行距。
- 编辑器设置：设置文件保存的行为，以及编辑器的表现。
- 代理设置：选择直连网络、系统代理和手动设置代理。
- 安全设置：设置服务端口是否开启。
- 项目设置：调试基础库选择等。

（7）微信开发者工具。

通过“微信开发者工具”菜单可以快速地进行切换用户、打开文档、更新微信开发者工具版本等操作。

- 切换账号：快速切换登录用户。
- 关于：关于微信开发者工具。
- 检查更新：检查版本更新。
- 开发者论坛：前往开发者论坛。
- 开发者文档：前往开发者文档。
- 调试：调试微信开发者工具、编辑器。如果遇到疑似微信开发者工具或者编辑器的 bug，可以打开调试工具查看是否有出错日志，进而在论坛上反馈相关问题。
- 更换开发模式：快速切换公众号网页调试和小程序调试模式。
- 退出：退出微信开发者工具。

3. 工具栏

单击用户头像可以打开个人中心，在这里可以便捷地查看微信开发者工具收到的消息和切换用户，如图 14-7 和图 14-8 所示。

图 14-7　查看消息

图 14-8　切换用户

单击用户头像右侧的模拟器、编辑器、调试器、云开发这几个按钮可切换显示或隐藏项目开发主界面中的相应模块，如图 14-9 所示。

图 14-9　项目开发主界面

在工具栏中，可以选择“普通编译”，如图 14-10 所示，也可以新建并选择自定义条件进行编译和预览。

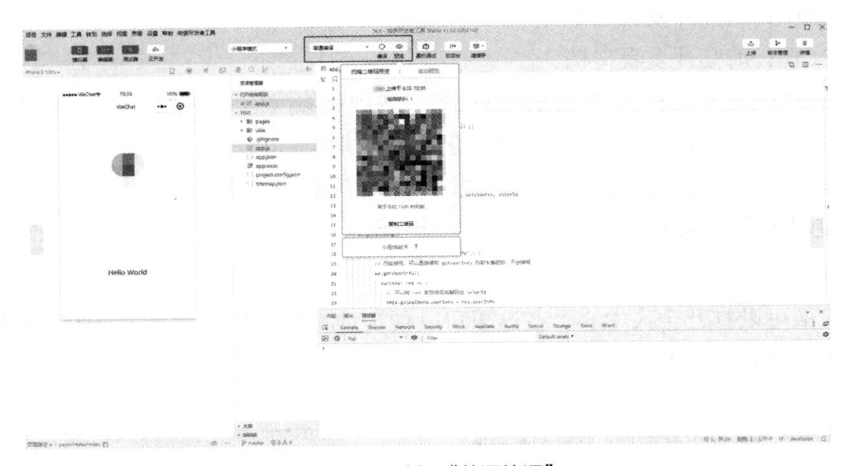

图 14-10　选择“普通编译”

通过“切后台”按钮，可以模拟小程序进入后台的情况，如图 14-11 所示。

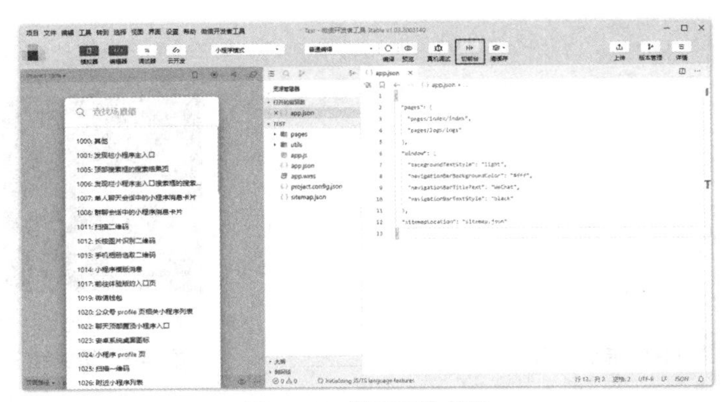

图 14-11　“切后台”按钮

工具栏还提供了“清缓存”的快速入口，可以便捷地清除文件缓存、数据缓存，以及后台的授权数据，方便开发人员调试。

工具栏右侧是开发辅助功能区域，包括“上传”“版本管理”“详情”按钮，如图 14-12 所示。

它们可以用于上传代码、申请测试、上传腾讯云、查看项目信息等。

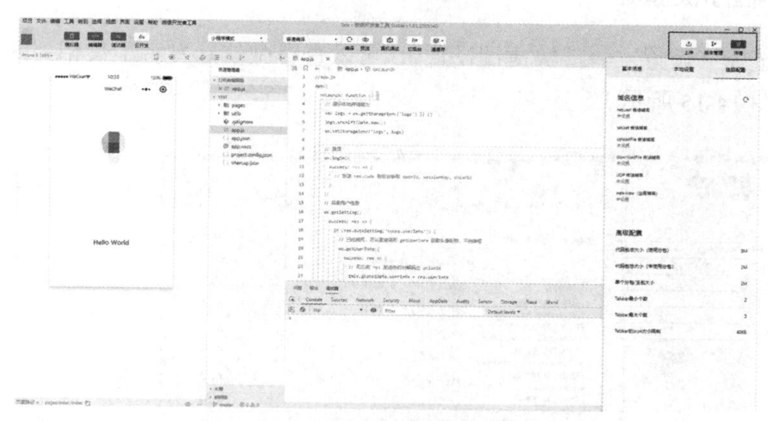

图 14-12　工具栏开发辅助功能区域

4. 工具栏管理

右击工具栏，可以利用弹出的快捷菜单对工具栏进行管理，如图 14-13 所示。

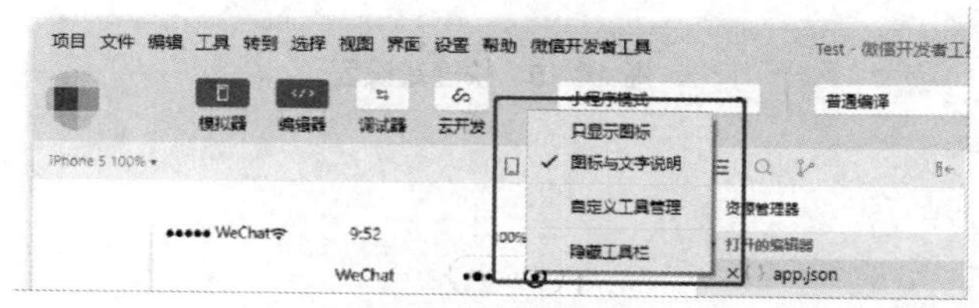

图 14-13　工具栏管理

5. 模拟器

“模拟器”可以模拟小程序在微信客户端的表现。小程序的代码通过编译后可以在“模拟器”上直接运行。

开发人员可以选择不同的机型，也可以添加自定义设备来调试小程序在不同尺寸机型上的适配问题，如图 14-14 所示。

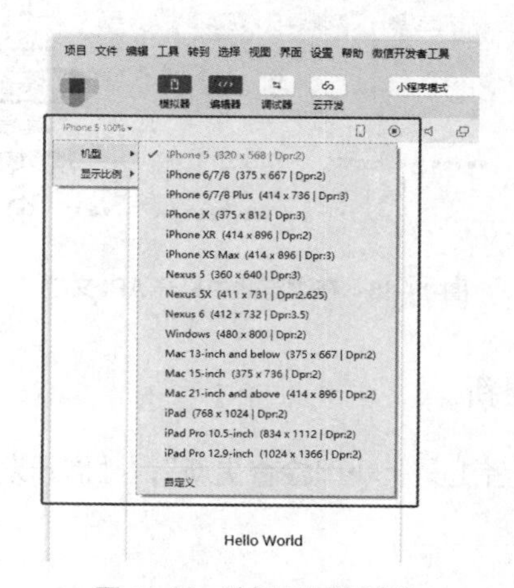

图 14-14　选择不同的机型

14.1.2　常用小程序快捷键

在菜单栏中选择“设置”→“快捷键设置”，可以查看微信开发者工具相关的快捷键信息，进行快捷设置，如图 14-15 所示。

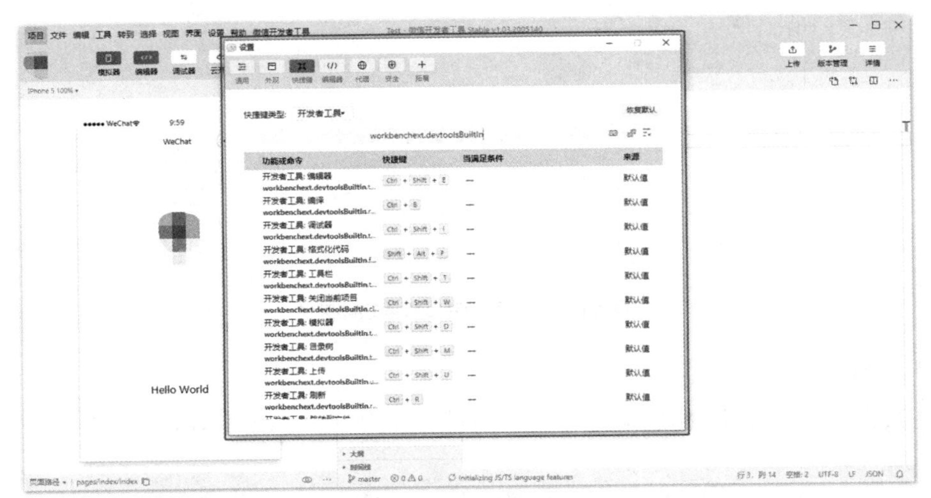

图 14-15　快捷键设置

任务实现

14.1.3　快速打开官方 API 文档

在菜单栏中选择“帮助”→“开发者文档”，可以直接在浏览器中打开 API 文档，如图 14-16 所示。

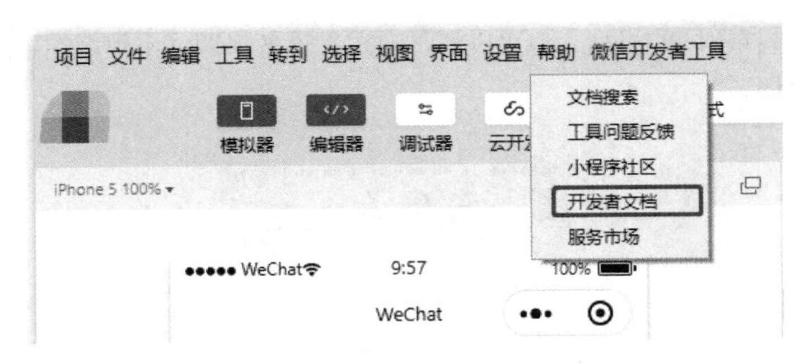

图 14-16　在浏览器中打开 API 文档

14.1.4　微信开发者工具的更新

在菜单栏中选择“微信开发者工具”→“检查更新”，微信开发者工具会自动检查是否有版本更新，如图 14-17 所示。

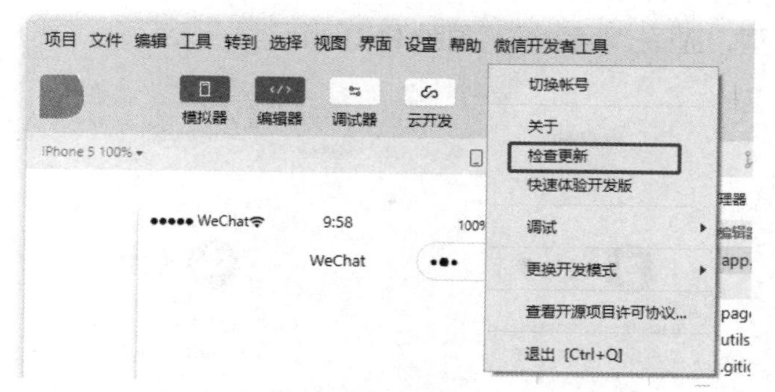

图 14-17　检查更新

任务思考

微信开发者工具默认的编译快捷键为 Ctrl+B，请将默认的编译快捷键修改为 Ctrl+K。

14.2　任务 2：Hello World 小程序

Hello World 小程序是微信开发者工具新建项目成功后默认生成的项目，可以帮助开发者快速熟悉小程序的开发。

任务目标

（1）掌握开发者账号申请、IDE 下载和安装的方法。
（2）完成 Hello World 小程序的开发任务。

知识准备

14.2.1　开发者账号申请

微信小程序开放了个人开发者的小程序开发和使用，不再需要企业资质和相关的标准，只要用户拥有一个实名制的公众号，一个公众号可以挂载不超过 5 个小程序。

（1）进入微信公众平台官网，登录后即可进入小程序管理后台。如果开发者没有注册过小程序，可以根据以下步骤进行注册，如图 14-18 所示。首先需要申请一个个人小程序，单击“立即注册”按钮进入注册页面。

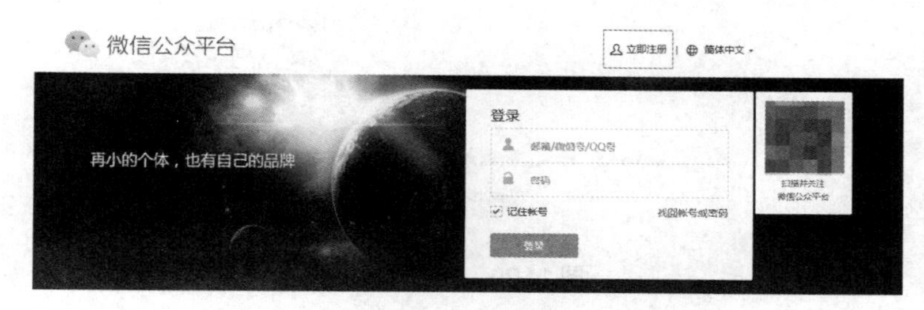

图 14-18　注册

（2）选择账号类型，选择“小程序”，如图 14-19 所示。

图 14-19　选择账号类型

（3）进入小程序注册的资料填写页面。根据提示输入注册信息后，勾选“你已阅读并同意《微信公众平台服务协议》及《微信小程序平台服务条款》”复选框，然后单击“注册”按钮，如图 14-20 所示。

小程序注册

① 帐号信息　② 邮箱激活　③ 信息登记

每个邮箱仅能申请一个小程序

邮箱

作为登录帐号，请填写未被微信公众平台注册，未被微信开放平台注册，未被个人微信号绑定的邮箱

密码

字母、数字或者英文符号，最短8位，区分大小写

确认密码

请再次输入密码

验证码　换一张

你已阅读并同意《微信公众平台服务协议》及《微信小程序平台服务条款》

注册

图 14-20　小程序注册

（4）此时邮箱被激活了，如图 14-21 所示。

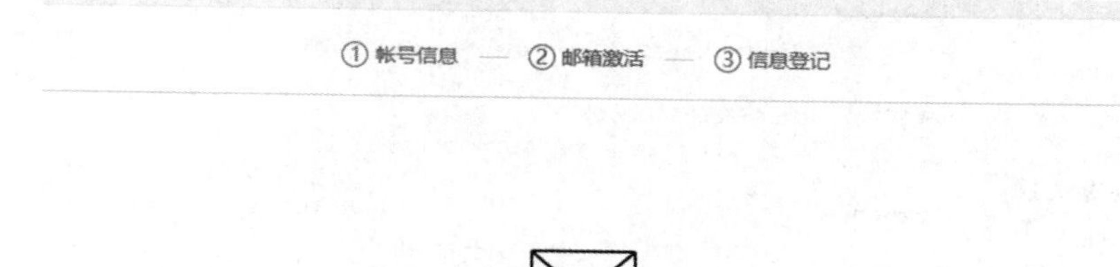

激活公众平台账号

感谢注册！确认邮件已发送至你的注册邮箱　　　　　　请进入邮箱查看邮件，并激活公众平台帐号。

登录邮箱

没有收到邮件？

1. 请检查邮箱地址是否正确，你可以返回重新填写。
2. 检查你的邮件垃圾箱
3. 若仍未收到确认，请尝试重新发送

图 14-21　激活邮箱

（5）进行用户信息登记，如图 14-22 所示，主体类型选择“个人”。

① 帐号信息 —— ② 邮箱激活 —— ③ 信息登记

用户信息登记

微信公众平台致力于打造真实、合法、有效的互联网平台。为了更好的保障你和广大微信用户的合法权益，请你认真填写以下登记信息。为表述方便，本服务中，“用户”也称为“开发者”或“你”。

用户信息登记审核通过后：

1. 你可以依法享有本微信公众帐号所产生的权利和收益；
2. 你将对本微信公众帐号的所有行为承担全部责任；
3. 你的注册信息将在法律允许的范围内向微信用户展示；
4. 人民法院、检察院、公安机关等有权机关可向腾讯依法调取你的注册信息等。

请确认你的微信公众帐号主体类型属于政府、媒体、企业、其他组织、个人，并请按照对应的类别进行信息登记。
点击查看微信公众平台信息登记指引。

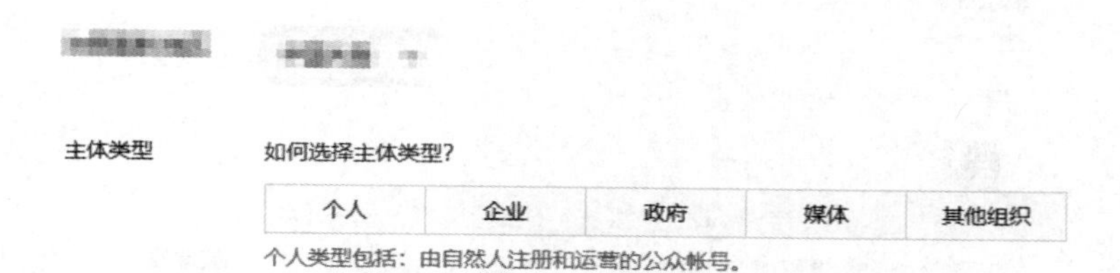

图 14-22　用户信息登记

（6）进行主体信息登记，并验证管理员身份，如图 14-23 所示。

图 14-23　主体信息登记

（7）注册成功后，进入小程序管理后台，如图 14-24 所示。

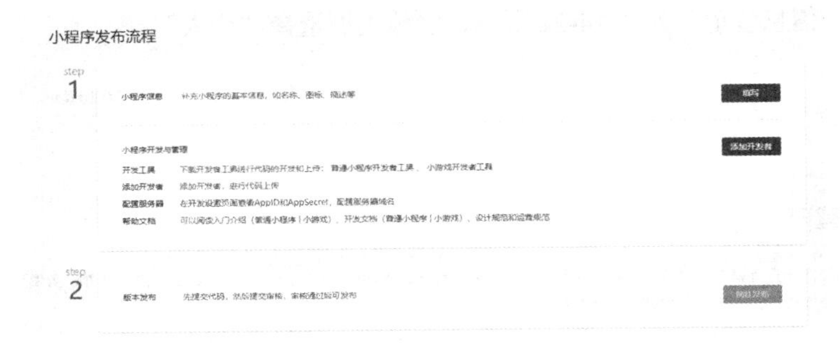

图 14-24　小程序管理后台

（8）绑定相关的小程序开发者。对于小程序而言，一个小程序本身允许绑定 10 个账户作为开发者。在“项目成员”中，单击“添加成员”按钮，如图 14-25 所示，跳转至“添加用户”页面，如图 14-26 所示，输入开发者的微信账户进行开发者绑定。

图 14-25　单击“添加成员”按钮

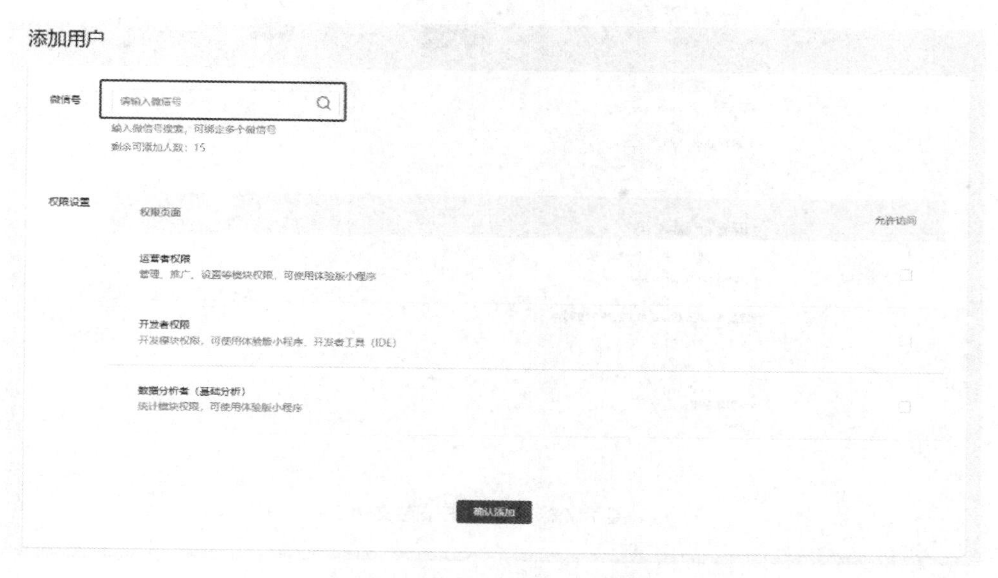

图 14-26　“添加用户”页面

（9）查看开发者 ID。单击页面左侧的“开发”菜单项，选择“开发设置”选项卡，可以看到小程序的 AppID 和 AppSecret（小程序密钥）等信息，查看 AppID 及生成的 AppSecret，并复制保留 AppID、AppSecret，以便在微信开发者工具创建项目时输入，并且在“开发设置”选项卡中添加服务器的域名，如图 14-27 所示。

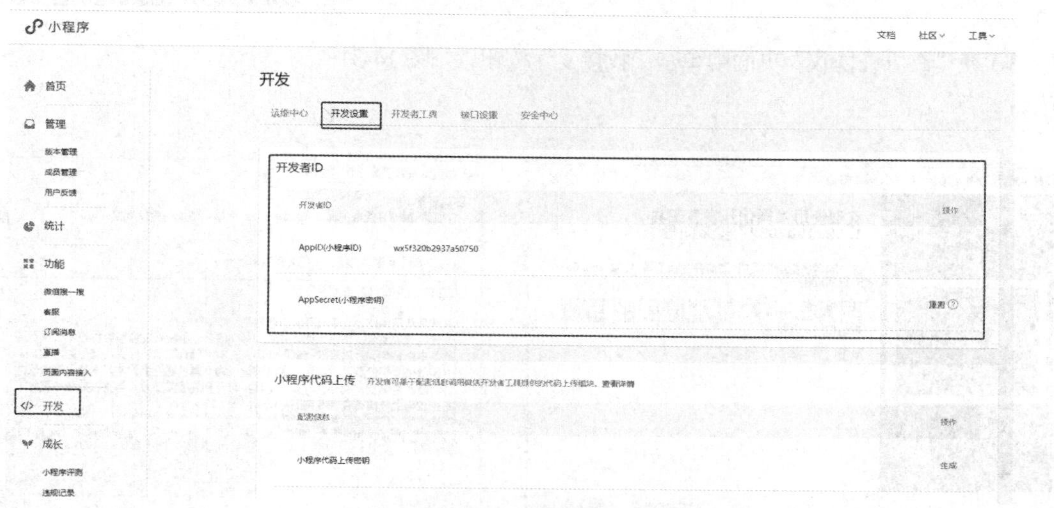

图 14-27　“开发设置”选项卡

14.2.2　IDE 下载

前往微信小程序开发工具下载网页，根据自己的操作系统下载对应的 IDE 安装文件进行安装，如图 14-28 所示。有关开发者工具更详细的介绍可以查看微信小程序官方文档。

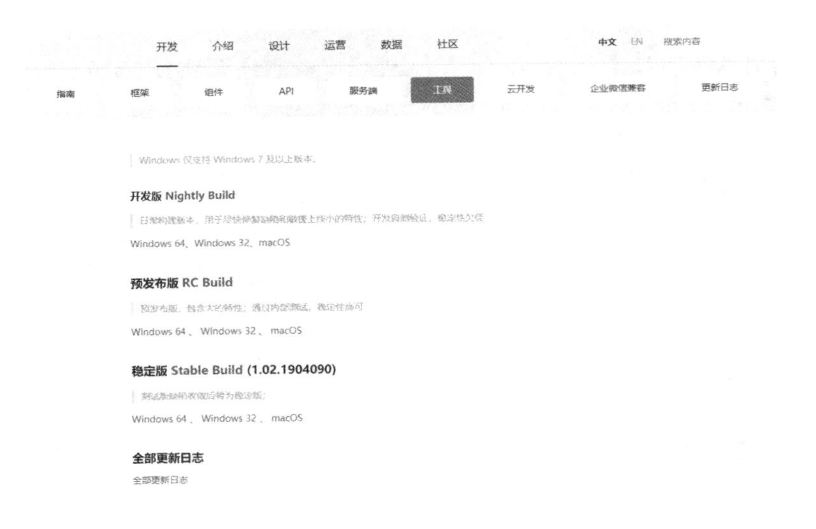

图 14-28　下载 IDE 安装文件

14.2.3　Windows 操作系统的 IDE 安装

下载安装文件后按照以下步骤，在 Windows 操作系统中完成微信开发者工具的安装。

（1）找到下载的 IDE 安装文件，如图 14-29 所示，双击打开。

（2）进入 IDE 安装向导，如图 14-30 所示，单击“下一步”按钮。

（3）在“许可证协议”页面中单击“我接受”按钮，如图 14-31 所示。

图 14-29　IDE 安装文件

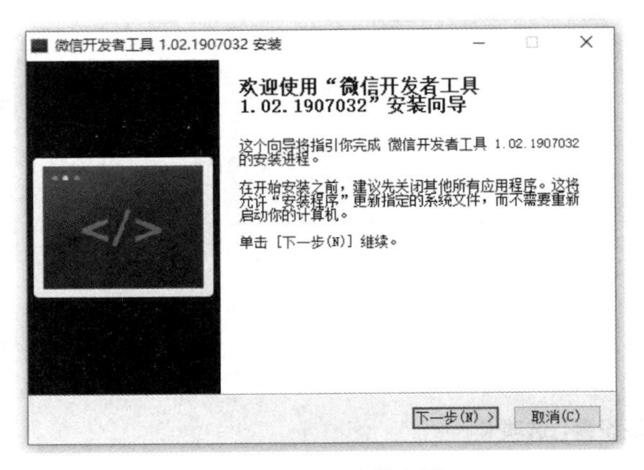

图 14-30　IDE 安装向导

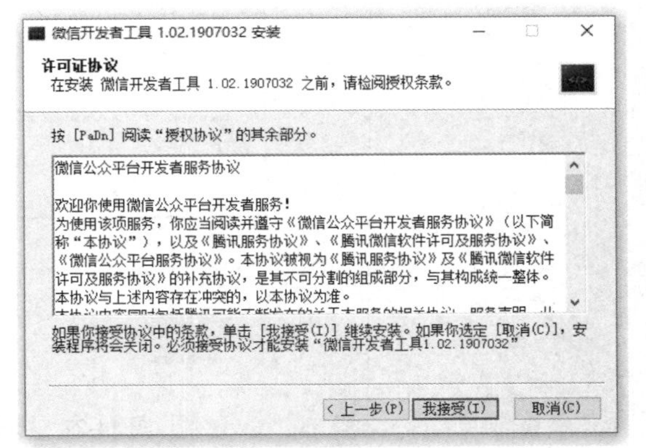

图 14-31　“许可证协议”页面

（4）在“选定安装位置”页面中选择安装的目标文件夹，如图 14-32 所示，单击“安装”按钮。

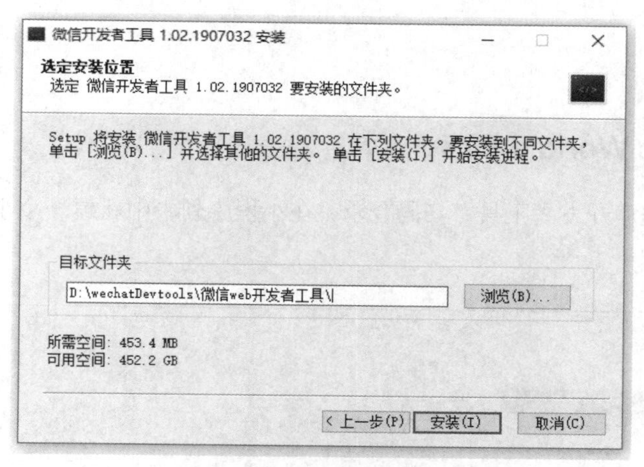

图 14-32 “选定安装位置”页面

（5）开始安装，“正在安装”页面如图 14-33 所示。

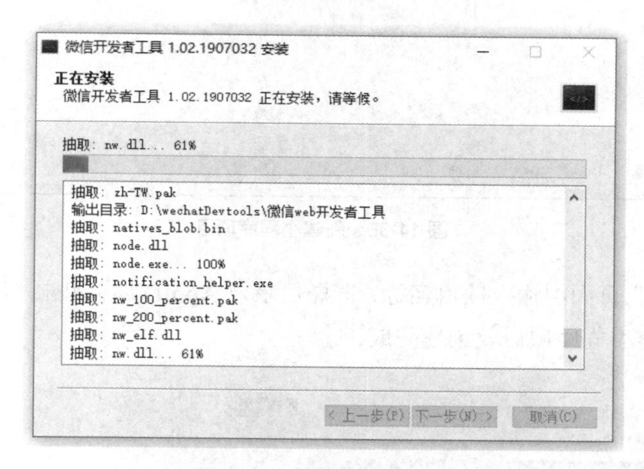

图 14-33 “正在安装”页面

（6）“安装完成”页面如图 14-34 所示。

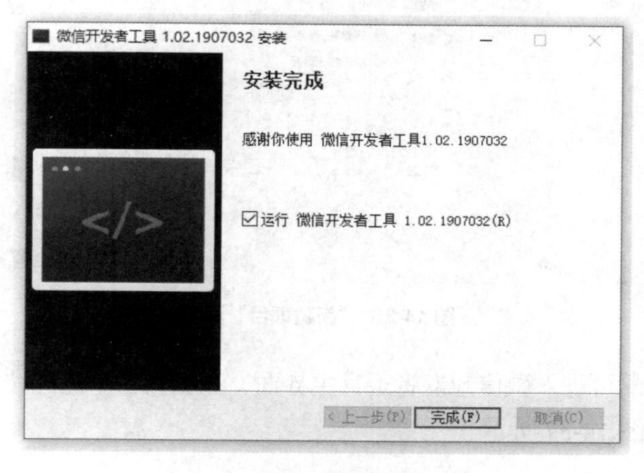

图 14-34 “安装完成”页面

任务实现

14.2.4 新建 Hello World 小程序

（1）打开微信小程序开发者工具，扫码登录，在小程序列表中新建一个小程序项目，如图 14-35 所示。

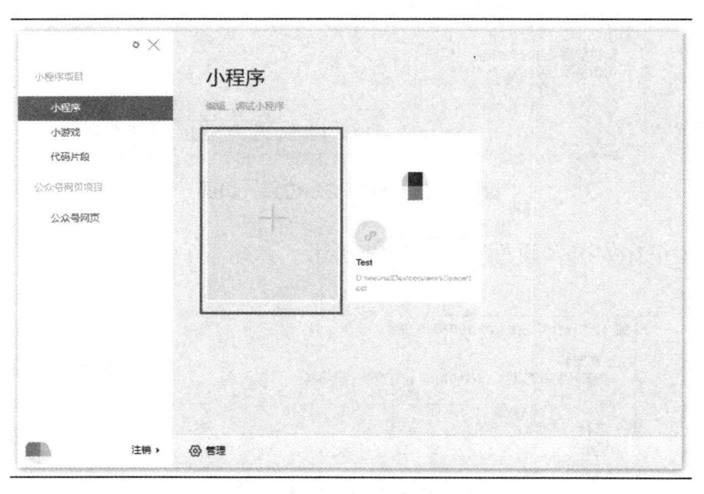

图 14-35 新建小程序项目

（2）在“新建项目”页面中输入项目名称，选择目录及 AppID 后，单击“新建”按钮，如图 14-36 所示，一个默认的微信小程序项目就创建完成了。

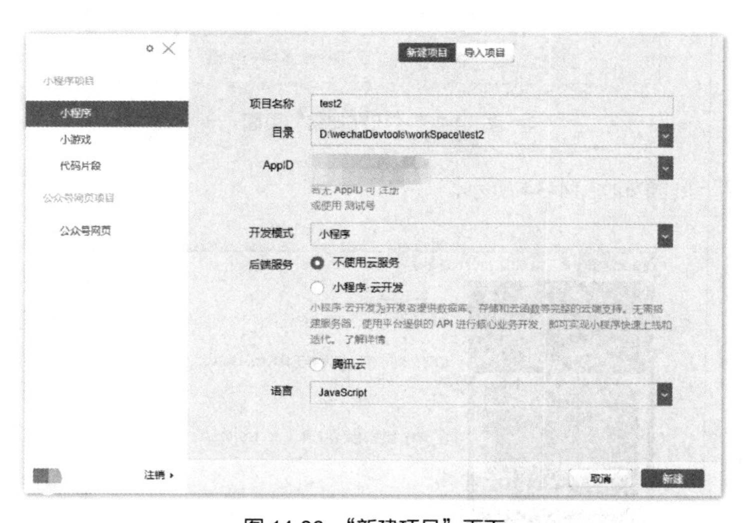

图 14-36 “新建项目”页面

（3）新建项目后，即可进入微信开发者工具主界面，在工具栏中选择“预览”，使用微信扫码，即可在手机上预览，如图 14-37 所示。

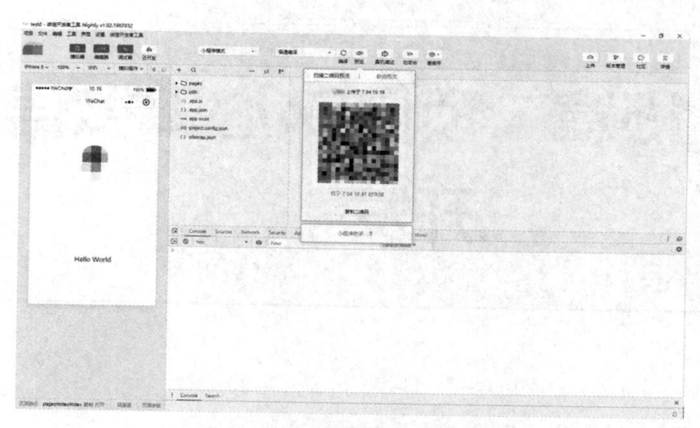

图 14-37　预览项目

任务思考

新建项目为微信官方默认的项目，那么如何在小程序中用文本显示“Hello WX”呢？请完成上述功能。

15 第15章 项目9：心率微信小程序开发

本章讲解心率微信小程序开发，实现在微信小程序中显示心率数据的功能。本章设置两个任务：任务 1 搭建微信小程序项目，从微信小程序页面设计开始，到创建小程序、认识项目结构，实现小程序的配置；任务 2 实现心率微信小程序设计，从实现蓝牙 API 开始，到实现搜索页面的代码设计，最后完成可穿戴设备的心率微信小程序的开发任务。

15.1　任务 1：搭建微信小程序项目

微信小程序是腾讯公司推出的一款产品，是一种无须安装即可使用的应用，可以在微信内被便捷地获取和传播。开发人员可以利用微信小程序开发工具快速地开发一个小程序，实现需要的功能和应用。

任务目标

创建心率微信小程序并认识其项目结构，最后实现小程序配置。

知识准备

15.1.1　微信小程序页面设计

基于微信小程序轻快的特点，本小节讲解微信小程序页面设计指南和建议。微信小程序应在充分尊重用户知情权与操作权的基础上，建立友好、高效、一致的用户体验，同时最大程度地满足不同需求。

为了避免用户在微信中使用小程序服务时注意力被复杂的界面元素干扰，微信小程序在设计时应该注意减少无关的设计元素，礼貌地向用户展示程序提供的服务，友好地引导用户进行操作。

每个页面都应有明确的重点，以便于用户每进入一个新页面的时候都能快速地理解页面内容。在确定了重点的前提下，应尽量避免页面上出现其他与用户的决策和操作无关的干扰因素，如图 15-1 所示。

图 15-1　避免出现干扰因素

为了让用户顺畅地使用页面，在用户进行某一个操作时，应避免出现用户操作目标之外的内容而打断用户操作，如图 15-2 所示。

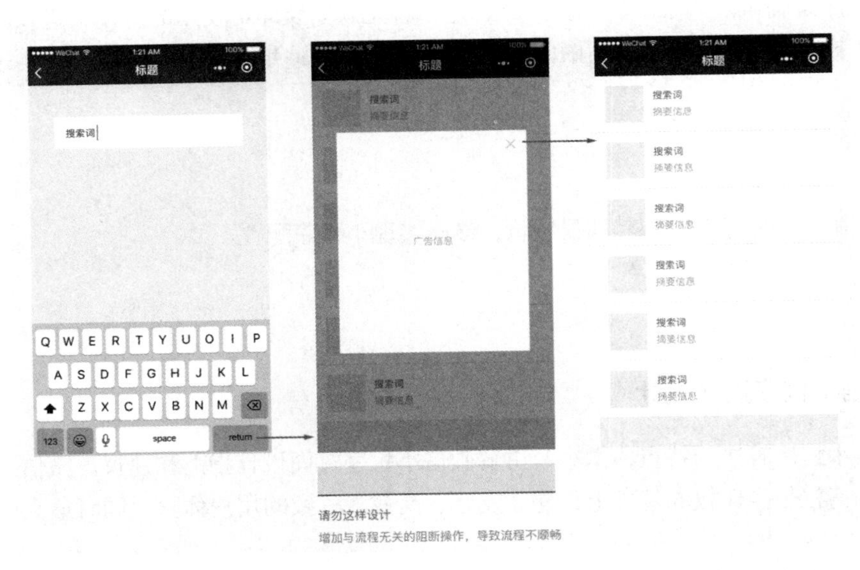

图 15-2 避免打断用户操作

任务实现

15.1.2 创建微信小程序

1. 新建项目

在微信开发者工具的小程序列表中添加一个新的项目，如图 15-3 所示。

图 15-3 添加新项目

在“新建项目”页面中输入项目名称并选择项目存放目录，输入自己的 AppID，并单击右下角的“新建”按钮，如图 15-4 所示。

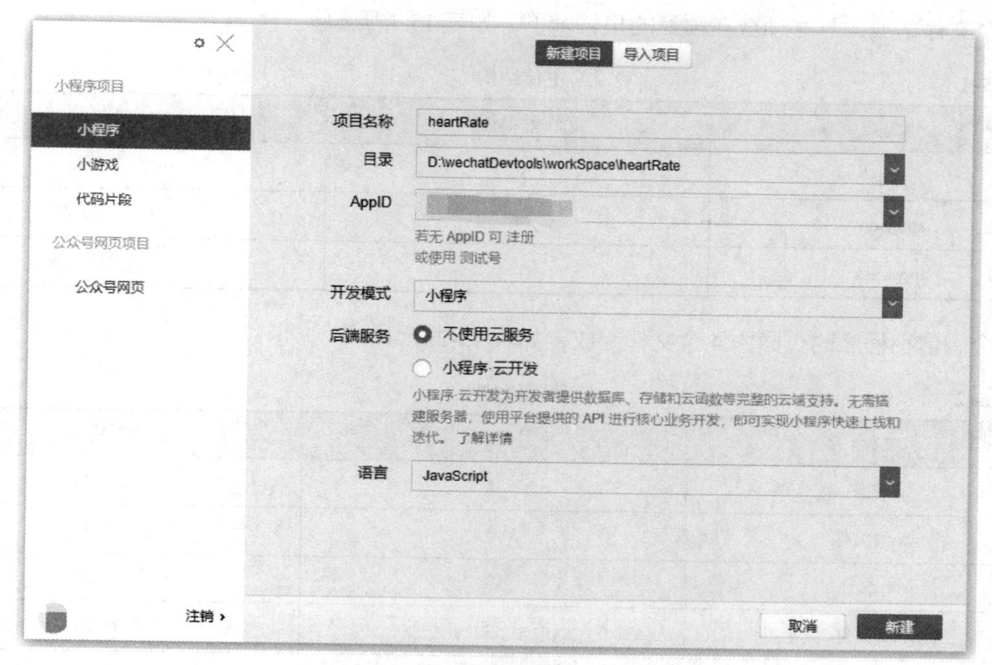

图 15-4　“新建项目”页面

新建项目完成，如图 15-5 所示。

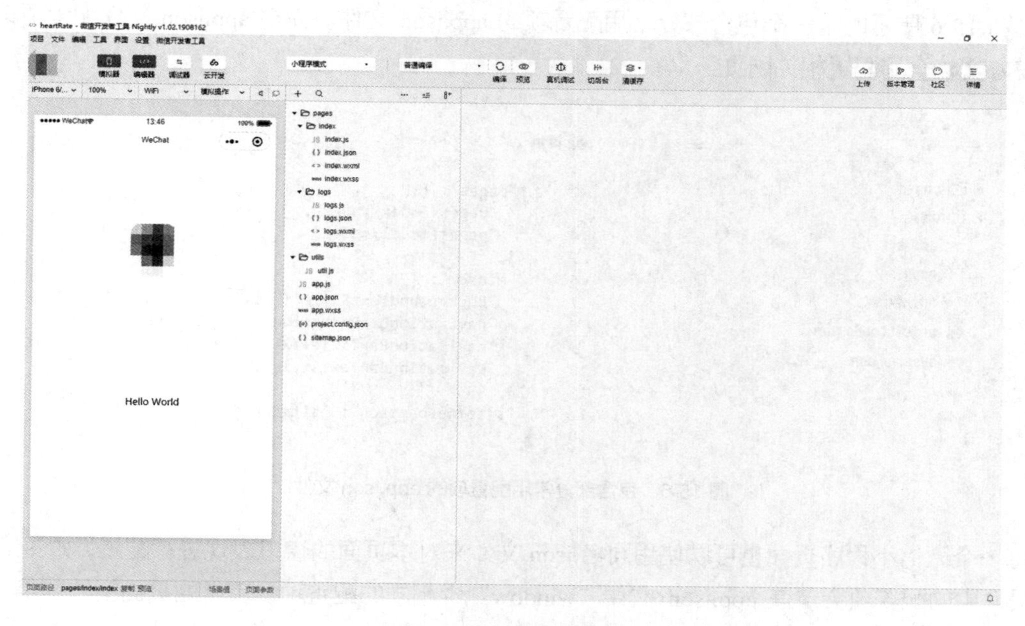

图 15-5　新建项目完成

2. 了解项目结构

微信小程序包含描述整体程序的全局文件和多个描述各页面的页面文件。一个小程序的主体结构由 3 个文件组成，且必须放在项目的根目录下，如表 15-1 所示。

表 15-1　主体结构

文件	是否必需	作用
app.js	是	小程序逻辑
app.json	是	小程序全局配置
app.wxss	否	小程序公共样式表

一个微信小程序的页面由 4 个文件组成，如表 15-2 所示。

表 15-2　页面文件

文件	是否必需	作用
.js 文件	是	页面逻辑
.wxml 文件	是	页面结构
.json 文件	否	页面配置
.wxss 文件	否	页面样式表

3. 配置微信小程序

小程序根目录下的 app.json 文件用于对微信小程序进行全局配置，决定页面文件的路径、窗口表现等。图 15-6 所示的是一个包含部分常用配置项的 app.json 文件。完整 app.json 文件配置项请参考微信官方文档全局配置相关网页。

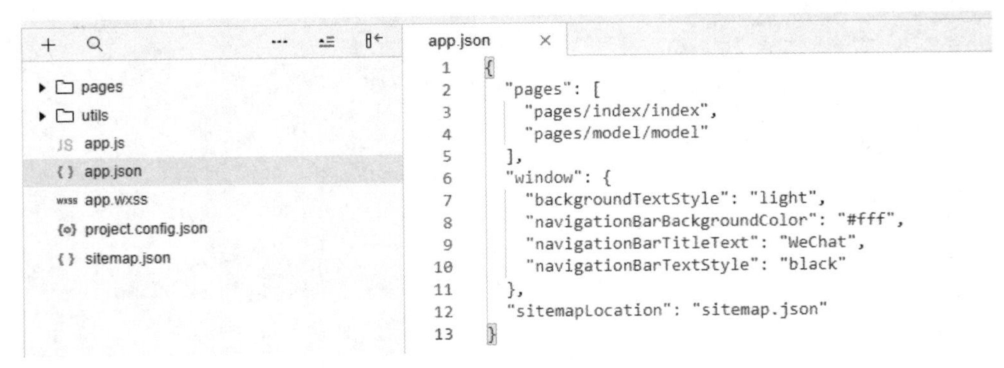

图 15-6　包含部分常用配置项的 app.json 文件

每一个微信小程序页面也可以使用同名.json 文件来对本页面的窗口表现进行配置，如图 15-7 所示，页面中的配置项会覆盖 app.json 文件“window”中相同的配置项。完整的页面配置项请参考微信官方文档页面配置相关网页。

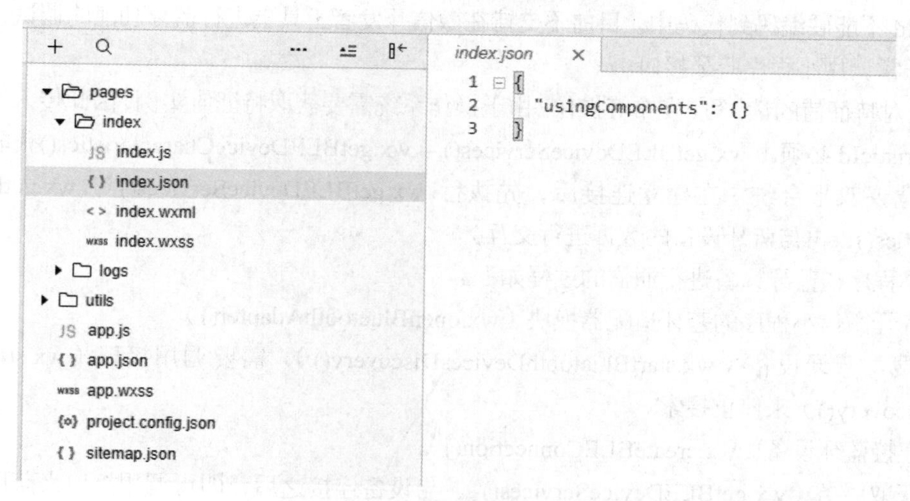

图 15-7　页面配置

任务思考

查阅官方文档，掌握更多的微信小程序开发知识。

15.2　任务 2：心率小程序设计

心率是指正常人安静状态下每分钟心跳的次数，也叫安静心率，一般为 60～100 次/min。心率会因年龄、性别或其他生理因素而产生个体差异。一般来说，年龄越小，心率越快，老年人心率比年轻人慢，女性的心率比同龄的男性快，这些都是正常的生理现象。

任务目标

通过学习本任务，掌握蓝牙 API 的使用方法，并开发心率微信小程序。

知识准备

15.2.1　蓝牙 API 开发

1. 蓝牙 API 介绍

iOS 微信客户端从 6.5.6 版本开始支持蓝牙功能，Android 微信客户端则从 6.5.7 版本开始支持蓝牙功能。微信小程序的蓝牙适配器模块生效周期为调用 wx.openBluetoothAdapter() 至调用 wx.closeBluetoothAdapter()或微信小程序被销毁为止。在蓝牙适配器模块生效期间，开发人员能够正常调用蓝牙相关的小程序 API，并收到蓝牙模块相关的事件回调。

BLE 相关小程序开发需注意以下事项。

由于系统限制，在 Android 上获取到的 deviceId 为设备 MAC 地址，iOS 上则为设备 UUID。因此，deviceId 不能硬编码到代码中。目前不支持在微信开发者工具上进行蓝牙功能的调试，需要使用真机才能正常调用小程序蓝牙接口。

iOS 上对特征值的读、写、发布等操作，由于操作系统需要获取特征值实例，因此传入的 serviceId 与 characteristicId 必须由 wx.getBLEDeviceServices()与 wx.getBLEDeviceCharacteristics()获取到后才能被使用。建议双平台统一在建立连接后，先执行 wx.getBLEDeviceServices()与 wx.getBLEDeviceCharacteristics()，再与蓝牙设备的数据进行交互。

微信小程序与蓝牙设备进行通信的过程如下。

（1）打开微信小程序的蓝牙适配器模块（wx.openBluetoothAdapter()）。

（2）搜索蓝牙设备（wx.startBluetoothDevicesDiscovery()），需要调用接口（wx.stopBluetoothDevicesDiscovery()）来停止搜索。

（3）连接蓝牙设备（wx.createBLEConnection()）。

（4）获取服务（wx.getBLEDeviceServices()）。与设备连接之后，即可调用接口来获取该设备的所有服务，接口会返回一个服务数组。

（5）获取特征（wx.getBLEDeviceCharacteristics()）。此时可以启用发布功能（wx.notifyBLECharacteristicValueChange()）并设置监听（wx.onBLECharacteristicValueChange()）。

（6）通信完毕，断开与蓝牙设备的连接（wx.closeBLEConnection()）。

（7）关闭微信小程序蓝牙适配器模块（wx.closeBluetoothAdapter()）。

2. 定义 Bluetooth.js

在 pages 文件夹下新建 Bluetooth 文件夹，并在该文件夹中自定义 bluetooth.js，具体步骤如下。

（1）定义蓝牙服务，如图 15-8 所示。

```
//UUID 严格区分大小写
const SERVICE_UUID = '0000180D-0000-1000-8000-00805F9B34FB' //蓝牙主服务
const TX_SERVICE_UUID = '00002A37-0000-1000-8000-00805F9B34FB' //接收服务
```

图 15-8 定义蓝牙服务

（2）初始化蓝牙适配器模块，使用 wx.openBluetoothAdapter()，如图 15-9 所示。

```
//初始化蓝牙适配器
function openBluetoothAdapter(callback) {
  wx.openBluetoothAdapter({
    success: function (res) {
      typeof callback === 'function' && callback(SUCCESS_CODE, '初始化蓝牙适配器成功')
    },
    fail: function (res) {
      typeof callback === 'function' && callback(res.errCode, '初始化蓝牙适配器失败')
    }
  })
}
```

图 15-9 初始化蓝牙适配器模块

（3）开始搜索附近的蓝牙设备，使用 wx.startBluetoothDevicesDiscovery()，如图 15-10 所示。

```
/**
 * 开始搜索附近的蓝牙设备。此操作比较耗费系统资源，请在搜索并连接到设备后调用wx.stopBluetoothDevicesDiscovery()方法停止搜索
 */
function startBluetoothDevicesDiscovery(callback) {
  if (_discoveryStarted) {
    return
  }
  _discoveryStarted = true
  wx.startBluetoothDevicesDiscovery({
    service: [SERVICE_UUID], //要搜索蓝牙设备主服务的 UUID 列表
    allowDuplicatesKey: true, //是否允许重复上报同一设备
    success: (res) => {
      onBluetoothDeviceFound(callback)
    },
    fail: (res) => {
      typeof callback === 'function' && callback(DEVICE_FOUND_FAIL, '搜索设备失败')
    }
  })
}
/**
 * 监听寻找到新设备的事件
 */
function onBluetoothDeviceFound(callback) {
  wx.onBluetoothDeviceFound((res) => {
    res.devices.forEach(device => {
      if (!device.name && !device.localName) {
        return
      }
      typeof callback === 'function' && callback(SUCCESS_CODE, device)
    })
  })
}
```

图 15-10　搜索蓝牙设备

（4）停止搜索附近的蓝牙设备，使用 wx.stopBluetoothDevicesDiscovery()，如图 15-11 所示。

```
/**
 * 停止搜索附近的蓝牙设备。若已经找到需要的蓝牙设备并不需要继续搜索时，建议调用该接口停止蓝牙搜索
 */
function stopBluetoothDevicesDiscovery(callback) {
  wx.stopBluetoothDevicesDiscovery({
    success: function (res) {
      _discoveryStarted = false
      typeof callback === 'function' && callback(SUCCESS_CODE, '停止搜索成功')
    },
    fail: (res) => {
      typeof callback === 'function' && callback(FAIL_CODE, '停止搜索失败')
    }
  })
}
```

图 15-11　停止搜索蓝牙设备

（5）连接 BLE 设备，使用 wx.createBLEConnection()，如图 15-12 所示。

```
/**
 * 连接BLE设备。
 *若小程序在之前已有搜索过某个蓝牙设备，并成功建立连接，可直接传入之前搜索获取的 deviceId 直接尝试连接该设备，无须进行搜索操作
 */
function createBLEConnection(deviceId, callback) {
  if (_discoveryStarted) {
    wx.stopBluetoothDevicesDiscovery({
      success: function (res) {
        _discoveryStarted = false
      },
    })
  }
  wx.createBLEConnection({
    deviceId: deviceId,
    timeout: DEVICE_TIMEOUT,
    success: function (res) {
      getBLEDeviceServices(deviceId, callback)
    },
    fail: (res) => {
      typeof callback === 'function' && callback(FAIL_CODE, res.errCode)
    }
  })
}
```

图 15-12　连接 BLE 设备

（6）获取蓝牙设备所有服务和特征，使用 wx.getBLEDeviceServices()，图 15-13 所示。

```
/**
 * 获取蓝牙设备所有服务和特征。
 */
function getBLEDeviceServices(deviceId, callback) {
  let that = this
  bleDviceId = deviceId
  bleTxCharacteristicId = ''
  wx.getBLEDeviceServices({
    deviceId: bleDviceId,
    success: function (res) {
      for (let i = 0; i < res.services.length; i++) {
        let serviceuuid = res.services[i].uuid
        if (serviceuuid === SERVICE_UUID) {
          bleServiceId = serviceuuid
          wx.getBLEDeviceCharacteristics({
            deviceId: bleDviceId,
            serviceId: bleServiceId,
            success: function (res) {
              for (let i = 0; i < res.characteristics.length; i++) {
                let chauuid = res.characteristics[i].uuid
                if (chauuid === TX_SERVICE_UUID) {
                  bleTxCharacteristicId = chauuid
                }
              }
              if (bleTxCharacteristicId.length !== 0) {
                openReceiveData(callback)
              } else {
                typeof callback === 'function' && callback(PLOY_NO_CHARACTERISTIC, '没有目标特征')
              }
            },
            fail: (res) => {
              typeof callback === 'function' && callback(FAIL_CODE, res.errCode)
            }
          })
        }
      }
      if (bleServiceId.length === 0) {
        typeof callback === 'function' && callback(PLOY_NO_AIM_SERVICE, '没有目标服务')
      }
    },
    fail: (res) => {
      typeof callback === 'function' && callback(FAIL_CODE, res.errCode)
    }
  })
}
```

图 15-13　获取蓝牙设备所有服务和特征

（7）启用 BLE 设备特征值变化时的发布功能，订阅特征值，并监听蓝牙的连接状态，使用 wx.notifyBLECharacteristicValueChange()，如图 15-14 所示。

```
function openReceiveData(callback) {
  /**
   * 启用BLE特征值变化时的发布功能，订阅特征值。注意：必须设备的特征值支持发布或者显示才可以
成功调用。
   *另外，必须先启用 notifyBLECharacteristicValueChange()才能监听到设备特征值变化事件
   */
  wx.notifyBLECharacteristicValueChange({
    deviceId: bleDviceId,
    serviceId: bleServiceId,
    characteristicId: bleTxCharacteristicId,
    state: true,
    success: function (res) {
      typeof callback === 'function' && callback(SUCCESS_CODE, '开启设备通知成功')
    },
    fail: (res) => {
      typeof callback === 'function' && callback(FAIL_NOTIFY_BLE, '开启设备通知失败')
    }
  })
  /**
   * 监听BLE设备的特征值变化。必须先启用 notifyBLECharacteristicValueChange()接口才能接收到设备推送的
通知
   */
  wx.onBLECharacteristicValueChange(function (characteristic) {
    if (characteristic.characteristicId === bleTxCharacteristicId) {
      let hex = Array.prototype.map.call(new Uint8Array(characteristic.value), x => ('00' + x.toString(16))
.slice(-2)).join('')
      console.log('接收数据：', hex)
      if (returnCallback !== null) {
        typeof returnCallback === 'function' && returnCallback(SUCCESS_CODE, hex)
      }
    }
  })
  /**
   * 监听BLE连接状态的改变事件，包括开发者主动连接或断开连接，设备丢失，连接异常断开等
   */
  wx.onBLEConnectionStateChange(function (res) {
    bleConnected = res.connected
    if (returnCallback !== null) {
      typeof returnCallback === 'function' && returnCallback(BLE_NO_CONNECTED, '当前连接断开')
    }
    if (connectCallback !== null) {
      typeof connectCallback === 'function' && connectCallback(BLE_NO_CONNECTED, '当前连接断开')
    }
  })
}
```

图 15-14　发布功能

（8）断开与 BLE 设备的连接，使用 wx.closeBLEConnection()，图 15-15 所示。

```
/**
 * 断开与BLE设备的连接。
 */
function closeBLEConnection(callback) {
  wx.closeBLEConnection({
    deviceId: bleDviceId,
    success: function (res) {
      typeof callback === 'function' && callback(SUCCESS_CODE, '断开连接成功')
    },
    fail: (res) => {
      typeof callback === 'function' && callback(FAIL_CODE, '断开连接失败')
    }
  })
}
```

图 15-15　断开与 BLE 设备的连接

（9）提供模块化调用，如图 15-16 所示。

```
module.exports = {
  openBluetoothAdapter: openBluetoothAdapter,
  startBluetoothDevicesDiscovery: startBluetoothDevicesDiscovery,
  stopBluetoothDevicesDiscovery: stopBluetoothDevicesDiscovery,
  getBluetoothAdapterState: getBluetoothAdapterState,
  createBLEConnection: createBLEConnection,
  closeBLEConnection: closeBLEConnection,
  setReturnCallback: setReturnCallback,
  connectOnCallback: connectOnCallback,
}
```

图 15-16　模块化调用

任务实现

15.2.2　心率小程序代码实现

1. 搜索页面的代码实现

（1）搜索页面布局及样式。

在 pages/index/index.wxml 文件中编写布局，并给按钮绑定事件，以便在 index.js 中触发布局的单击事件。搜索页面布局代码如图 15-17 所示。

```
<wxs module="utils">
module.exports.max = function(n1, n2) {
  return Math.max(n1, n2)
}
module.exports.len = function(arr) {
  arr = arr || []
  return arr.length
}
</wxs>

<button bindtap="startBluetoothDevicesDiscovery" >开始扫描</button>
<button bindtap="stopBluetoothDevicesDiscovery" >停止扫描</button>

<view  class="devices_summary"  >已发现 {{devices.length}} 个外围设备: </view>
<scroll-view class="device_list" scroll-y scroll-with-animation>
  <view wx:for="{{devices}}" wx:key="index"
   data-device-id="{{item.deviceId}}"
   data-name="{{item.name || item.localName}}"
   bindtap="openMain"
   class="device_item"
   hover-class="device_item_hover">
    <view style="font-size: 16px; color: #333;">{{item.name}}</view>
    <view style="font-size: 10px">信号强度: {{item.RSSI}}dBm ({{utils.max(0, item.RSSI + 100)}}%)</view>
    <view style="font-size: 10px">UUID: {{item.deviceId}}</view>
  </view>
</scroll-view>
```

图 15-17　搜索页面布局代码

在 pages/index/index.wxss 文件中编写样式。搜索页面样式代码如图 15-18 所示。

```
page {
  color: ■#333;
}
button{
  margin: 15px 10px;
  border: 1px solid ■#009ada;
}
.devices_summary {
  margin-top: 30px;
  padding: 10px;
  font-size: 16px;
}
.device_list {
  height: 350px;
  margin: 50px 5px;
  margin-top: 0;
  border: 1px solid □#EEE;
  border-radius: 5px;
  width: auto;
}
.device_item {
  border-bottom: 1px solid □#EEE;
  padding: 10px;
  color: ■#666;
}
.device_item_hover {
  background-color: □rgba(0, 0, 0, .1);
}
.connected_info {
  position: fixed;
  bottom: 0;
  width: 100%;
  background-color: □#F0F0F0;
  padding: 10px;
  padding-bottom: 20px;
  margin-bottom: env(safe-area-inset-bottom);
  font-size: 14px;
  min-height: 100px;
  box-shadow: 0px 0px 3px 0px;
}
.connected_info .operation {
  position: absolute;
  display: inline-block;
  right: 30px;
}
```

图 15-18　搜索页面样式代码

在模拟器中的搜索页面效果如图 15-19 所示。

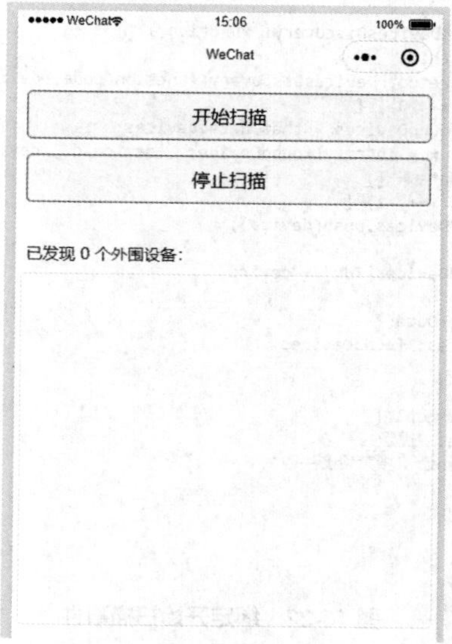

•••••WeChat　15:06　100%
WeChat
开始扫描
停止扫描
已发现 0 个外围设备：

图 15-19　搜索页面效果

（2）搜索页面调用 bluetooth.js。

在 pages/index/index.js 中调用 bluetooth.js 文件并使用提供的接口，如图 15-20 所示。

```
bluetooth.js    index.wxml    index.js  ×
1  //index.js
2  import ble from '../bluetooth/bluetooth.js'
3
```

图 15-20　调用 bluetooth.js 文件

在搜索页面加载时，调用初始化蓝牙适配器模块接口，打开蓝牙适配器，如图 15-21 所示。

```
onLoad: function() {
  ble.openBluetoothAdapter(function(res) {
    if (res != '0') {
      wx.showModal({
        title: '提示',
        content: '请打开蓝牙',
        showCancel: false
      })
    }
  })
},
```

图 15-21　打开蓝牙适配器

绑定开始扫描事件，如图 15-22 所示。

```
Page({

  data: {
    devices: [], //保存搜索到的蓝牙设备
    connected: false
  },
  /**
   * 开始扫描
   */
  startBluetoothDevicesDiscovery: function() {
    let that = this
    ble.startBluetoothDevicesDiscovery(function(code, device) {
      if (code == '0') {
        const foundDevices = that.data.devices;
        const idx = inArray(foundDevices, 'deviceId', device.deviceId);
        const data = {}
        if (idx === -1) {
          foundDevices.push(device);
        } else {
          foundDevices[idx] = device;
        }
        that.setData({
          devices: foundDevices
        })
      } else {
        wx.showModal({
          title: '提示',
          content: '搜索设备失败',
        })
      }
    })
  },
```

图 15-22　绑定开始扫描事件

绑定停止扫描事件，如图 15-23 所示。

```
/**
 * 停止扫描
 */
stopBluetoothDevicesDiscovery: function() {
  var that = this
  ble.stopBluetoothDevicesDiscovery(function(code, res) {
    if (code == '0') {
      that.setData({
        disable: false,
        discovering: false,
      })
    }
    wx.showToast({
      title: res,
      duration: 1500
    })
  })
},
```

图 15-23　绑定停止扫描事件

绑定连接蓝牙及页面跳转事件，如图 15-24 所示。

```
/**
 * 连接蓝牙，并实现调转
 */
openMain: function(e) {
  const ds = e.currentTarget.dataset
  const deviceId = ds.deviceId
  const deviceName = ds.name
  wx.showLoading({
    title: '连接中...',
  })

  ble.createBLEConnection(deviceId, (code, res) => {
    wx.hideLoading()
    if (code == "0") {
      wx.redirectTo({
        url: '../model/model?id=1',
      })
    } else {
      wx.showModal({
        title: '提示',
        content: res,
        timeout: 1500
      })
    }
  })
},
```

图 15-24　连接蓝牙及页面跳转事件

2. 心率传感器页面实现

（1）新建页面。

在 pages 文件夹下新建 model 文件夹，并在 model 文件夹中新建页面文件，如图 15-25 所示。

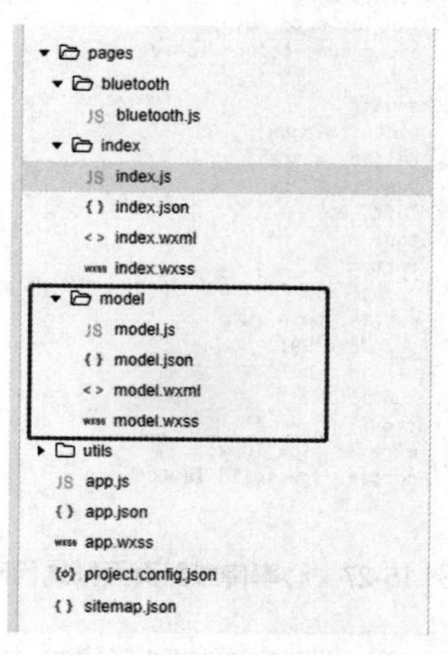

图 15-25　新建页面文件

在 pages/model/model.wxml 中编写布局。心率传感器页面布局代码如图 15-26 所示。

```
index.js    bluetooth.js    model.wxml ×
1
2
3   <view class='canvasBox'>
4     <view class='bigCircle'></view>
5     <view class='littleCircle'></view>
6      <canvas canvas-id="runCanvas" id="runCanvas" class='canvas'></canvas>
7   </view>
8
9
10  <view class="ec_canvas">
11    <ec-canvas id="mychart-dom-line" canvas-id="mychart-line" ec="{{ec}}"></ec-canvas>
12  </view>
13  <view>
14    <button bindtap="ondisConnect">断开连接</button>
15  </view>
```

图 15-26　心率传感器页面布局代码

在 pages/model/model.wxss 中编写样式。心率传感器页面样式代码如图 15-27 所示。

```
2   .canvasBox{
3     height: 500rpx;
4     position: relative;
5     background-color: □#f5f5f5;
6   }
7   .bigCircle{
8     width: 420rpx;
9     height: 420rpx;
10    border-radius: 50%;
11    position: absolute;
12    top:0;
13    bottom: 0;
14    left: 0;
15    right: 0;
16    margin: auto auto;
17    background-color: □#ddd;
18  }
19  .littleCircle{
20    width: 356rpx;
21    height: 356rpx;
22    border-radius: 50%;
23    position: absolute;
24    top:0;
25    bottom: 0;
26    left: 0;
27    right: 0;
28    margin: auto auto;
29    background-color: □#eee;
30  }
31  .canvas{
32    width: 420rpx;
33    height: 420rpx;
34    position: absolute;
35    left: 0;
36    top: 0;
37    bottom: 0;
38    right: 0;
39    margin: auto auto;
40    z-index: 99;
41  }
42
43  button{
44    margin: 15px 10px;
45    border: 1px solid ■#009ada;
46  }
```

图 15-27　心率传感器页面样式代码

在 pages/model 中新建 canvas.js 文件，用于绘制圆形进度条，如图 15-28 所示。

model.wxml　model.wxss　model.js　canvas.js ×

```
export default {
  data: {
    startAge: -1,
    percentage: '', //百分比
    animTime: '', // 动画执行时间
  },
  options: {
    // 绘制圆形进度条方法
    run(c, w, h) {
      let that = this;
      var num = (2 * Math.PI / 200 * c) - 0.5 * Math.PI;
      //创建一条弧线
      that.data.ctx2.arc(w, h, w - 8, -0.5 * Math.PI, num); //每个间隔绘制的弧度
      that.data.ctx2.setStrokeStyle("#ff5000");
      that.data.ctx2.setLineWidth("16");
      that.data.ctx2.setLineCap("butt");
      that.data.ctx2.stroke();
      that.data.ctx2.beginPath();
      that.data.ctx2.setFontSize(35);
      that.data.ctx2.setFillStyle("#ff5000");
      that.data.ctx2.setTextAlign("center");
      that.data.ctx2.setTextBaseline("middle");
      that.data.ctx2.fillText(c + "dpm", w, h);
      that.data.ctx2.draw();
    },
    /**
     * start 起始
     * end 结束
     * w,h 其实就是圆心横、纵坐标
     */
    // 动画效果实现
    canvasTap(start, end, time, w, h) {
      var that = this;
      start++;
      if (start > end) {
        return false;
      }
      that.run(start, w, h);
      setTimeout(function() {
        that.canvasTap(start, end, time, w, h);
      }, time);
    },

    /**
     * id----------------画板id
     * percent-----------进度条
     * time--------------画图动画执行的时间
     */
    draw: function(id, percent, animTime) {
      var that = this;
      const ctx2 = wx.createCanvasContext(id);
      that.setData({
        ctx2: ctx2,
        percentage: percent,
        animTime: animTime
      });
      var time = that.data.animTime / that.data.percentage;
      //监听画板的宽、高
      wx.createSelectorQuery().select('#' + id).boundingClientRect(function(rect) {
        var w = parseInt(rect.width / 2); //获取画板宽的一半
        var h = parseInt(rect.height / 2); //获取画板高的一半

        if (that.data.startAge > percent) {
          that.data.startAge = percent - 1;
        }
        if (that.data.startAge == -1) {
          that.data.startAge = 0;
        }

        that.canvasTap(that.data.startAge, that.data.percentage, time, w, h);
        that.setData({
          startAge: percent
        })
      }).exec();
    },
  }
}
```

图 15-28　新建 canvas.js 文件

（2）心率传感器页面调用自定义文件。

在 pages/model/model.js 中调用 bluetooth.js 文件，并使用其提供的接口，如图 15-29 所示。

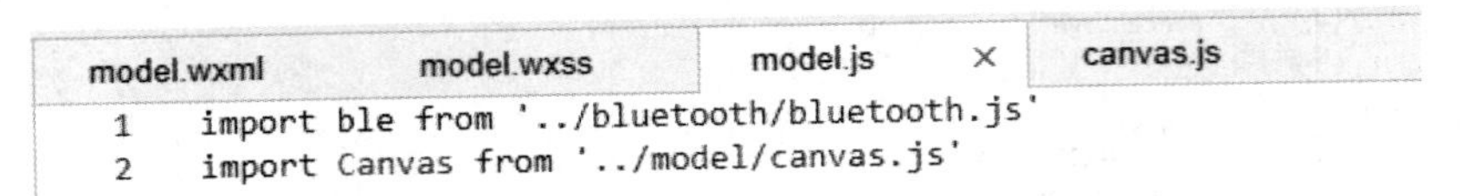

图 15-29　调用 bluetooth.js 文件

监听蓝牙数据回调，并将结果显示到心率传感器页面，如图 15-30 所示。

```
4   Page({
5     ...Canvas.options,
6     data: {
7       ...Canvas.data,
8       ec: {
9         lazyLoad: true // 延迟加载
10      },
11    },
12    ondisConnect: function () {
13      ble.closeBLEConnection(function (code, hex) {
14        if (code === "0") {
15          wx.redirectTo({
16            url: '../index/index',
17          })
18          wx.showModal({
19            title: '提示',
20            content: '蓝牙断开成功',
21          })
22        }
23      });
24    },
25    /**
26     * 生命周期函数--监听页面加载
27     */
28    onLoad: function (options) {
29      this.draw('runCanvas', 0, 1000);
30    },
31    /**
32     * 生命周期函数--监听页面初次渲染完成
33     */
34    onReady: function () {
35      var that = this
36      ble.setReturnCallback((code, hex) => {
37        console.log(code, hex)
38        if (code == '0') {
39          var hear = parseInt(hex.substring(2, 4), 16)
40          if (hear != temp) {
41            temp = hear
42            this.draw('runCanvas', temp, 1000);
43          }
44        } else if (code == '10006') {
45          ble.setReturnCallback(null);
46        }
47      })
48    },
```

图 15-30　监听蓝牙数据回调

运行程序，效果如图 15-31 所示。

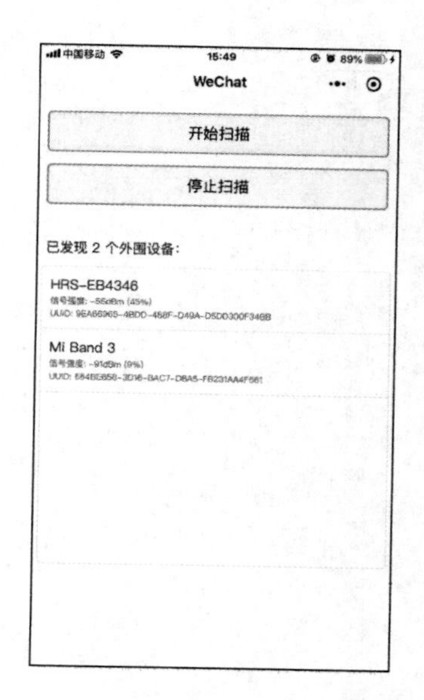

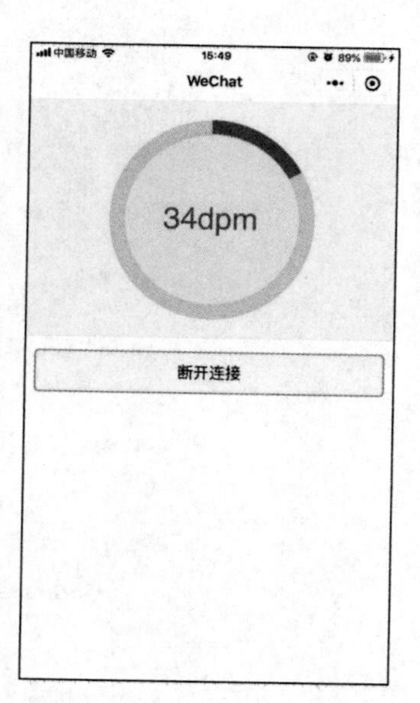

图 15-31　运行效果

任务思考

修改代码，将圆形进度条的颜色改为蓝色。